李建伟 著

景观创作

草图与构思

中国建筑工业出版社
CHINA ARCHITECTURE & BUILDING PRESS

李建伟

Jianwei Li

当代知名景观规划设计师，“生态设计与艺术相融合”的引领者。美国注册景观规划师、美国景观设计师协会（ASLA）会员。1995年获美国明尼苏达大学景观艺术硕士学位，1996年加入美国EDSA，2006年回国，带领EDSA Orient团队打造出亚洲景观设计行业的知名企业。现任东方园林景观设计集团首席设计师、EDSA Orient及东方艾地（ID）总裁兼首席设计师。

李建伟主张景观设计最大限度地做到人工结构与自然结构的平衡，以景观设计统筹城市规划、水利、交通、建筑等各项规划设计。他的每一个作品都融入了丰富的历史，将生态与艺术设计完美地结合，同时兼顾社会要素、生活功能与文化内涵，并把这些因素经过艺术的奇妙构想转化为令人惊叹的实景，赋予项目以全新的含义。他特有的艺术敏感度以及对本土文化与自然资源的尊重充分流露于他的作品之中，体现着对享用景观的人们生活质量的关心。

丰富的行业经验和深厚的专业知识，让他一直活跃在景观设计实践与教育领域，担任清华大学继续教育学院客座教授、北京交通大学建筑与艺术系兼职教授、北京工业大学工艺美术学院客座教授、西北农林科技大学客座教授、哈尔滨工业大学建筑学院兼职教授等。

荣誉

李建伟担纲设计的美国阿鲁巴岛玛瑞尔特冲浪俱乐部，被评定为2001年世界最佳度假区，美国瑞迪逊加勒比海度假区被推选为“2001年度假及酒店鉴赏家首选之地”， 并于2005年获得了美国ASLA佛罗里达设计荣誉奖。2007年中国世界贸易组织研究会、中国社会科学院、香港理工大学亚洲品牌管理中心联合授予他“全球化人居生活方式最具影响力景观设计师”称号，2010年第二届中国房地产创新大会授予他年度中国规划设计大师称号，2012年获得第二届国际景观规划设计大会设计成就奖，2013年获得第三届国际景观规划设计大会设计创新奖。

代表作品

迪斯尼西岸、迪斯尼庆典城（奥兰多），Peabody Expansion酒店，万豪阿鲁巴冲浪俱乐部，南太湖中央公园，南宁市五象湖公园，株洲炎帝广场等。

Li Jianwei, American registered landscape architect and urban planner, member of ASLA. A well-known contemporary landscape architect and a pioneer in "ecological design with artistic sensitivity", he completed his master degree in landscape architecture at the University of Minnesota in 1995 and began his career at EDSA in 1996. He returned to China in 2006 and his EDSA Orient grew into a leading landscape designer in Asia. He is now the chief designer of Orient Landscape Group, president and chief designer of EDSA Orient and Oriental Ideal Landscape.

Li advocates balance between manmade and natural structures in landscape design and coordination with urban planning, hydrology, transport, and architecture. His works integrate ecological and artistic design in a historical background and show his respect for social, living and cultural elements. His incisive artistic sensitivity and respect for local culture and natural resources are fully expressed in his projects, showing his concern with the quality of life of those who live in the environment.

Li actively shares his practical experience and expertise in landscape design practice and teaching. He is a visiting professor in the School of Continuing Education at Tsinghua University, associate professor in the department of architecture and art at Beijing Jiaotong University, visiting professor in the Institute of Arts and Crafts at Beijing University of Technology, visiting professor at the Northwest A & F University, and associate professor in the School of Architecture at Harbin Institute of Technology.

Honours

Li Jianwei was significantly involved in the design of Marriott's Aruba Surf Club in the US which was rated as the best resort in the world in 2001; Radisson Aruba Caribbean Resort was elected as the most preferred location for holidaymakers and hotel connoisseurs; In 2007, He was awarded "The Most Influential Landscape Architect" by China World Trade Organization Research Institute, Chinese Academy of Social Science, the Hong Kong Polytechnic University Asian Brand Management Centre; In the 2010 China Real Estate Innovation Conference, he was awarded with "Annual Master of Planning and Design in China"; He was also conferred "Landscape Planning and Design Achievement Award" in 2012, "Design Innovation Award" in 2013 and "Design Advancement Award" in 2014 at the International Landscape Planning & Design Conference.

Key Projects

Disneyland West Coast, Disney Celebration City Orlando, Peabody Expansion Hotel, Marriott's Aruba Surf Club, Taihu Amusement Park, Nanning Wuxiang Lake Park, Zhuzhou Yandi Square, Zhangbei Wind Farm.

景观是生境是心情

静静的夜

月牙儿挂在天边

沉默的山

在月色里延绵

远处的白桦

摇曳着多情的枝杆

轻轻的

没有一丝语言……

自序

读懂自己 读懂设计

我们常常走进一个误区，那就是把设计草图当绘画作品来看。如今出版的手绘书籍大多是这一种模式，一个个画得跟美术作品似的，好像在拼技法，秀手艺。其实设计草图的目的不是要把图画得好看，而是为了更好地思考，用图像快速地抓住脑子里想到的东西；同时也通过草图的表达，更进一步检验当初的想法是否正确，是否还有可以进一步提高的空间？通常画得很精细的手绘就失去了这方面的意义。实际上把草图画得太漂亮不光是误导了别人也误导了自己，更重要的一点是当我们精心绘制一幅图时往往已经不在“创作”那样的激情澎湃的时期，漂亮的图更多了理性的思考和技术的运用，作品就开始匠气了。

设计是一个很复杂的过程，有多复杂？谁也说不清楚。人的大脑在想些什么，自己也很无奈，抓不住其中的奥妙。特别是设计作为一种形象思维的创作活动，我们通过动手来帮助理解思维的过程，这就是画草图的最核心意义之所在。

在今天计算机技术到处流行的时代，草图不是变得没那么重要了，而是变得更加重要。今天的景观设计师与过去的前辈们相比，已经在很多方面都不一样了。数字技术和影像艺术已经彻底改变了我们的工作方式甚至是思维方式。这种变化给我们带来的积极的影响是，我们有了更丰富的表达方式。新的技术也在某种程度上帮助我们扩大了视野和想象空间。可是另一方面我们为了适应社会快速发展的需要，快速出图、批量生产导致了很多模块化、机械化定型产品的流行。设计的原则性并没有在这种信息技术的洪流中得到洗礼和升华。

计算机无论是在工程图的制作上还是在效果图的表现上都起到了革命性的胜利。手绘效果图虽然还有不少人欣赏，但不再是行业的主流，一方面能画的人不多，另一方面计算机达到的效果已经被很多的甲方所接受。然而画草图是难以被机器所取代的，即使是目前市场上出现了草图软件，也还是要让你动手去绘制，计算机只是帮你生成画面而已。

既然草图的目的是为了思考，为了清晰地展现设计最核心的内容，所以它不应该是完整的、复杂的，甚至不应该是艺术的。

清晰地表达思考的过程，以最简单的形式抓住主题和重点就成了草图所应承担的职责。为什么不能太艺术？因为太艺术你就会把形式当饭吃，而忽视了你的目的是为了表达意图，草图只是一个传达的工具。一张草图传达的是一个设计师的思维，同时也是对创作的最直观描述。过去我们都重视“效果图”，今天计算机可以把效果图做得无可挑剔，然而越来越少的人敢把自己的草图拿出来展示一下。如果把设计的原创性与草图直接关联起来未免有些牵强，可是一个设计师如果坚持画草图，而不是去找图片，翻书本，毫无疑问设计的原创性会更有效地得到体现。

草图的目的还在于及时记录下创作过程中的关注点，越简单、越直截了当就越能体现设计的精神所在，这恐怕就是草图与效果图的最大不同。在激烈竞争的商场中快速地作出反应，直观地抓住一个项目的核心价值，这是考验一个设计师的基本功力的重要时刻。一方面我们需要业主给予足够的时间和条件来完成一个项目；另一方面我们快速反应往往是制胜的关键。一个好的设计师从不在绘图桌上浪费时间，第一时间的快速反应往往是最好的、最有价值的创作冲动，当我们的草图快速地记录下这一冲动，设计就有了一个好的开端。

草图也是设计创作过程中非常有效的交流方式，所谓边画边想、边想边画，动脑筋想的时候不能耽误动手画，这样才能好好地将构思形象化、空间化。

草图是设计师自画自看的设计表述，同时也是作为设计师之间的交流方式。但是，它不是与甲方或普通老百姓沟通的“效果图”，因此不要把它画成效果图那种“真实”的模样。简单清晰有内容是头等重要的事。我喜欢以单线条来表达，而不愿意把图面画得过于琐碎、厚重，这样既可以达到简洁、清晰的图面效果，同时又能突出重点；在一些非重点的地方要尽可能少费笔墨，这样才能有利于看到问题的关键，而不是面面俱到，被一个过于真实的景象所累。

编这个册子的目的是想给年轻设计师提供些参考。在他们的成长过程中常常会有手和脑不能同时兼用的烦恼，或者是画出来的东西并非所想要表达的意愿。这种苦恼常常会使他们对设计失去信心。我们知道没有信心是做不好设计的，好的设计师一定是信心满满。只有相信自己才能征服甲方和使用者，否则设计真是件令人痛苦的事。

对于风景园林这个专业的设计来说，空间关系的表达显得尤为重要（建筑在形体上会更突出一些）。基于这样的认识，草图中除了线条、色彩，有时候文字和符号也成了交流的手段。

总之，设计的表达方式虽有多种多样，手绘草图仍然是一种设计的最有效的方式，这是电脑所不能代替的。它是一种设计的能力，也是一种创作方式。在思考与想象的空间里，我们用草图记录下点点碎片，以及碎片与碎片之间的相互关系，反反复复地推敲、反反复复地描画……直到一个完整的设计被勾画出来，这就是草图的魅力。

2014年10月

prologue

—

understanding ourselves, understanding design

A common misunderstanding regarding free-hand sketches is to equate them with artworks or paintings. Books on sketches often take this approach and each sketch is presented as a piece of art to demonstrate exquisite skills and craftsmanship. We sometimes fail to understand that, instead of making a presentable drawing, the purpose of free-hand sketches is actually to aid our thought process by pinning down the fleeting images in our mind. Sketches are also tools to express and vet ideas in order to find room for improvement. The benefit of sketches is lost if we concentrate too much on meticulous drawing. Creating manicured sketches not only misleads us but also, unfortunately, stymies our passion for creation. Sensible thinking and technique alone often creates superficial designs.

Design can be a very complex process. One can hardly tell how complex this process can be as the human mind is inexhaustibly profound. Creative thinking forms a major pillar of design and our hands play a key role in articulating our ideas. That's the core value of quick sketches.

In a world where the computer prevails, the significance of free-hand sketches does not diminish as one may speculate. Unlike their predecessors, landscape designers today have evolved a great deal. Fast growing digital and graphic technology has significantly changed our way of working and of thinking as well. Positive impacts such changes have brought about include more options in expression and a wider vision and imagination. On the other hand, rapid social development has driven us to mass-produce modular mechanical works on assembly lines. The design principle fails to upgrade in the dominance of information technology.

CAD has achieved a breakthrough in the production of construction drawings and rendering images. Hand drawings, though the favorite of a considerable number of designers, are no longer popular. It's difficult to find people skilled both in drawing as well as CAD. However, free-hand sketching is not being substituted by the computer even with the most cutting-edge design software. We still start with hand-drawing and wait for computers to generate the graphics.

As part of the thought process to deliver the core value of the design in an efficient way, free-hand sketches do not have to look integral, complex or artistic.

Good sketches clearly demonstrate our ideas and articulate our thoughts through simple and diagrammatic representation. Many designers merely attend to the aesthetic aspect of their hand sketches while overlooking the intent of design. Free-hand sketches convey the designer's thoughts and describe the design in the most direct manner. We emphasized "renderings" in the past. Computers today make perfect renderings but few people are brave enough to show their sketches. It may seem somewhat far-fetched to have the originality of design fully presented in the designer's sketches. But, if a designer works on his hand sketches throughout the entire course of design without consulting books and computers for design images, we would likely see more and more innovative works.

Free-hand sketches record our concerns during the design process and express the spirit of design in the simplest and most explicit way. There lies a difference between sketches and renderings. In a highly competitive market, the most challenging task for designers is to understand and respond promptly to the key values of a project. While they need time and conditions to go through the design process, successful designers always hit the bull's eye with a quick reaction. They do not waste time on the drawing table because a quick response is the best and most valuable impetus for the design. A quick sketch of this impetus is the starting point of the entire design process.

Furthermore, making free-hand sketches is also a highly effective means of communication between designers, who are always required to draw and think simultaneously, that is, drawing, thinking and modifying all in one movement. This is crucial for designers to visualize and spatialize their design concepts.

While free-hand sketches help us think clearly and communicate with our colleagues, they remain different from rendering images that we show to our clients and the general public. We do not have to make them look as real as possible. Being simple, clear, and inclusive is the most important. I love to use simple lines instead of more detailed and multi-layered drawings to express my concepts. Such sketches look clean, understandable and to the point. With minimum effort on less important sections, the sketches show the key to the main problem and are not meant to be virtual images with coverage of every detail.

This book aims to serve as reference for young designers who struggle to draw and think simultaneously and whose drawings do not represent their thinking. Many young designers give up due to the lack of confidence in their designs. I believe successful designers are those who always feel confident that their designs are convincing and persuasive to their clients and users. The absence of self-assurance will make the design process an extremely excruciating experience.

Architecture is concerned with form and structure. For landscape design, the expression of the relationship between spaces is critical. Therefore, characters and signs, besides lines and colors, also serve as a means of communication.

Although there are various methods to represent our designs, free-hand drawing remains a mighty tool to express the designers' thoughts, and its benefits will never be outdated and superseded by computers. The power of free-hand drawing is also a power of design and a way of creation. It allows us the freedom to record all of the bits and pieces of our thoughts and their relationships in raw form, and the space to modify and recreate them with our imagination until a perfect design is born. That is why free-hand sketch is so charming.

Oct.2014

目录

第　一　部　分

城市景观生态系统

景观统筹与可持续的景观设计

在多年的项目实践后，我发现真正称得上成功的案例依然屈指可数，因为设计良好的景观往往被横插进去的道路、桥梁、周边建筑破坏了整体的美观，这成为困扰景观设计的一个难题。特别是在提出“城市生态”这个大的理念后，仅仅依靠绿化或园林设施并不能解决空气、水体等污染问题。不依靠景观来统筹，城市的整体发展及多学科联合就无法真正构建城市生态环境。给市民带来彻底的居住环境改善，惟有景观才能协同多专业的发展，这是“景观统筹”这个理念提出的理论背景。

现在国内的城市规划注重的只是产业布局、交通桥梁、商业配套和绿地指标，而对资源禀赋、通风光照、人的活动方式等考虑不够充分。因此，城市中各个部门缺乏沟通和统筹，往往是各干各的，结果景观也做了很多，但是却缺乏整体性、生态性和协调性。景观就像是粘合剂，把各个行业整合到一起，绘制出一张生态宜居的蓝图。让景观融入规划、道路、建筑、桥梁等等所有的城市要素之中去。

景观在城市建设中的地位在逐渐提高，景观设计的生态化和可持续性设计也日趋成为景观设计行业关注的热点。我提出“景观统筹”的概念，是想把景观设计提高到一个新的高度。打造一个城市的生态系统，最重要的是要用景观设计统筹城市规划、水利、交通、建筑等各项规划设计，根据场地的景观要求实现规划合理化。在美化的同时实现节约资源、保护生态的目的。

1. 景观统筹与可持续设计

“景观统筹”是指，由景观来整合一个城市、一个区域以及每一个项目的方方面面。从原则的角度来讲，景观能够渗透到城市建设的各个环节，可以和生态、建筑、规划、道路联系到一起，和商业、居住，和城市建设的任何方面相关联。景观统筹就是根据场地的景观要求，来规划桥梁、道路、建筑等，实现规划设计更加合理化、生态化、美观化。在节约资源和保护生态的目的的同时提升商业和土地开发的价值。景观统筹能够实现效益的更大化，自然资源也会更容易地得到保护。

实现景观统筹要满足一些条件，首先要认识到景观的重要性，决策者要考虑在操作一个项目的时候，先让景观设计师介入，做建筑、桥梁、水利也要景观设计师参与项目当中。从另外一个层面来说，景观设计师要努力掌握规划、建筑、桥梁、水利、生态等方面的专业知识，才能够在工作中参与其中，发挥效益。所以两方面要互相学习和贯通。景观设计师掌握的关于城市的山水、生态、资源的知识要在具体的项目中有所体现。

2. 可持续设计是整体的设计

可持续的理念是近一二十年提出来的。因为人类社会这几十年的发展比以往任何时候的发展速度都要快很多，资源利用和占有变得越来越快，在人类还没有反应过来的时候，资源就消耗殆尽了。所以，人们开始反思，怎样发展才能够尽量少地破坏资源或者说尽量多地利用资源，使资源能够得到有效的、长效的发展？我们不能因为自己这一代人的高速发展，让下一代人没有可利用的资源。于是，可持续发展的理念应运而生。其目的就是希望所有的发展项目，能够为长远考虑，从整体性、延续性和资源的节约利用几个角度来做事情，而不只是满足于一时的需要。

所有的项目都是从设计开始，设计的可持续性直接决定了项目的可持续性。

（1）要有全局观念，可持续的设计一定是整体的设计，不能因为局部需要，而破坏了整体。整个生态是延续的，是紧密结合在一起的。某一个节点的断裂，会造成整个链条的断裂，导致生态功能的消失。

（2）要节约资源，有效地利用资源，尽量让自然资源、传承下来的景观和生态环境都保持下去，避免滥用资源。

（3）城市发展肯定要使用资源，人类发展总是会导致一些资源被破坏，但是要尽量少地影响大自然，尽量少地破坏资源，让自然资源能够保持下来。

（4）利用节能环保材料。多利用一些对人类不会造成污染的材料，并且在项目的后续管理中做到尽量少地占用资金和劳动力等。

3. 全面的景观统筹要以生态为本，关注经济性、实用性和社会性

“以人为本”这一理念的基本观点是人类为自己服务，但是放到整个生物链和生态系统来考虑，就不能“以人为本”而是要“以生态和谐为本”。人类、动植物与大自然是一体的，要让它们共同生存在这个地球上。如果无法与它们共存，人类也无法单独生存。所以，任何项目在设计之初，要正确地认识可持续设计的重要性，要当成一个整体和系统来认识和打造。人的需要与大自然的生态相连，空气、水域、土壤、食品安全等都与设计相关，这是一个动态循环的、整体的系统工程。这一命题涉及人类怎么样对待大的生态和个体需求，以及人与动植物的相关性的理解。

传统的规划设计与可持续的景观设计存在质的差别，关注点也大不相同，原因在于社会的发展对过去的城市影响很小，过去的城市如果不考虑雨水，不一定会有内涝。但是现在社会完全不一样，城市成倍发展，这么大的系统，还不考虑雨水收集雨水循环等问题，城市的地下水就会消失殆尽，土壤就会被污染得一塌糊涂，洪水来了就出现内涝。现在的条件和过去不同，过去也讲生态，但是生态问题在过去没有像现在这么严峻和关键，所以现在的可持续设计变得越来越重要和受人关注。做设计不只是单纯地为了做点儿漂亮东西，除了要美观，更要讲究经济性、生态性、实用性和社会性。

好的可持续设计的标准有很多，从细小的标准来说，用生态环保的材料、用节能的措施，这就是可持续的；从宏观方面来说，节约了土地、保护了资源、增加了社会效益、后期维护变得更简单，这都是可持续的。可持续发展不要单纯地从保护了生态、收集了雨水这样的角度去理解，更要从经济的角度出发，花最少的钱，达到最好的效果，尽量多地节约人力，节省其他方面的养护支出等不同的角度去评价。“少一点建设量”是我们的目标。经济、工程、能源、生态、开发商的后期维护和运营管理等方面都可以有标准，所有的标准都围绕着生态、环保、节能、经济、实用与美观展开。

4. 景观统筹体现在项目细节与设计过程之中

从项目类型的角度来说，河道景观、中央公园、湿地景观等，这些都是生态敏感的项目，在设计中首先考虑生态保护、水域治理、土壤修复、有害物质的清理等方面开展工作。同时设计也需要遵循这样的原则：为政府节约资源，使资源最大化地利用。项目建成之后周边的土地得到最好的利用，价值能够提升，利于城市的经营和保护。从宏观上来说，整体的项目都应该是生态的、充满生活内容的和可持续的，如果离开这样的原则，项目就不会成功。拿具体项目来说，本书中所见到的广西南宁园博会项目，其中针对水域的部分，整个五个大湖的水域，我们全部做了生态修复方案，并且把它当成专题来做。怎样使水得到清洁，水生植物帮助净化水质，让水域能够有效地渗透到地下？我们还打造了一片可以让鸟类生存的生态林，让鸟类跟我们一起生活在这一片绿色空间里面。从节能方面，尽量不让公园里面有过度的光照和用电，也考虑雨水的收集系统，能够让雨水能够留存在场地里面，在这些方面做了很多工作。还有一些项目，比如说襄阳的湿地公园和月亮湾的湿地公园，从河道湿地到小型的岛屿湿地，以及湖岸湿地等不同的湿地类型都作了研究，让湿地不同程度地发挥生态效应。在植物利用方面，我们会使用那些更能适应当地的气候、土壤、最容易维护利用、最自然的、当地土生土长的植物材料，这些都是可持续设计在具体项目中的体现。

5. 景观统筹就是要兼容并蓄

设计的过程中会涌现出各种各样的问题，生态的保护和资源利用直接影响我们的景观创意。建筑、道路、桥梁、水工程也都时时刻刻在影响着我们的设计，同时景观也为这些提供了创新的土壤。当我们有能力为建筑、道路、桥梁、水利等等提供更多更好的咨询服务时，我们的景观才真正具有整体性、协调性，也就会更完整。这样发展才是可持续的、生态的，也是美观的。

在项目的实际设计和施工过程中，存在着很多阻碍可持续设计实现的因素：

（1）商业与生态的兼容。很多工程都很盲目，一些商业项目的业主认为，做商业街就没必要考虑生态，认为生态是属于生态项目的事情。其实这是一种误读，做一个度假区、学校、居住区，都应该考虑生态。其实所有的项目都要考虑生态，这种认识方面的缺陷和盲目性，导致很多机会的流失。应该把可持续的发展和生态的需求贯穿到所有的项目中去。其实生态好了，商业价值才会提高。

（2）设计与施工需要兼容。因为设计师和施工方的知识和技能水平有限，虽然项目自身有很好的条件，但在设计运作过程中，不知道如何利用这些条件，导致本来可以做得很有趣的生态项目，由于能力不足和意识不到的问题而使项目流于平淡，该发挥的效益没发挥出来，这是一个缺失。

（3）主观意愿与客观现实的兼容。在很多项目中，由于甲方或者施工的原因，不愿意在这方面做很多工作，比如说很多居住区，希望把所有的绿地占用，不会考虑保留场地里边的湿地和树林等最有效和最生态的东西。我们常常因为一些所谓现实的问题，诸如经济、管理、操作程序等多方面的原因而放弃主观上的追求，一个好的设计师要尽一切可能追求更好更高明更有效益的设计，不要在困难面前低头。

景观统筹是否能在中国实现，根本在于我们怎样努力去实现它。城市大规模发展，导致很多自然资源被破坏。借助景观统筹的方式去发展城市，就不会破坏和占用太多资源，优秀的资源也能够得到有效利用。做好的作品是我们的职责，推动城市建设向更生态、更和谐的方向发展也是我们的义务。

如何实现？首先，景观设计要尽可能多地介入城市规划项目，主动与规划师、建筑师交流，共同研究讨论、关注生态等问题。在很多建筑设计、道路建设和城市规划中都有景观的影子，怎样做得更生态、更优美，占用更少的资源都是景观设计师可以发挥作用的地方。其次，自我武装，学习规划、桥梁、交通、经济等多学科知识。第三，景观统筹是一个循序渐进的过程，要积极主动地与其他行业的人交流、合作，在规划之初就有景观设计介入，甚至在规划之前介入，影响决策者、规划师，让建筑师少犯错误。

景观统筹对设计师提出了更高的要求。景观就是城市生活，设计师要涉猎生活相关的方方面面，包括植物学、动物学、生态学、水文、地质、城市规划、建筑、桥梁、高速公路、交通等，也要有自己解决问题的方法，才能解决实际问题。

景观设计师在设计中要实现真正的可持续要坚持一些系统性的原则，不论是做大区域的城市规划还是做小区的规划，都要考虑整体的环境和生态效益，这是最大的原则。从宏观的角度来看，城市里的任何一个细胞都是跟整体相关联的，生态绝对不是孤立的，任何一个项目都不是孤立的，因而整体性的原则必须遵守。在项目具体操作层面，要让项目的所有方面能够整合在一起，才能形成一个完整的项目。项目里边的道路、建筑、景观、产业、灯光等等都应该走到一起。如果能够组合在一起就说明设计师的能力强；如果不能，则说明设计师能力弱。要具备统筹的能力把各方面整合起来，才能发挥最大的效益。

总体来说，就是要从宏观考虑整体性，从微观的角度尽量不破坏资源，尽量利用环保科学的材料、技术和方法，包括太阳能、保护水源等技术为可持续的理念服务，这样做出来的东西才是可持续。

鞍山汤岗新城凤凰湖中央商务区

项目位置：辽宁鞍山
项目面积：88.76公顷
设计时间：2012年4月
委托单位：鞍山市城市建设投资发展有限公司

设计理念

汤岗新城是以温泉度假、休闲娱乐为核心的综合性开发区。以凤凰湖为核心，向四周展开。留住湖与周边多个山体的视线与生态廊道，使山脉、水脉及人脉互相连通，让自然山水成为城市的生态骨架和景观主体。

方案以动感流畅的线条体现凤凰湖主题形象。灵动的滨水岸线与周围雄壮的山体形成强烈对比。多条景观轴线作为公共开放空间，将周边自然山脉、水系景观纳入整体景观体系中。以城市绿轴的设计呼应着山水城市的设计原则，通过对水系的生态处理、亲水空间的设计、视线通廊的建立，把城市的多种功能：如景观天际线，文化娱乐、体育休闲、生态居住、商务办公融为一体。

汤岗新城在老城区的南面，四面环山，中心部分是一片开阔地。北面的马鞍形山体，城市因此而命名。南面有凤凰山大量的地表雨水，山上汇集成溪流由南向北、由东向西经过城市的中心部分。

规划将水流组织成城市中心湖面，然后与北面和西面的水系贯通，将山、水、城有机地结合起来。

凤凰湖中央公园位于新城的中心，与北面的马鞍山和南部的凤凰山构成轴线关系。此外，通过中心湖面还与东西方向的几座山体形成绿色廊道和视觉关系。

鞍山汤岗新城核心区 →

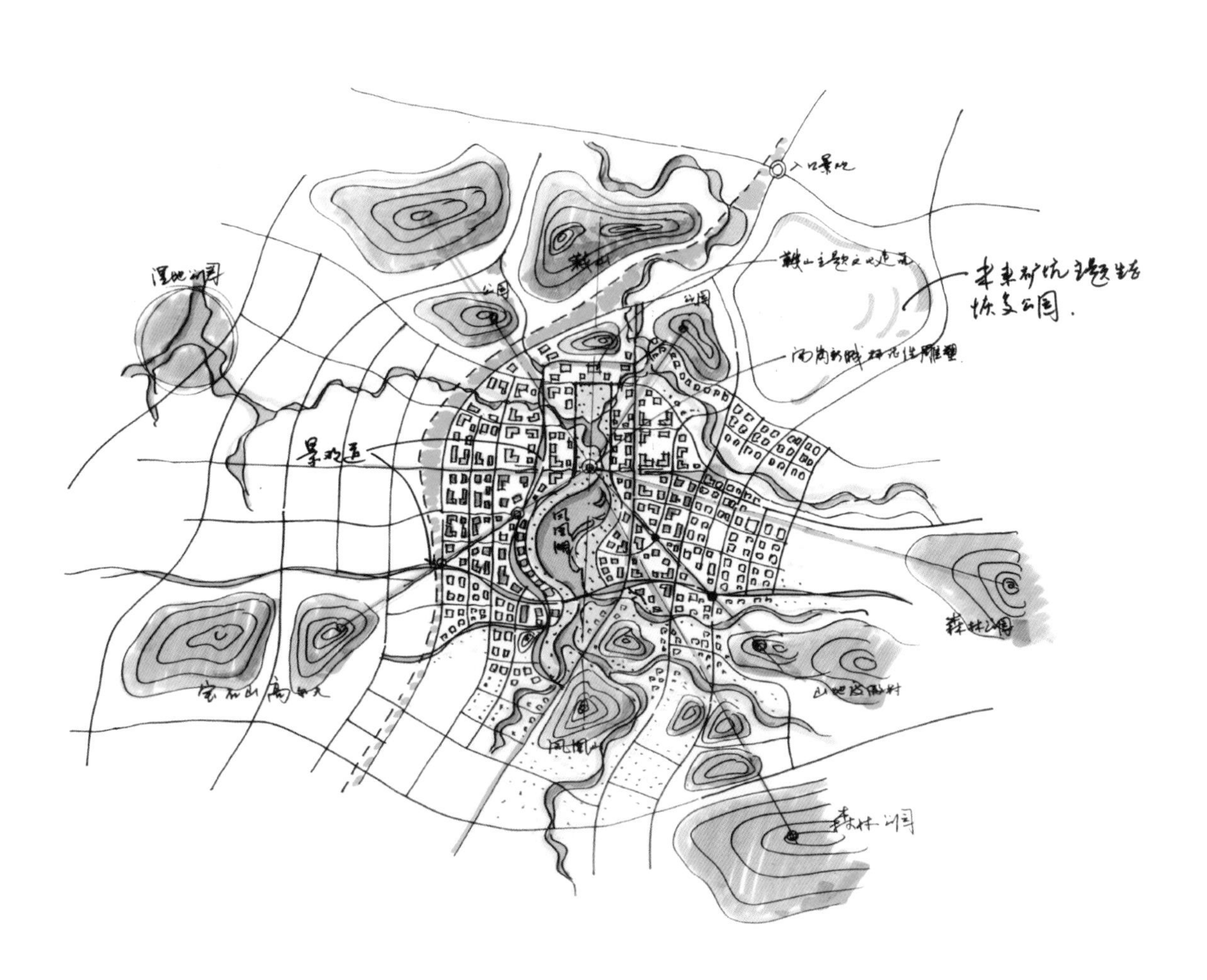
入口景观
鞍山主题文化走廊
未来矿坑主题生态恢复公园
湿地公园
公园
公园
景观道
森林公园
森林公园

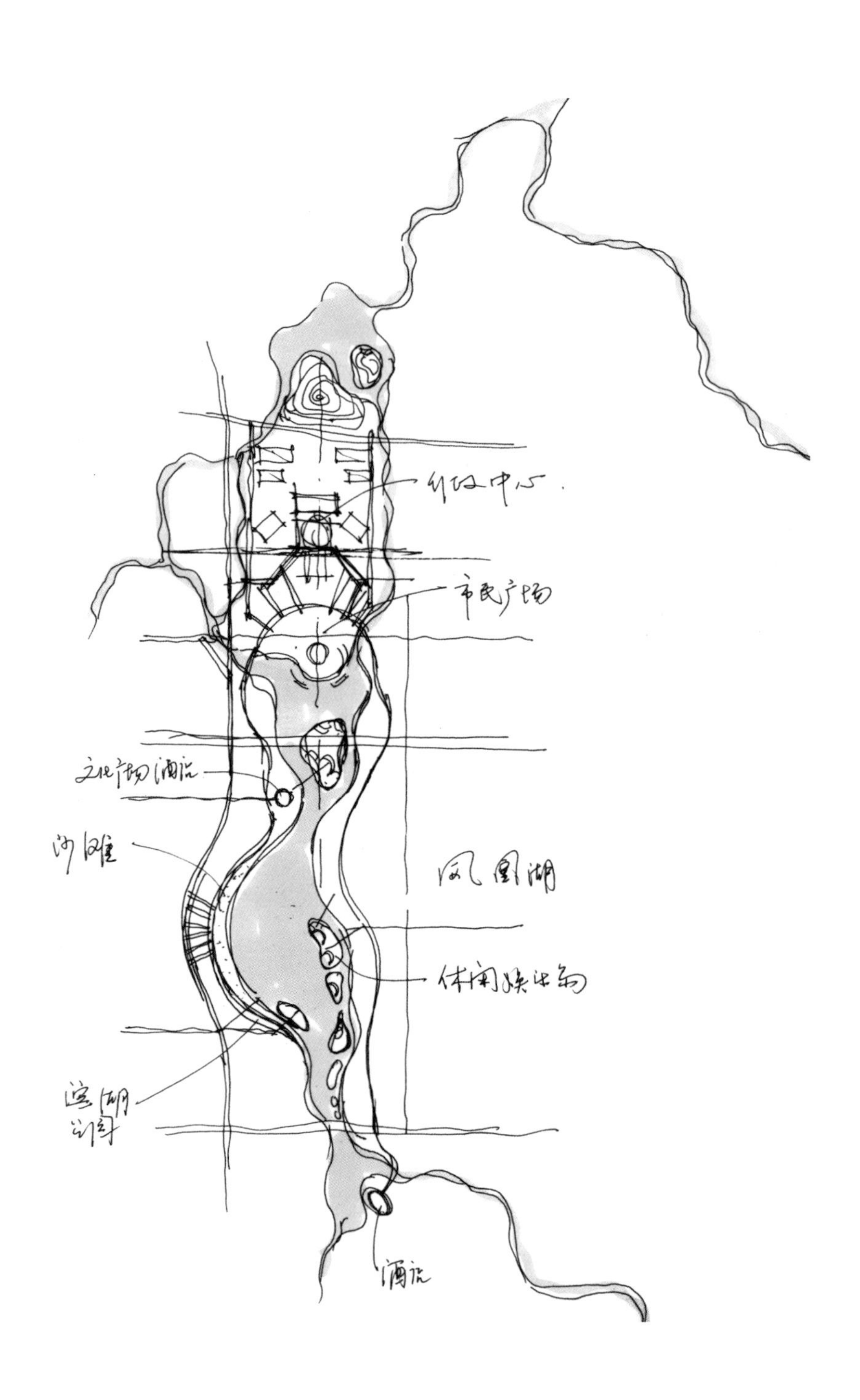

行政中心
市民广场
文化广场酒店
沙滩
凤凰湖
休闲娱乐岛
滨湖公园
酒店

← 鞍山汤岗新城核心区凤凰湖中央公园

↑ 鞍山凤凰湖滨湖景观

鞍山汤岗新城景观效果图

本溪木兰湾

项目位置：辽宁本溪
项目面积：7200公顷
设计时间：2010年10月
委托单位：本溪高新技术产业开发区管理委员会

← 概念来源
→ 木兰健康城

设计理念

本案尊重并强调基址的自然山水格局，于山间水畔布置村落型建设用地。以现状河道为主脉，用地组团如玉兰花绽放枝头，形成“木兰花开”的平面布局。

中心景观绿化带以水体、农田、绿地为主要组成部分，在现有河道的基础上扩大水域，以湿地滩涂的形式作为过渡，使其拥有更强的自然调节能力。水边以开敞的农田景观结合林带绿地，形成大气舒展的大地景观，铺陈生态绿色的城市基调，同时成为健康城的视觉大通廊。而在其间以健康食品产业链形成现代农田的产业支撑，使其兼具景观性、生态性和产业价值。城市功能集中分两个组团布置，分别服务于东西两个不同的开发区，建设功能区以满足教育、旅游、商业、休闲等综合功能的需要。

城市中心地块滨水依山，向心式的布局面向开敞的湖面，遥望农田林带大地景观，是健康城整体布局的控制点，功能以商业、文化、集会为主，兼具休闲、娱乐，包含水上活动，是城市社交生活的中心。而建筑与景观以现代极简的风格为主，将地域历史文化融入其中，兼具城市与自然，人文与生态，使其成为舒适宜居宜游的城市中心。

东侧城市次中心亦依滨山水之间，沿河道展开滨水面，与水系、山地、滨水绿带紧密咬合互通，功能以度假、运动、养生等为主，形成层次丰富、环境优美、品质高端的城市功能空间。

养生休闲度假为主体的组团，沿树枝状道路山间布置，充分体现当地村落的特色，分散布置的村落不影响大的山水空间形象，与自然资源相得益彰。

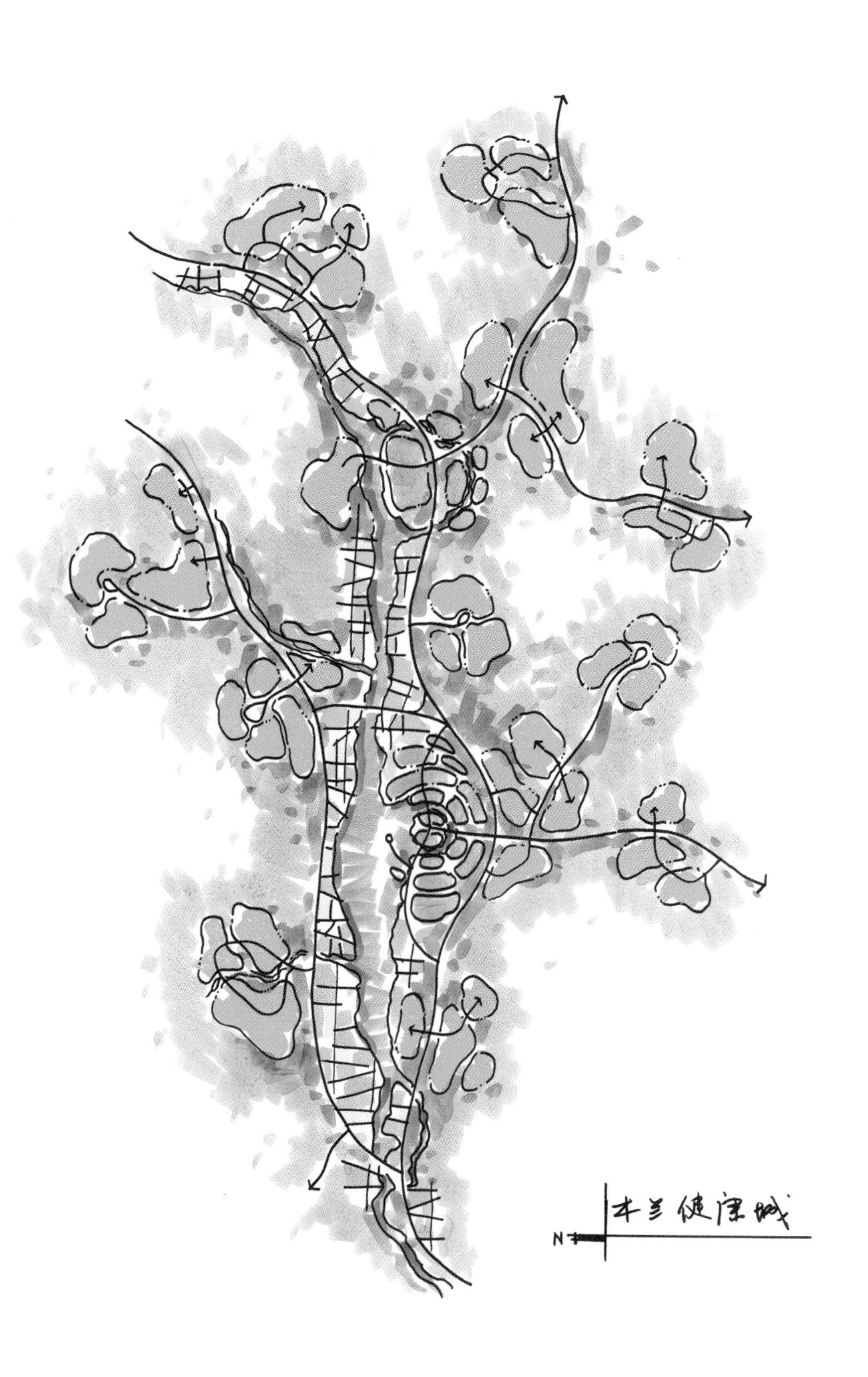
木兰健康城
N

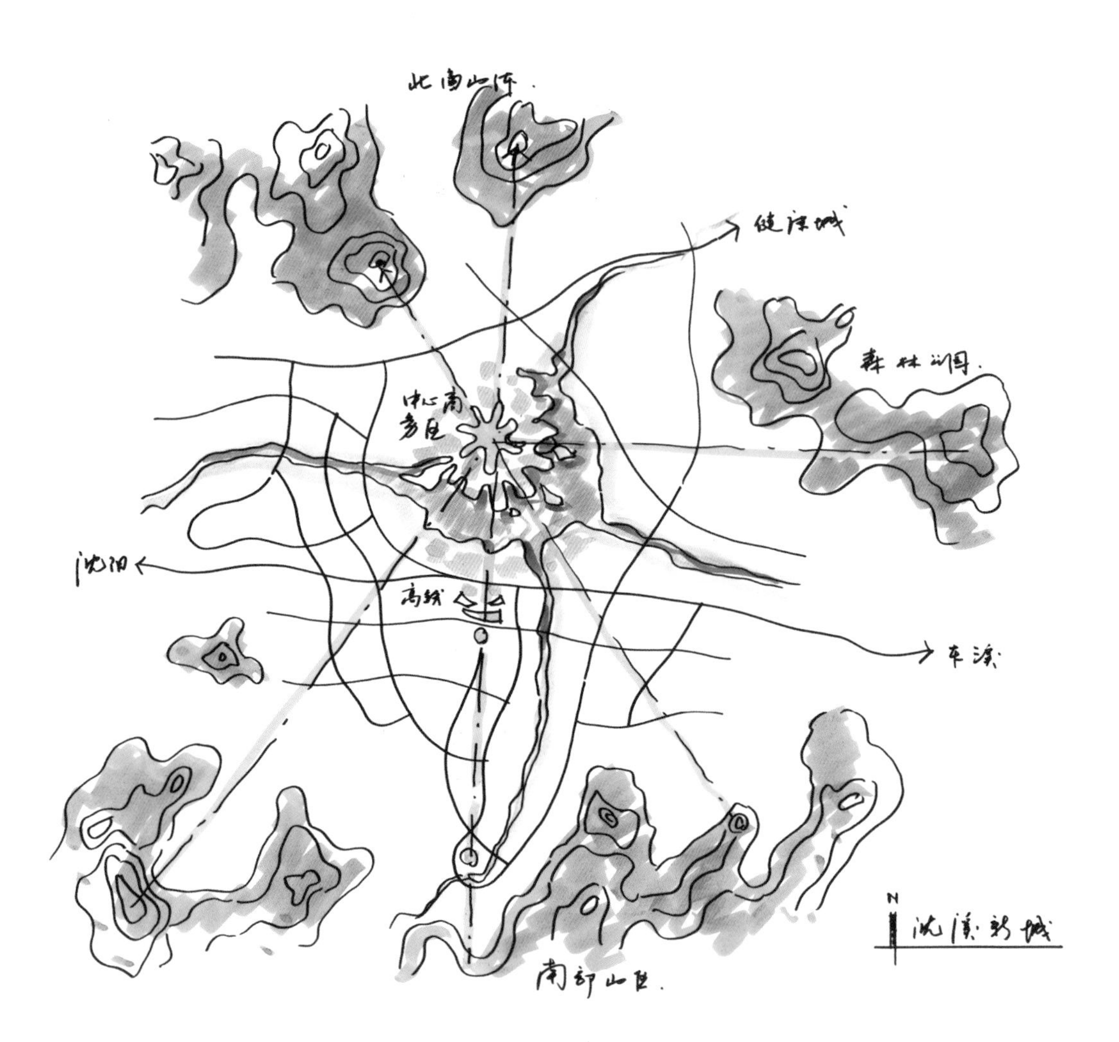

沈溪新城1、2

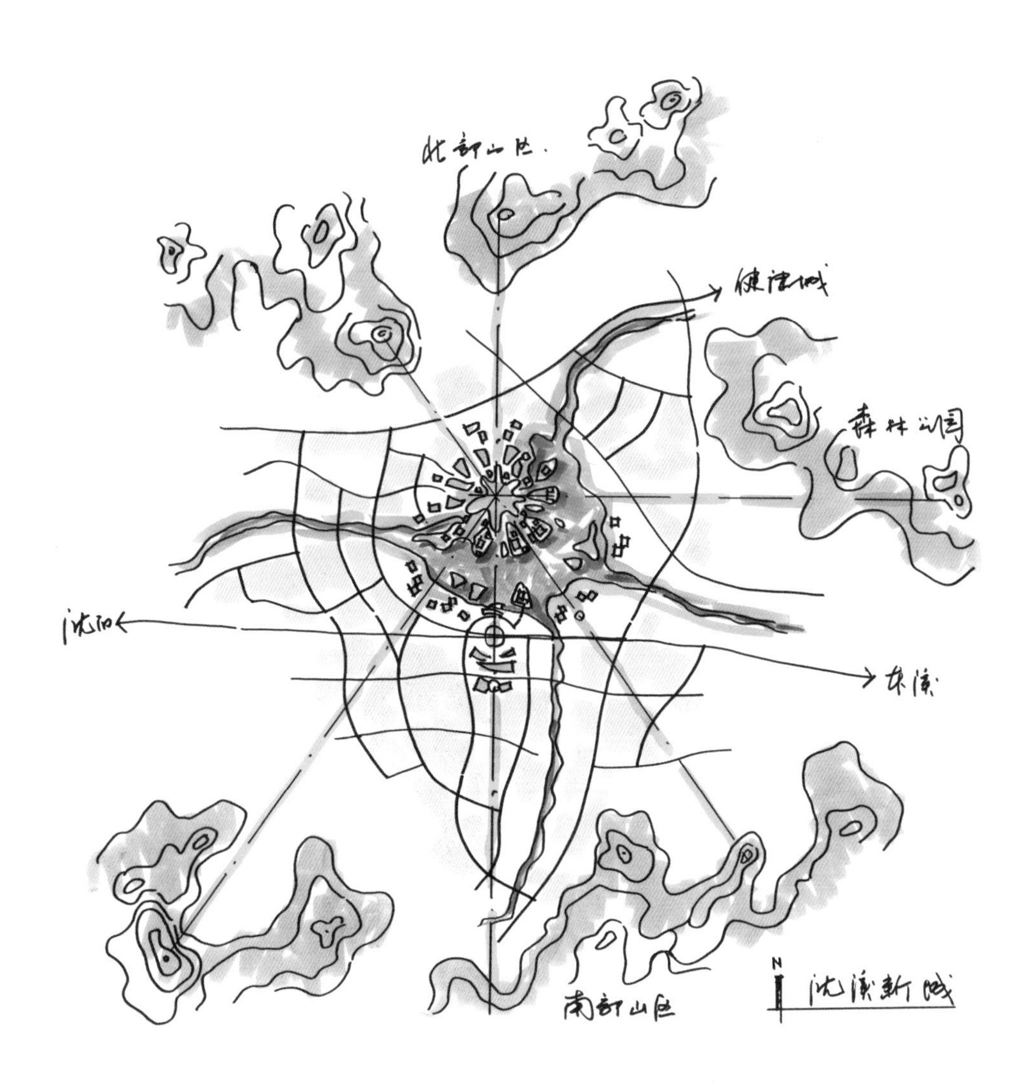
北部山丘
森林公园
沈阳
本溪
南部山丘
N
沈溪新城

河北衡水市

项目位置：河北衡水
项目面积：22公顷
设计时间：2010年
委托单位：衡水市政府

设计理念

由于衡水市区发展逐渐南移，将形成老城、湖滨新城、湖东片区三个大的组团，但老城与新城之间由滏东排河隔开。方案通过整体景观系统规划，充分利用衡水“水”的优势，有效连接多城区，打造水市湖城。

方案的特点之一是在老城区南部建一个大型水生态公园，这样有效地控制了城区南扩的过程和摊大饼式的发展。南部开发区越过生态公园，沿着河渠向南发展，这样在未来的城市结构上，这个生态公园就成为了城市的中央公园。方案的特点之二是南部新区沿河渠建设，能够有效地将城市与河流生态廊道的建设相结合，最终与南部的衡水湖相连接。在保护好水资源的同时促进了衡水湖东部地区旅游休闲区的开发，景观结构上将城市、河流、湖泊连成一体。

→ 衡水景观系统

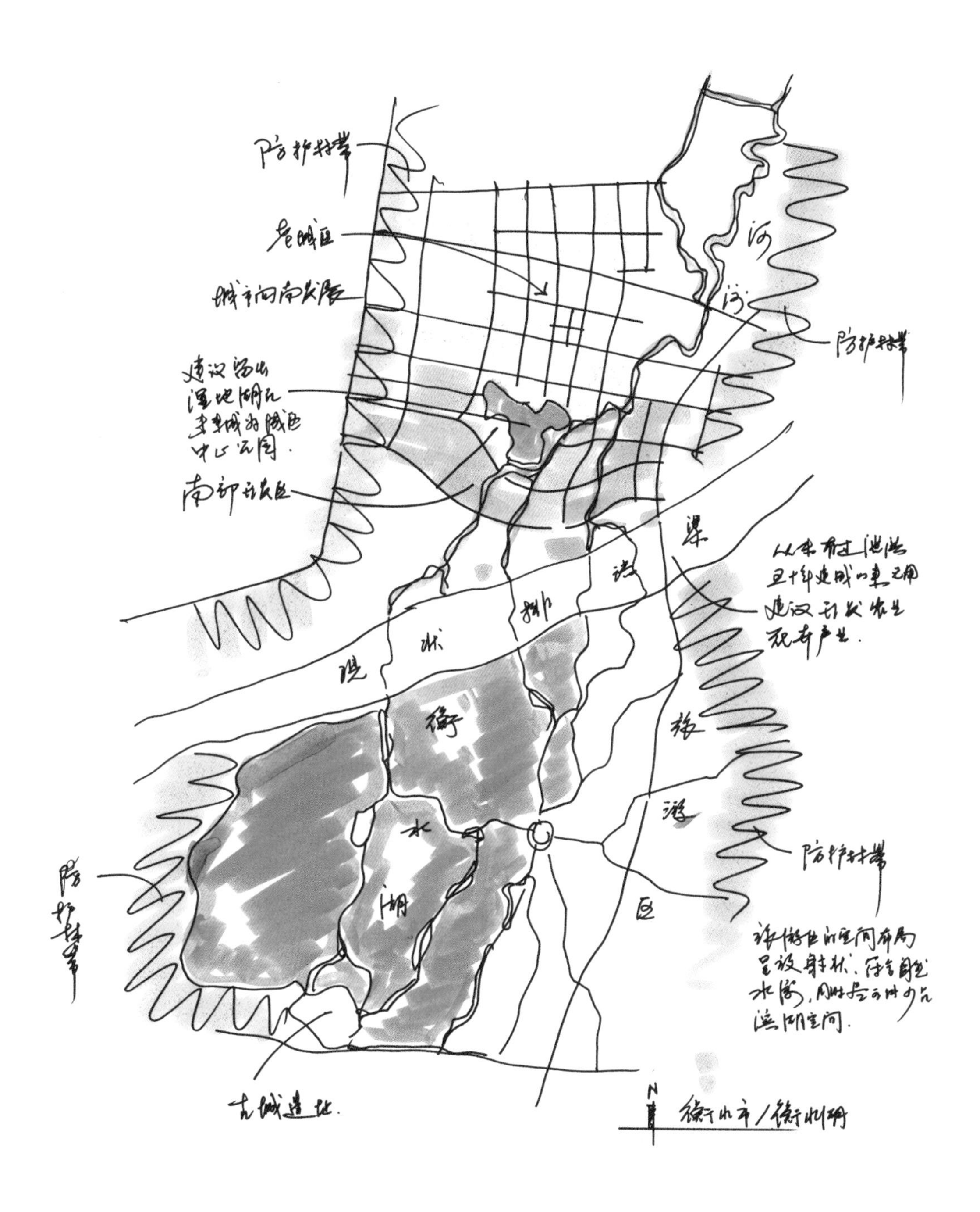

防护林带
老城区
城市向南发展
南部新区
防护林带
衡
水
湖
旅
游
区
防护林带
古城遗址
N
衡水市/衡水湖

吉林市城市景观系统

项目位置：吉林市东山片区
项目面积：29.9公顷
设计时间：2013年
委托单位：吉林市城市建设控股集团有限公司

设计理念

面山亲水，宜居宜乐，文化汇流，浪漫江城。

吉林市处东北腹地长白山脉向松嫩平原的过渡地带，四周环山。松花江呈倒"S"形穿城而过。总面积27120平方千米，规划定位为建设综合性特大城市。景观系统的规划设计遵循生态优先的原则，首先是松花江的保护和现状景观的提升改造，在江的城区段保留河流现状的自然型驳岸，尽量减少人对自然的影响，并通过加植基础性乡土物种，使群落自然发展，促进当地生物的多样性，将城市的亲水性建立起来。构建蓝色生态主轴。在江的上游充分挖掘乡村与松花湖特色文化，将现代艺术融入景观之中，打造特色河道，提升城市文化品质，以湿地景观为基础，开发不同层级的旅游度假产品。

有了松花江，吉林市就有了生命之源，除此之外吉林市还有非常丰富的山林资源，特色是在城区周边的山系给城市带来了优厚的生态骨架和休闲资源。如将这些山体都连接起来，可以形成一个完整的环城山系和山体公园体系。这将是规划的最大亮点。

通过设计城市的一环，三轴，多廊，最大程度地加强山水和城市渗透与融合。

一环：环山绿带——贯穿城市山体的绿色生态廊道。 将吉林市周边的山体贯穿起来，有利于吉林市天际线的保护和环城绿地的建设，这将成为吉林绿色生态的主体。

三轴：城市景观主轴——城市南北轴+中心组团东西轴线+南部组团东西轴线。

多廊道：城市景观生态廊——渗透在城市山水间的多条景观生态廊道。主要是为了把城市周边的山和松花江连成一个有机的网络体系。这样更有利于城市生态的雨水收集，动植物迁徙等等。

→ 吉林景观系统

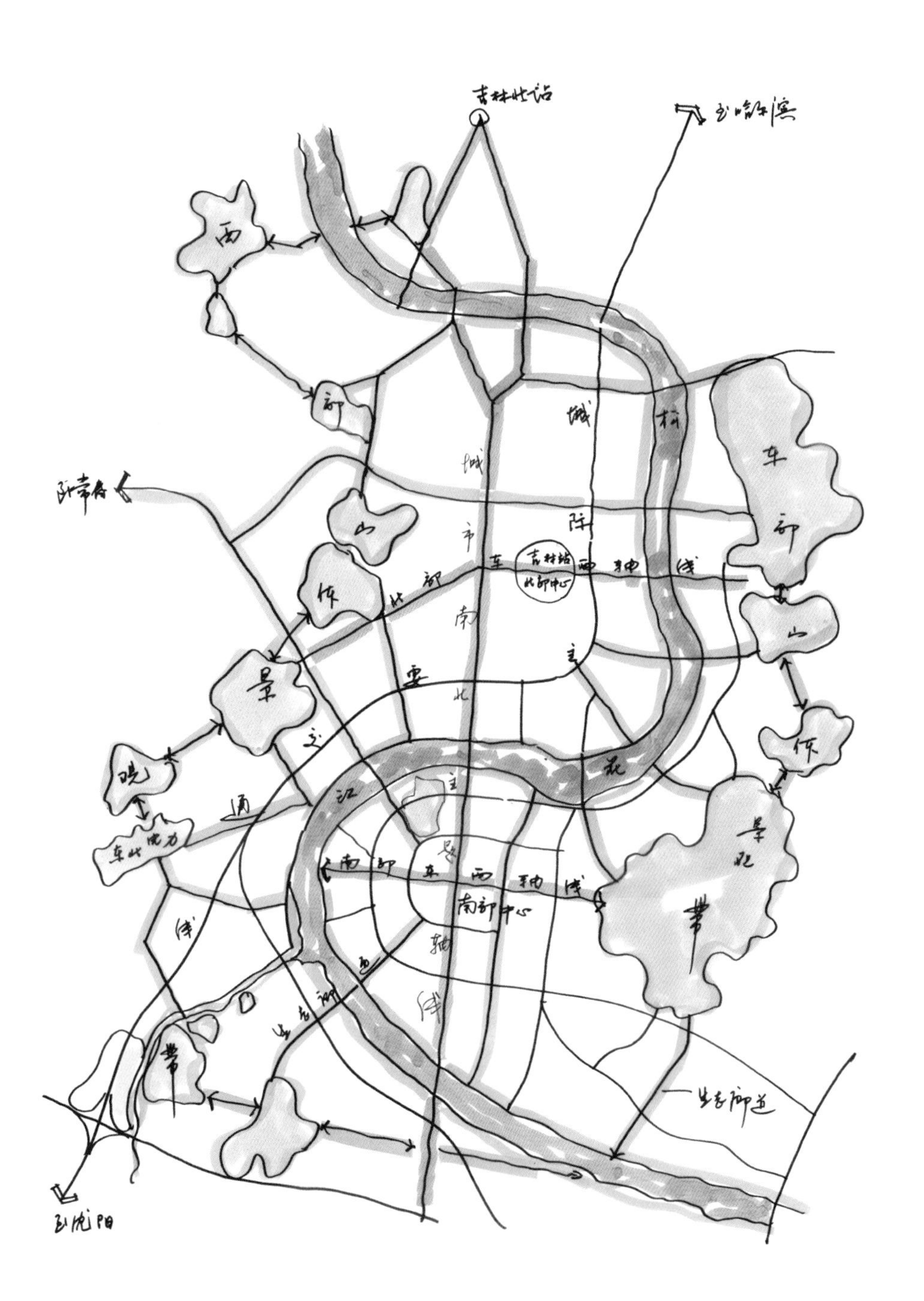

吉林北站
到哈尔滨
到长春
吉林站
北部中心
南部中心
生态廊道
到沈阳

→ 吉林市城市景观系统总图

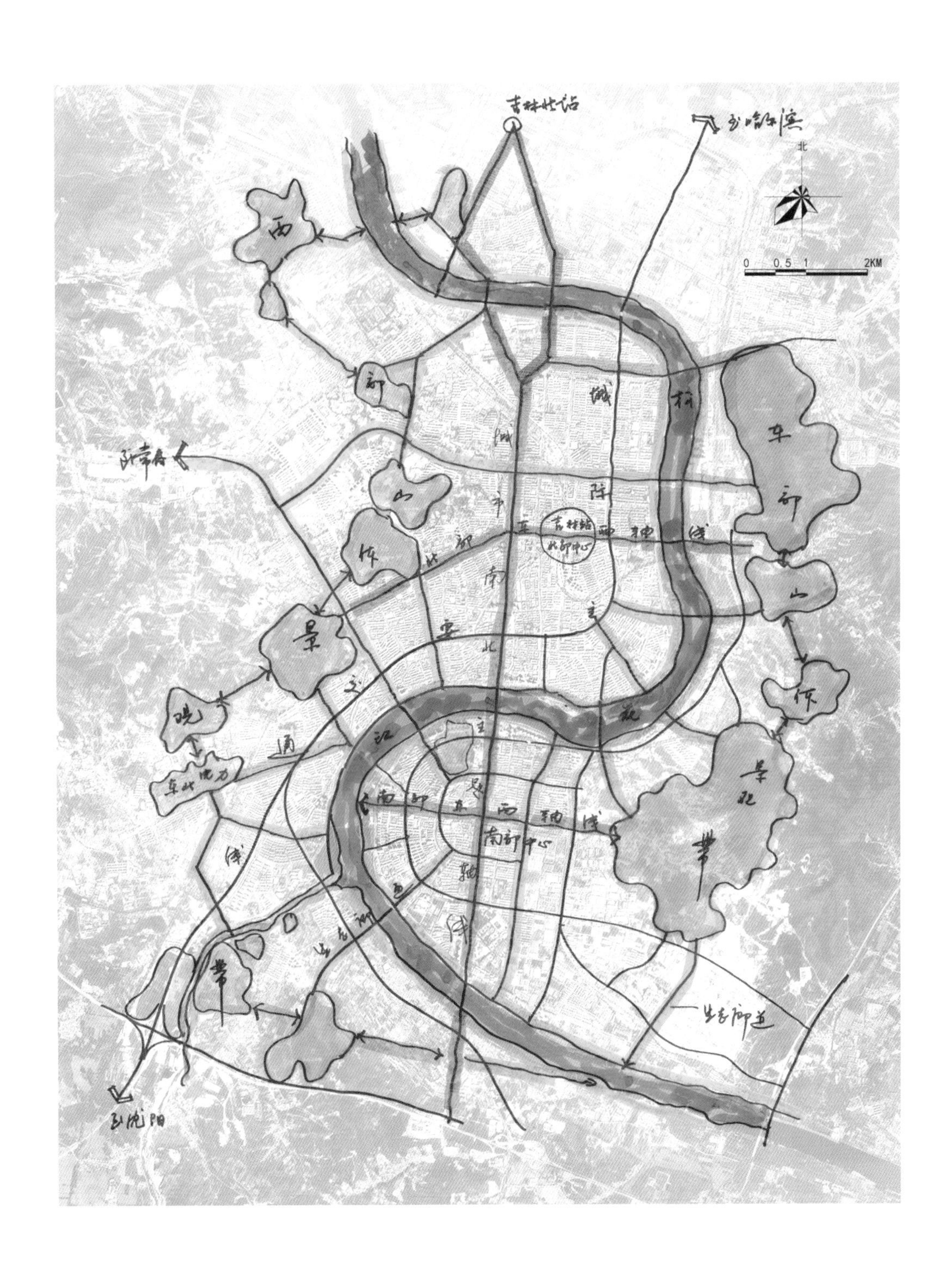

吉林北站
至哈尔滨
北
0 0.5 1 2KM
至长春
南部中心
生态廊道
至沈阳

连云港徐圩新区

项目位置：江苏省连云港市
项目面积：46700公顷
设计时间：2012年
委托单位：连云港连云新城规划建设委员

设计理念

项目位于连云港市城区东南部陇海陇路的起点，同时也是沿海城市群的中心地带。徐圩新区是连云港市“一心三极”空间格局中的南翼沿海发展带重要节点，对江苏省内沿海开发带以及全国沿海发展格局的发展起着至关重要的作用。总规划面积约467平方公里，其中，徐圩港区约74平方公里，临港产业区约240平方公里，现代高效农业区约153平方公里。

设计在原本的规划之上，梳理城市资源脉络，树立新城文化标识，营造城市生态绿廊，力求打造以海滨、产业文化为依托，创新、智能、活力四射的新港口。突出港口、产业、海滨新城区的形象塑造。将居住、展览、商业商务、休闲旅游有机结合，创造优美舒适、富有人文气息和充满时代活力的国际性海港城市新区。将特色旅游作为新区最吸引人的推广名片，结合大港文化新兴产业新区定位，打造滨海景观、港口景观、工业景观等多样特色体验和旅游吸引点。生态主导、宜人为本、创新为先，构建自然和谐、舒适宜居、低碳智能、持续循环、绿色生态的徐圩新区。

方案特点在于利用了工业码头的资源，建立了多条滨海休闲观光岸线，将混凝土的码头建成生态驳岸，这样从一开始就有了生态港区的理念，对于未来滨海旅游休闲度假都打下良好的基础。

→ 徐圩新区

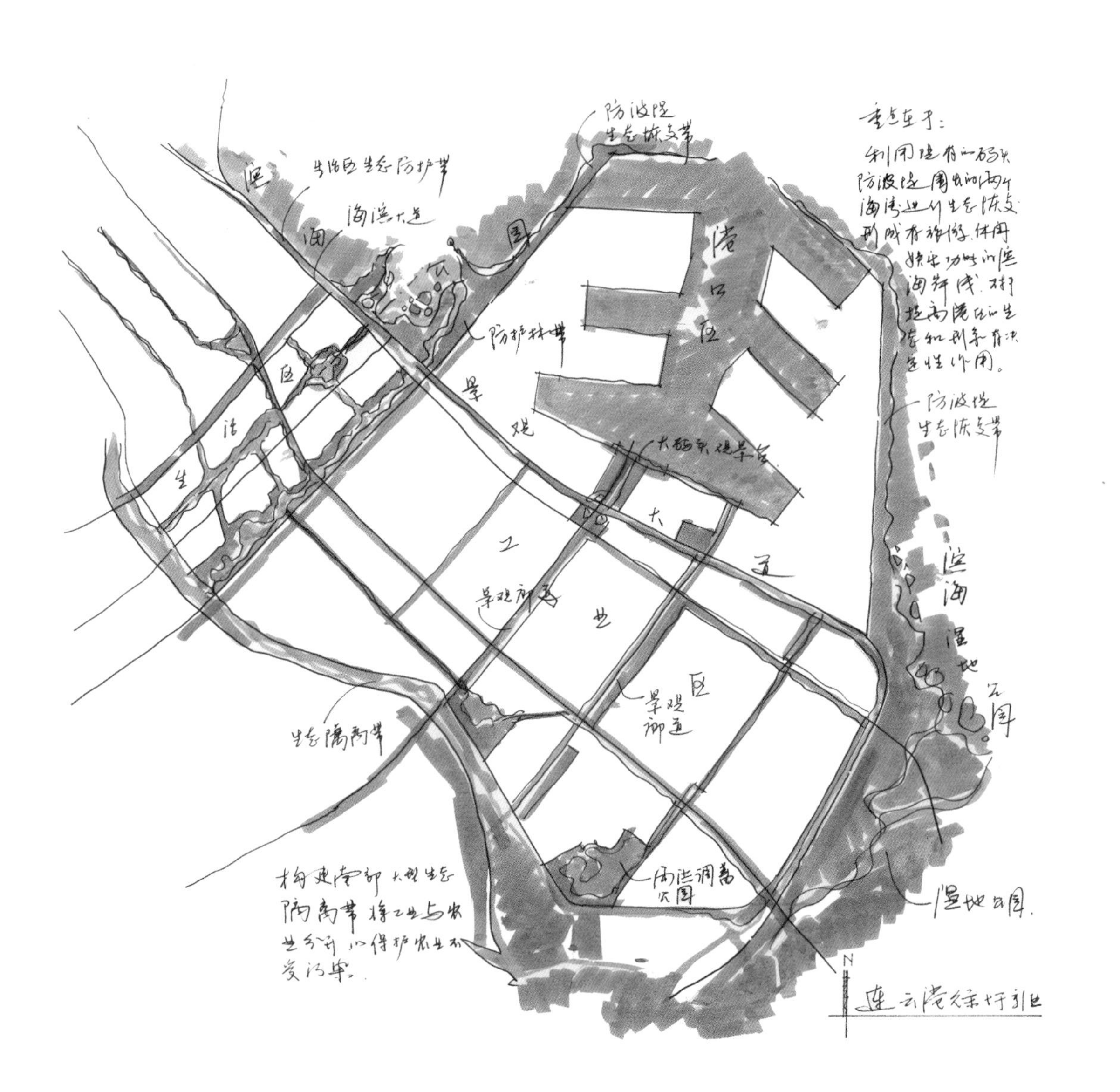

徐圩新区淡彩底图

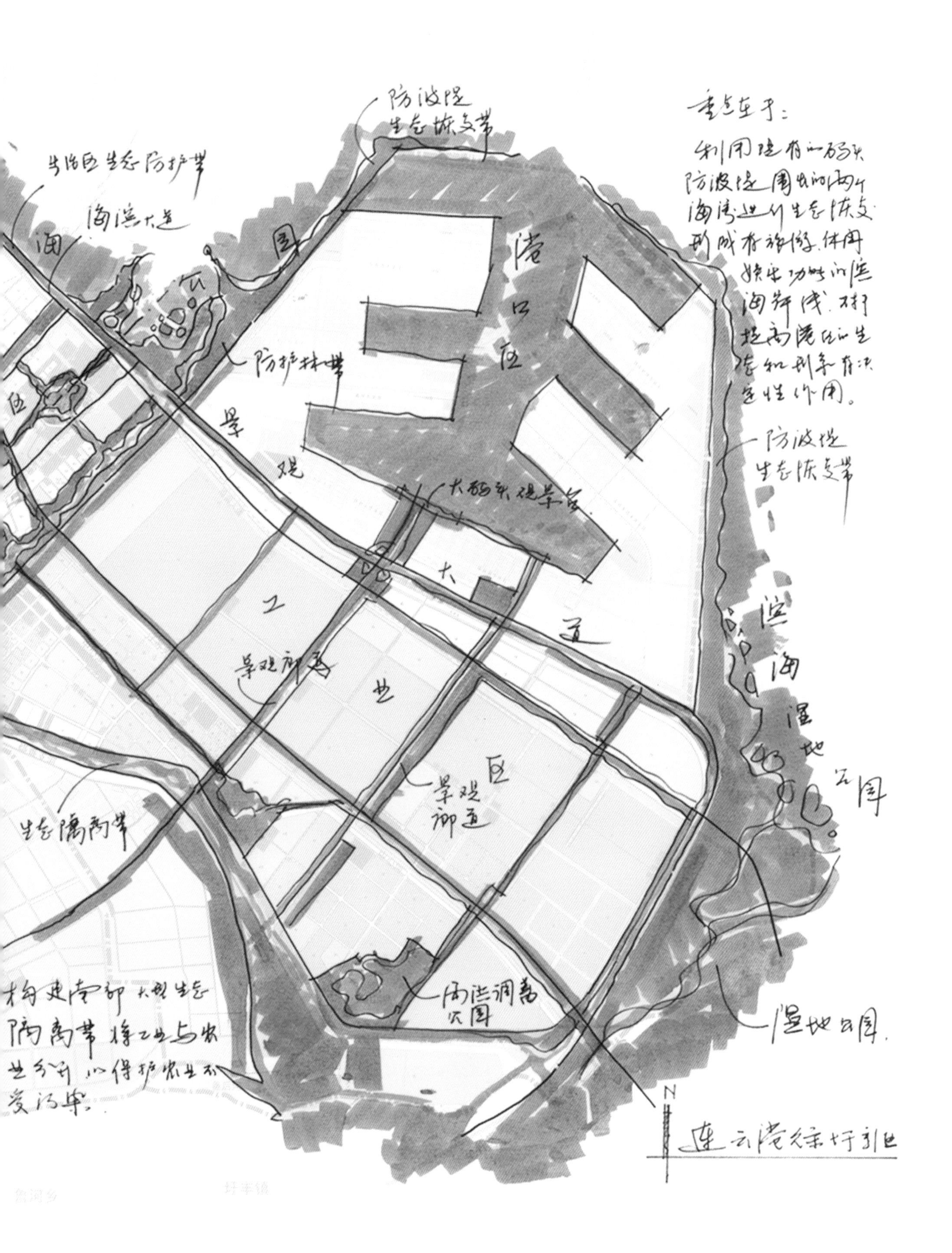

防波堤生态恢复带
生活区生态防护带
海滨大道
港口区
防护林带
景观
大道
工业区
景观廊道
景观廊道
生态隔离带
滨海湿地公园
湿地公园
雨洪调蓄公园
重点在于：
利用现有的两个防波堤围成的两个海湾进行生态恢复，形成有旅游、休闲、娱乐功能的滨海岸线，对于提高港区的生态和引导有决定性作用。
防波堤生态恢复带
构建南部大型生态隔离带将工业与农业分开，以保护农业不受污染。
N
连云港徐圩新区

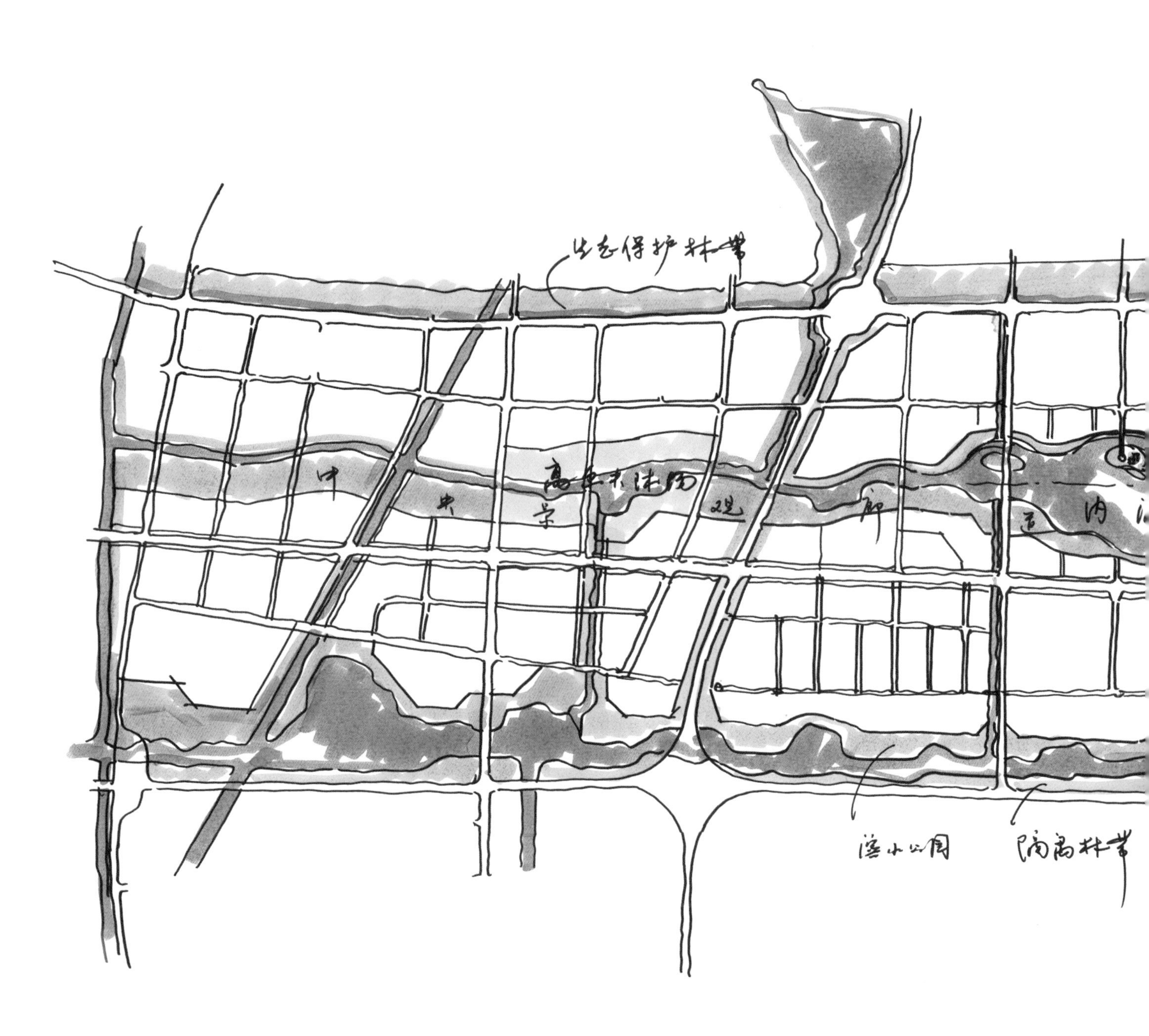
生态保护林带
中央景观廊
滨水公园
隔离林带

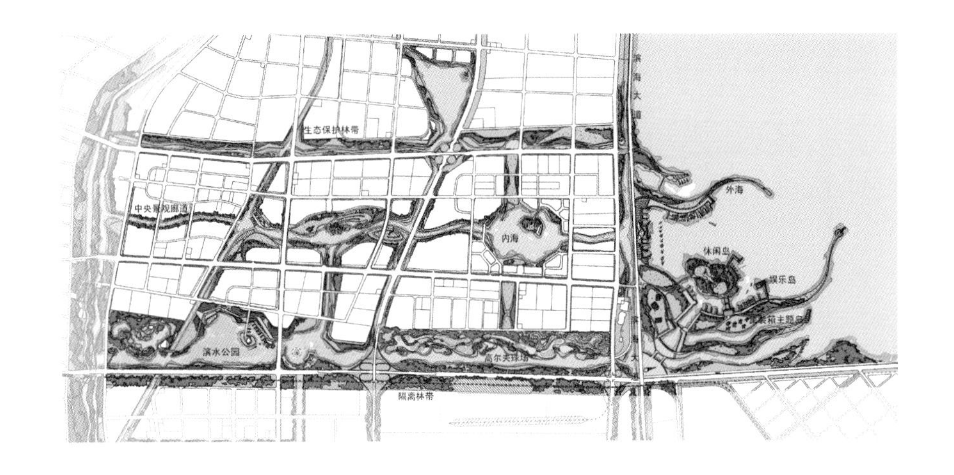

↑ 连云港徐圩新区总平面图

← 连云港徐圩新区生活区

外海

休闲岛

娱乐岛

集装箱主题公园

1:10,000

连云港徐圩新区

重庆龙盛片区

项目位置：重庆市两江新区龙盛片区
项目面积：18100公顷
设计时间：2012年
委托单位：东方城置地股份有限公司

设计理念

山、水，是龙盛片区的核心资源。山、水，可以改变城市形象面貌，如何最大限度地对城市结构发挥优势作用？如何最大限度地激活城市建设与发展？

本次景观系统的规划预留山的视线廊道，设置瞭望台、观景平台等，通过相互借景强化山的风貌，将山体与产业片区、居住用地等城市地块结合，加强山的功能；同时打通水网，御临河水系向东西延伸至山谷，形成山环水抱的格局，以水系作为动力，带动周边地块的发展，从而构成了景观系统——“山水荣城”。

城市与山水骨架并非简单叠加，而是依靠水系和绿廊来链接、融合城市用地，从而整合和提升城市整体风貌和地块发展。结合规划地块性质，确立景观系统功能——以御临河水系为主线的中心城区，以外围山体结合产业园区形成的山地景观功能集群。

将御临河定位为“现代的、活力的、繁荣的”，并以其为主脉串联起城市的中心地块，打造成一条充满活力的河，以期带动整个城市的商业、文化、生活的繁荣。依托御临河，打造城市热点，建立公园综合体、CBD\RBD等城市核心，激活城市板块。将支流水系及绿廊向城市延伸和渗透，形成城市发展的活力带。

将山体定位为“清幽的、立体层次的、生态宜人的”，结合城市建设地块的性质，打造不同类型的山地功能组群。强化山城特色，结合市内丘陵绿地，构建一系列城市山地公园。以多种多样的山地观景方式，体验“山城相拥、山外有山”的独特魅力 。

→ 重庆龙盛片区景观结构

铜
锣

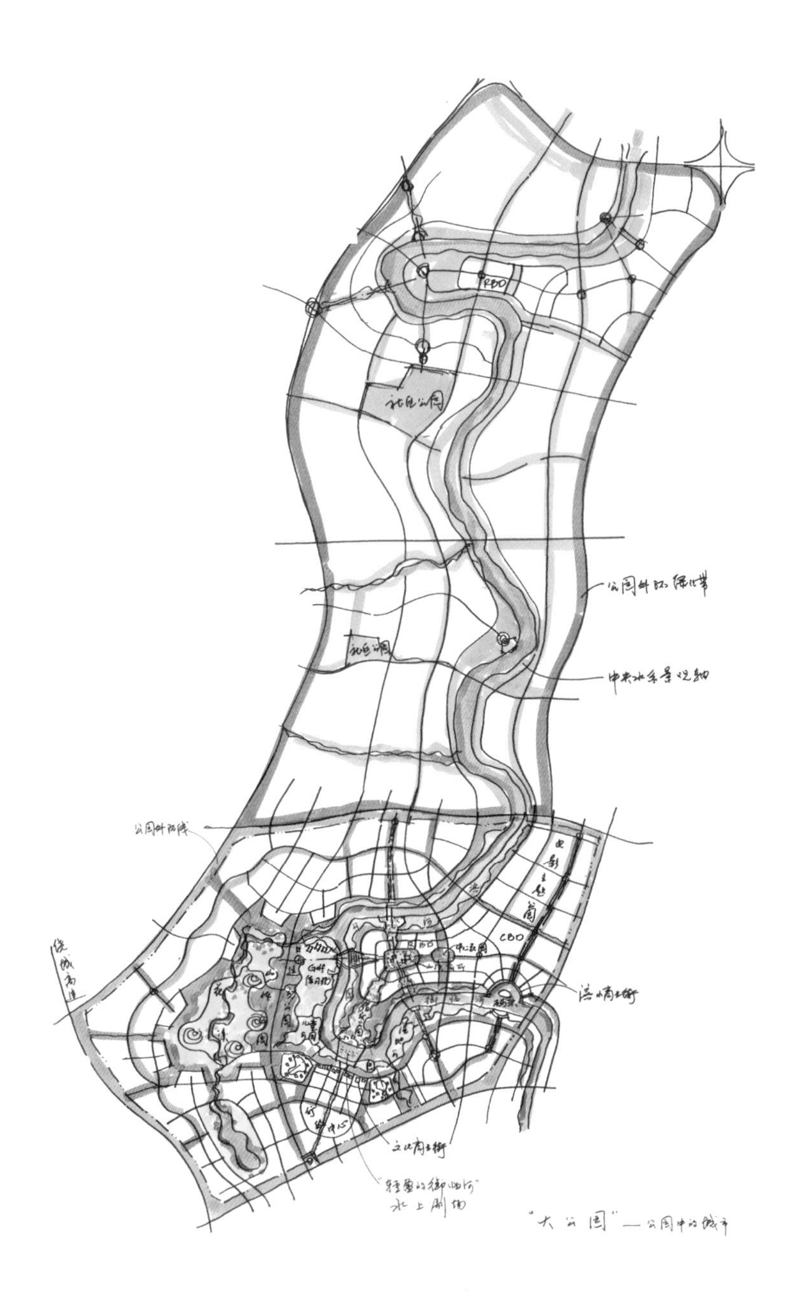

← 重庆龙盛片区景观系统

→ 重庆龙盛片区核心区景观系统

龙溪古镇
中心娱乐休闲购物圈
高档别墅区
CBD
休闲商业养生中心

重庆龙盛片区核心区总图

重庆龙盛片区核心区鸟瞰图

株洲芦淞区

项目位置：湖南省株洲市
项目面积：288公顷
设计时间：2013年
委托单位：株洲新芦淞产业发展集团有限公司

设计理念

株洲市芦淞区位于湘江东岸，新城以服饰产业及通用航空产业双产业集群作为新城的产业基础，芦淞区西邻湘江，东侧群山环抱，是新区天然的森林生态涵养源和郊野森林保育区，凤凰山纵跨全区，成为城市内山体森林生态走廊，西侧湘江绕城而过，区域内多条自然河流水系贯穿全区汇入湘江。以上各元素共同构成了完整的生态走廊及山水格局。

结合产业规划中新城的双产业区域结构，及区域内自然的山水骨架，以凤凰山森林生态走廊为依托，构成纵向生态廊道，并强化两条骨干景观大道将湘江与东部山区的连接，贯穿新城成为整个新城的横向生态景观廊道。纵横穿城的生态廊道与外围山体的森林生态涵养保育区共同构成完整的生态保育系统。

新区具有非常鲜明的区域产业特色（航空产业、服饰产业）及人文资源（民俗文化、红色文化），重点突出航空文化和时尚文化作为新区特色。结合区域产业规划设置航空主题公园、时尚文化主题公园、凤凰山森林公园、服饰城商业中心广场、山体婚庆主题公园，以及城市公共绿地的人文带。通过整体规划定位及分步实施战略，结合区域经济的两大产业集群将分散的城市空间布局进行景观整合。完善城市景观节点，形成芦淞区独具特色的航空时尚生态景观体系，打造集景观、生态、产业、娱乐、文化于一体的新区。

→ 芦淞区景观系统总平面图

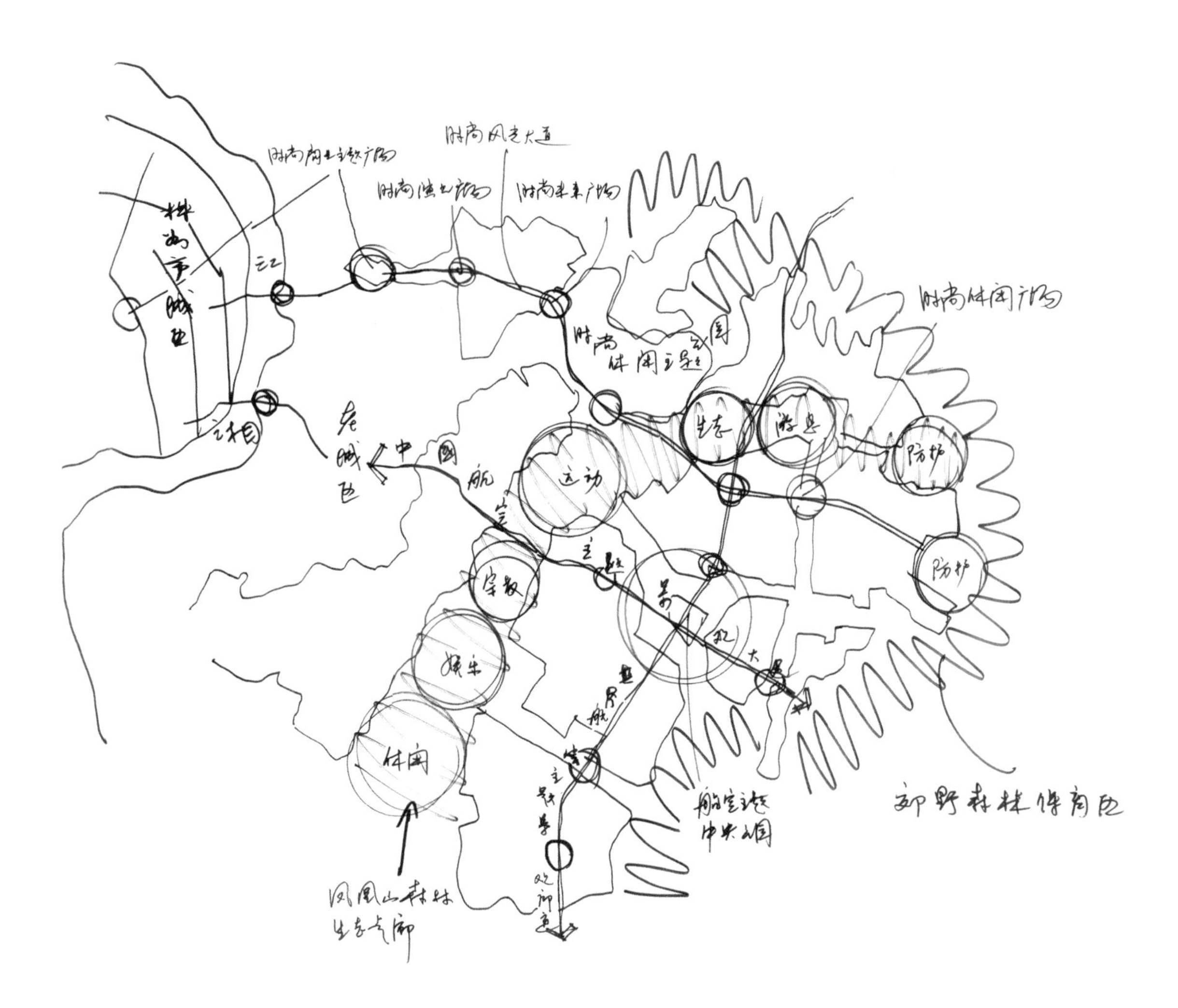

时尚演出广场
时尚未来广场
时尚休闲广场
运动
生态
游憩
防护
防护
宗教
娱乐
休闲
郊野森林保育区
凤凰山森林
生态走廊

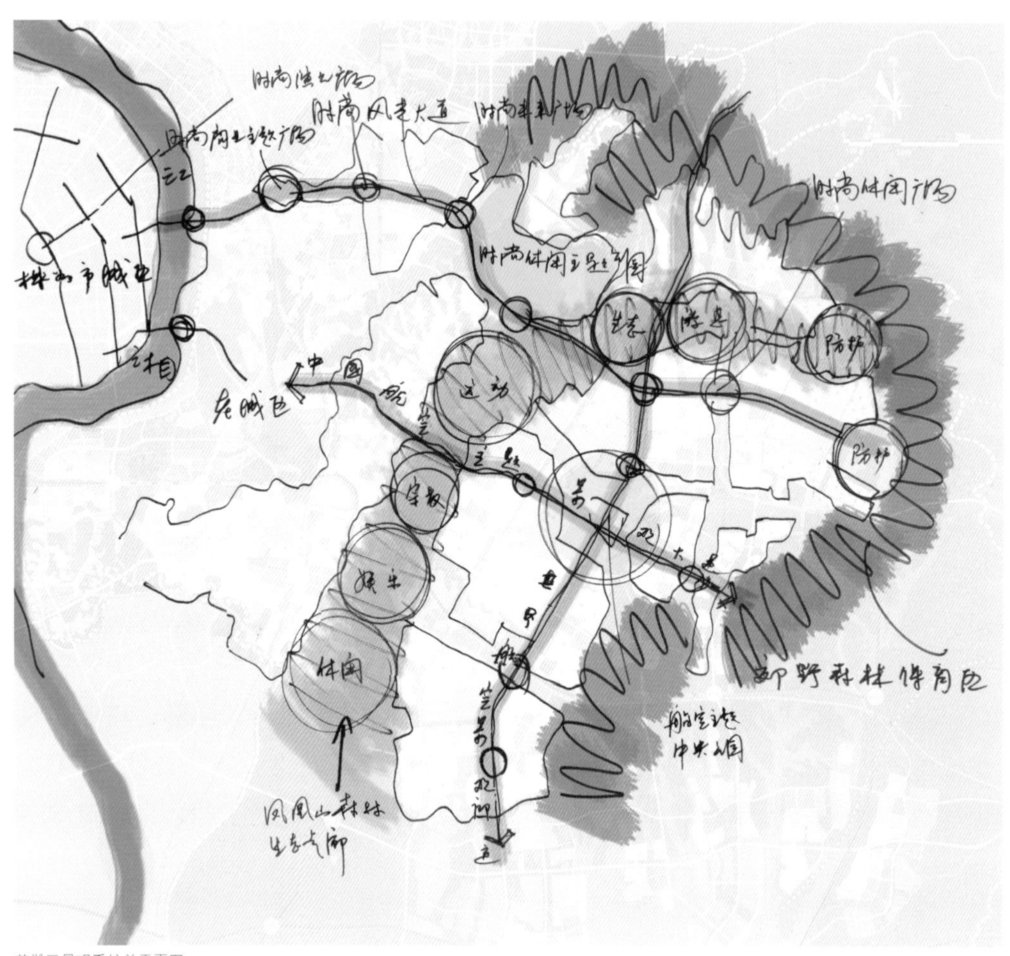

芦淞区景观系统总平面图

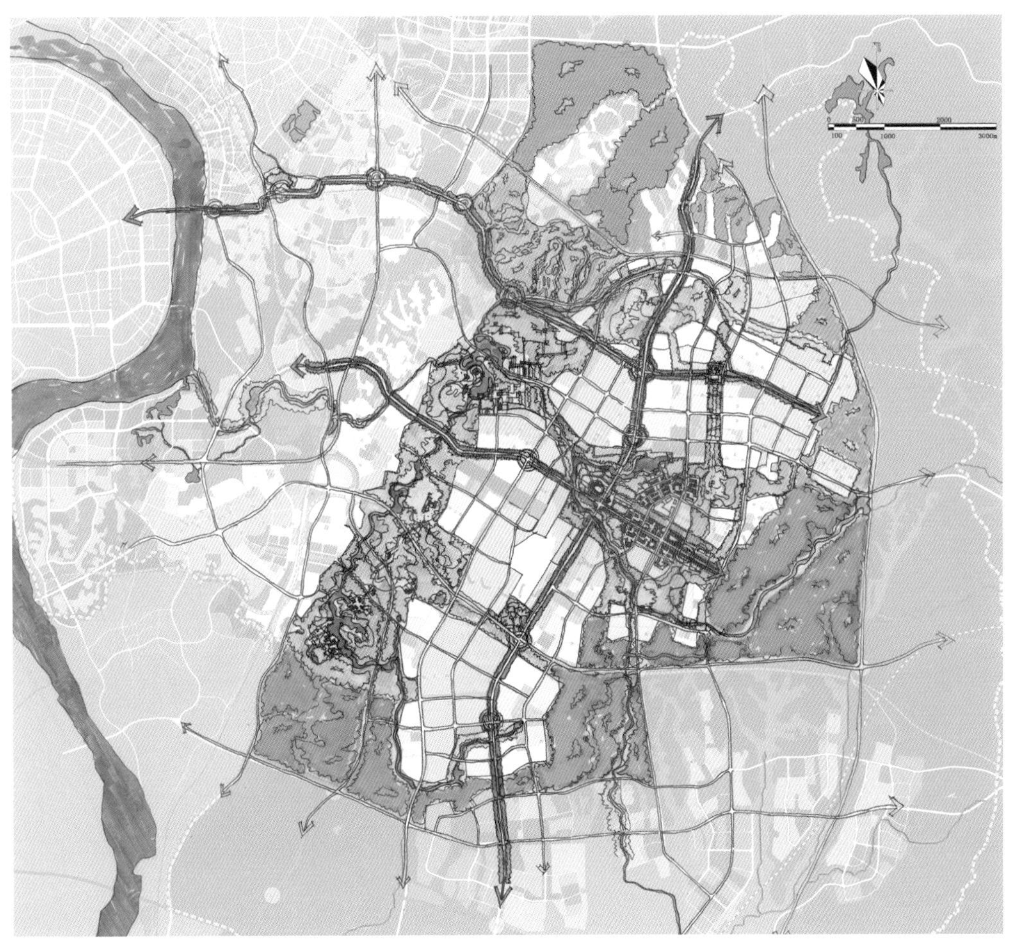

芦淞区景观系统

海南神州半岛

项目地点：海南
项目规模：36洞
设计时间：2011年
委托单位：中信泰富万宁（联合）开发有限公司

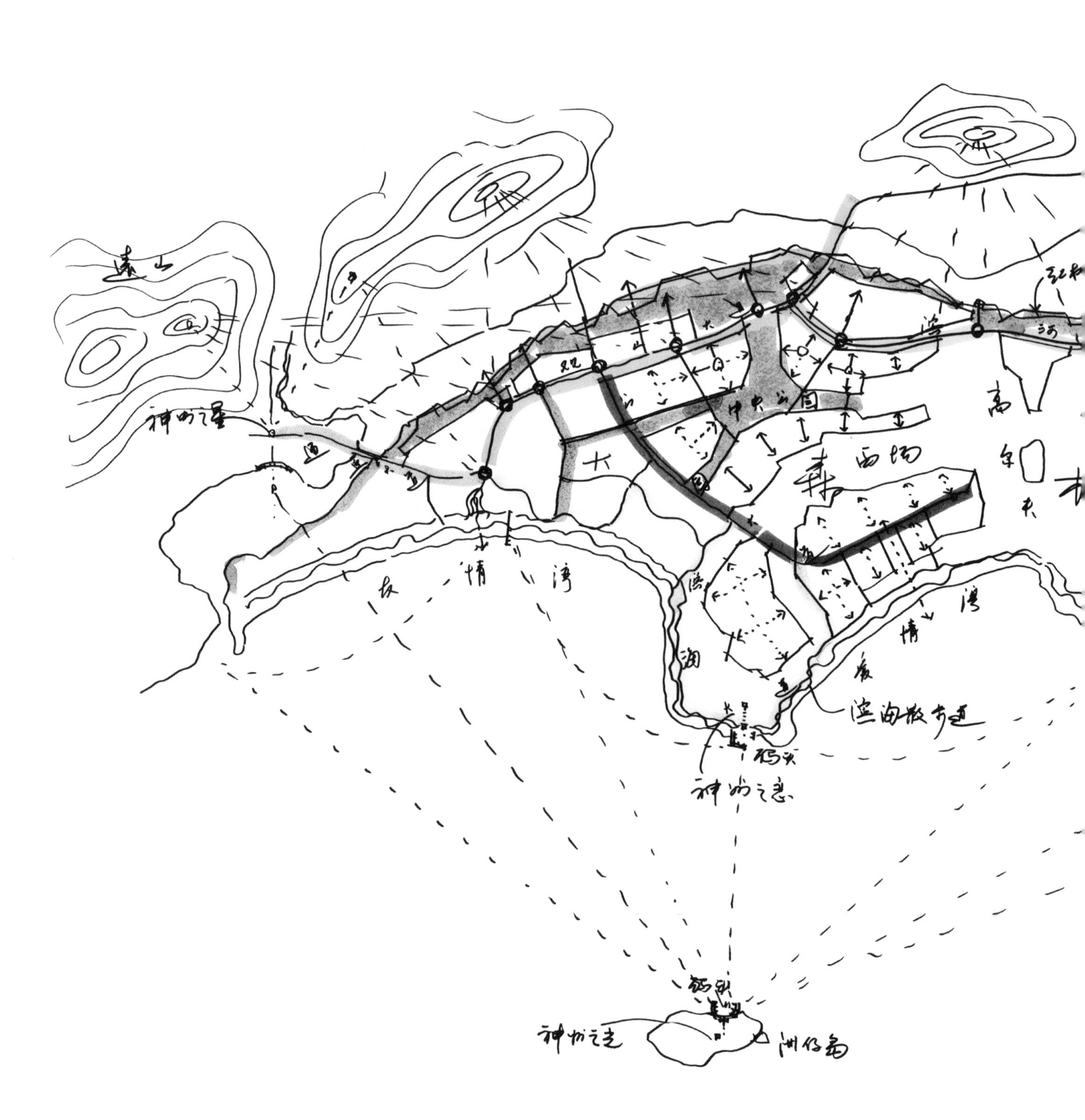

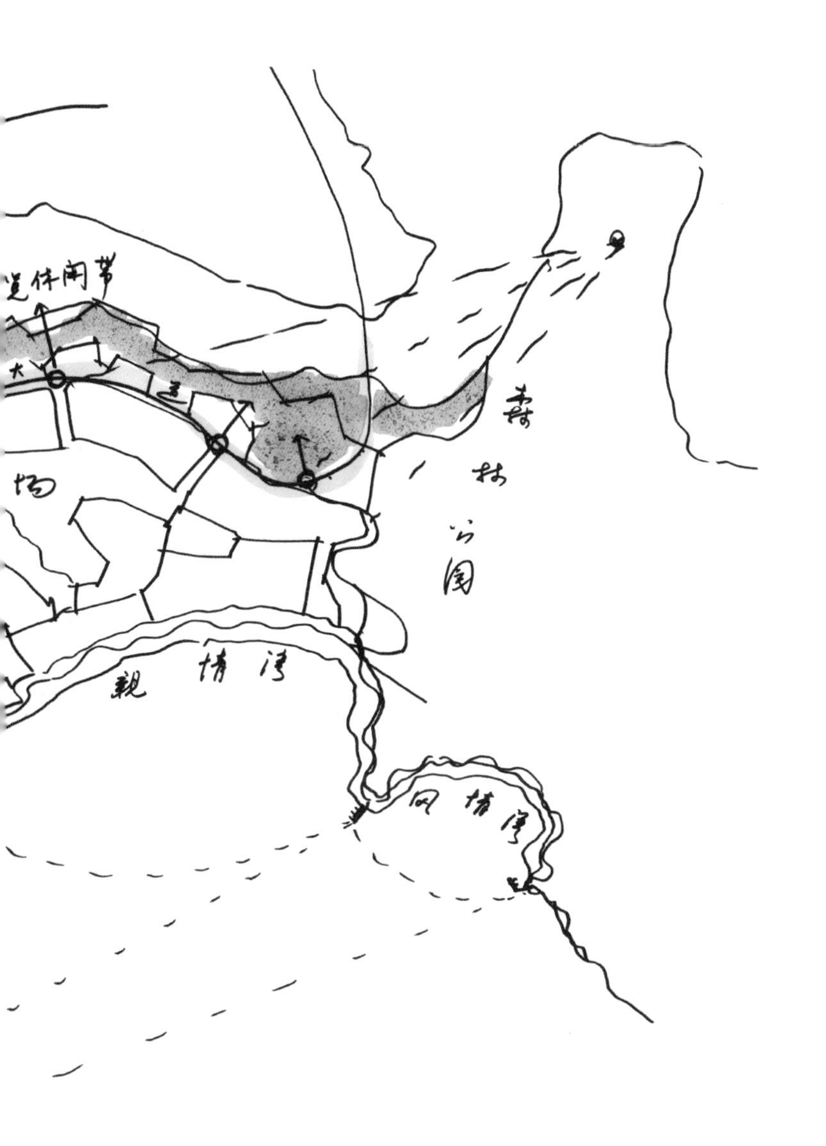

设计理念

项目位于海南岛东海岸的天然半岛之上，半岛三面环水，一面接陆，宜人的热带海洋性季风气候，神州半岛度假区由中信泰富集团投资建立，总占地面积约18平方公里，2010年年底正式对外营业。度假区拥有完备奢华的休闲度假设施，包括一个由36个标准洞及5个练习球洞组成的顶级高尔夫球场，高雅时尚的五星级度假酒店，奢华高端的游艇会所，以及舒适宜人的海滨住宅区。

神州半岛的整体空间结构为西面有山景及河流，东南临海，北面接陆。

中央公园是全岛最核心的位置，打开视线，向西看山，向东接海，向南与商业旅游中心相连，使周边的景观与之相呼应。

由于岛上阳光充沛，夏季炎热，因此总体上要造就一个“大森林”的概念，为人们的户外活动提供阴凉。

神州半岛处在一个北面依山、南面临海的位置，应该说是得天独厚。在半岛与山体之间还有一条河流横穿而过，两岸都是郁郁葱葱的红树林带，为半岛的生态带来了丰富的鱼类、鸟类和多种动植物栖息地。而滨海的沙滩椰林带更是强化了半岛的“大森林”格局，所以总体景观概念的“大山、大海、大森林”即由此而来。

虽然岛的中部有很多开发项目，但我们希望通过“大森林”的景观环境，将人工建设融化在这一片森林之中。因此中心部分的公园及廊道的建立能有效地把周边的山体滨海景观联系起来。

记得上岛的第一天，看到处都在盖房子，乱哄哄的，很不舒服。因此想要找到一种属于岛上原本有的特质“大森林”这个概念。不论从生态的角度还是游览休闲的角度、景观特色的角度都给半岛景观确立了一个主题方向，有了一个整体的定位。

神州半岛景观结构

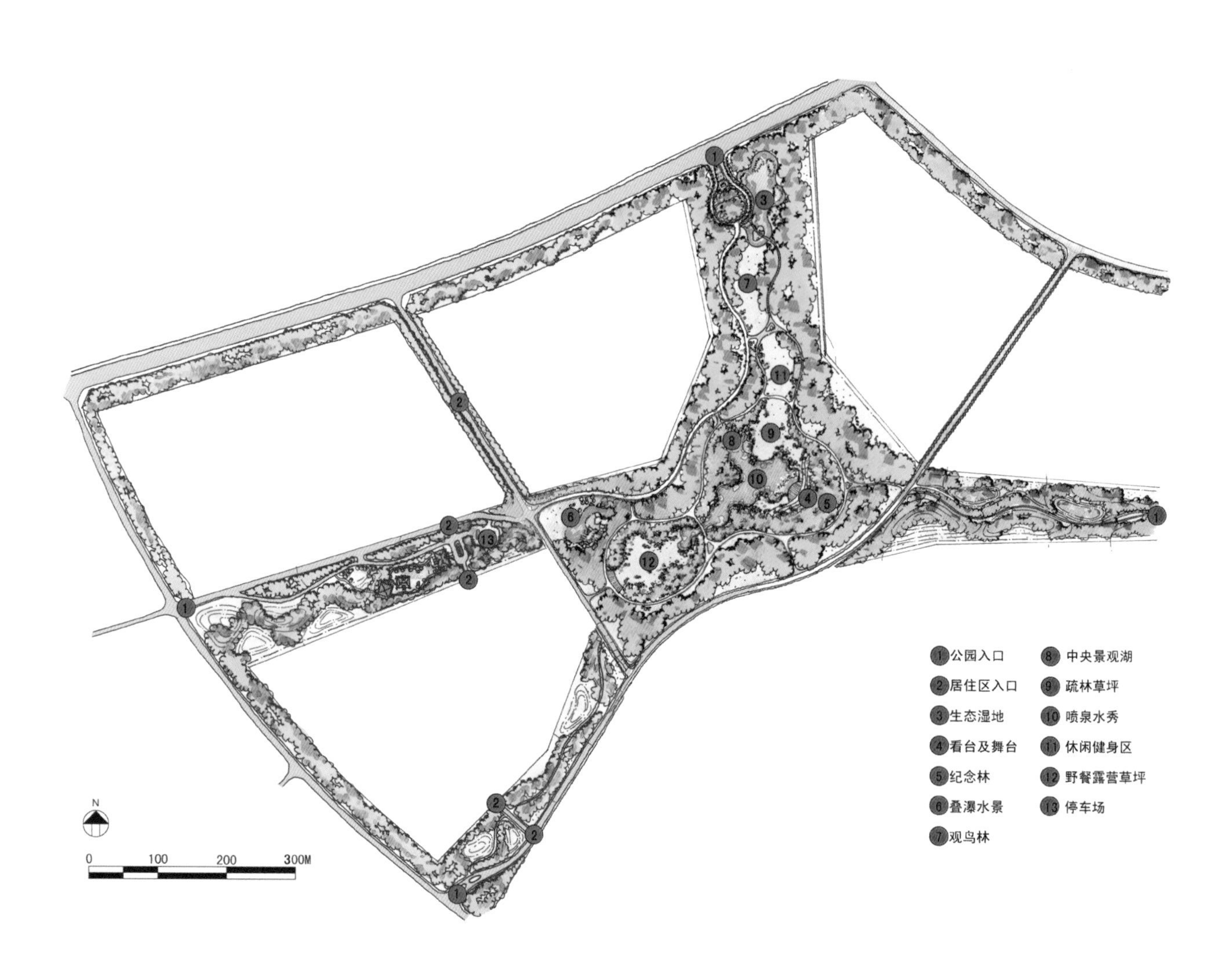
1 公园入口
2 居住区入口
3 生态湿地
4 看台及舞台
5 纪念林
6 叠瀑水景
7 观鸟林
8 中央景观湖
9 疏林草坪
10 喷泉水秀
11 休闲健身区
12 野餐露营草坪
13 停车场
N
0
100
200
300M

← 中心区方案

→ 中心公园

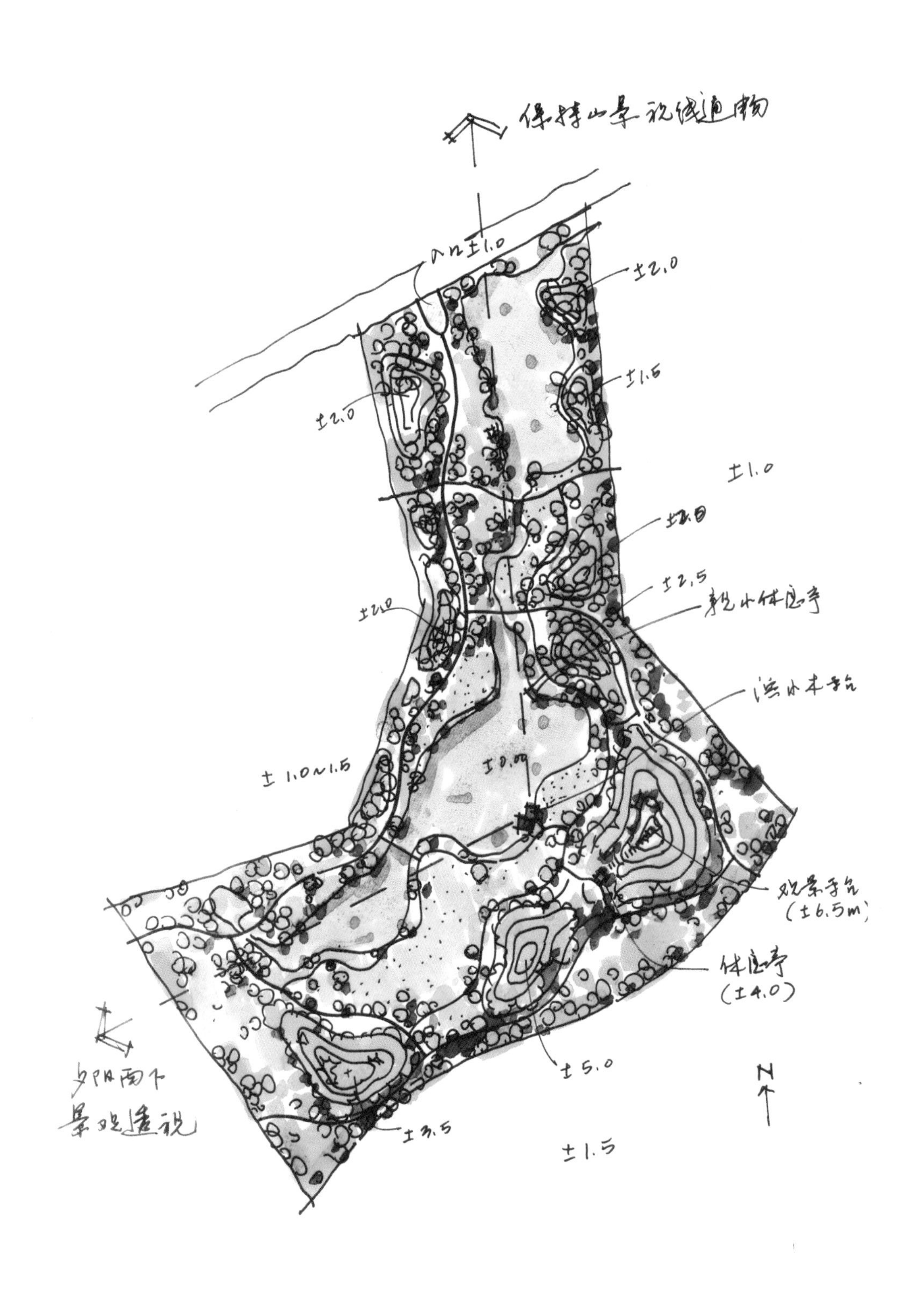

保持山景视线通畅
入口±1.0
±2.0
±1.5
±2.0
±1.0
±2.5
亲水休息亭
±2.0
滨水木平台
±1.0~1.5
±0.00
观景平台
(±6.5m)
休息亭
(±4.0)
±5.0
夕阳西下
景观透视
±3.5
±1.5
N

← 坡地看台

→ 中心湖区

第 二 部 分

区域开发

中国现代城市郊区发展战略

今天的中国似乎都把注意力集中在所谓大都市的建设上，其一是在城市内部把楼建得越来越高；其二是在城市周围大规模开展圈地运动。一时间各种开发区搞得沸沸扬扬。城市在成倍扩张，一片片山林、农田和水系都在城市化的过程中渐渐消失。在人们一个劲地高喊要保护城市生态的同时，所做的也只是多建几个堆砌得琳琅满目的公园，或是把河道修直，然后再来几条空空荡荡或者是挤满了机动车的所谓"景观大道"，以及装扮得花里胡哨的"文化广场"。在城市的结构上，我们长期忽视了一个重要的组成部分，那就是郊区。

1. 旧话重提

过去我们都有郊区或者郊县的概念。在城市的周围，郊区的人们以种菜、养殖为主，专门为城里人的厨房服务，是实实在在的乡下人。以前的工厂都建在城里。工人们工作、居住都在厂子里，政府发一个叫做户口的小本子，成了名副其实的城里人。后来改革了，市管县，农村的土地就一片片地划给了城市。"郊区"也就在这一城市化的过程中为人们淡忘。管理机构没有了，人们便不再谈论郊区。其实作为一个传统意义上的为城市人口提供食物的郊区已经不那么重要。蔬菜和养殖业依赖发达的道路交通系统，到哪儿做都可以。可是作为满足新的城市功能需要、作为城市空间形态的一部分和城市生态环境的"郊区"却是今天应该得到广泛关注的大事情。

2. 对比欧美郊区

许多欧美的城市郊区，是当地人生活的牧场、庄园和球场。除了安静的别墅生活区，还有被保护起来的河川、湖泊、绿色廊道式的郊游步道、自行车道、野餐的营地等。郊区是人们居住或是娱乐休闲的空间。

也许有人会说，欧美郊区占用了太多的土地，浪费了很多的资源；也许这并不符合中国的国情。可是在中国，随着经济的发展，一个没有郊野环境的裸露的城市已远远不能满足人们现代化生活的要求。过去我们有农村包围城市的说法，而现在是成片的工厂包围城市。郊区不但没有为城市生态带来什么保护作用，反而加重了城市的污染状况。

3. 不断蔓延的北京“环”

古老的北京已经成为埋藏在人们记忆深处的影像：小小的都城被绿色环绕，遍布着很多水系和池塘。而现在的北京很难找到一条完整的水系。自然的景象正在快速地消失在人们视野中。以前的皇帝尽管每天在紫禁城主持朝政，但闲暇时间还要去颐和园避暑，去香山登高远眺。他都知道需要有一种远离城市的郊野生活。而北京的今天是什么样子？人们每天往返于居住的高楼和办公的高楼。城市这么广大，而实际上大多数人是在楼与楼的狭小空间里度过他们的一生。北京，从前些年的二环、三环路，已经发展至现在的五环、六环路，甚至还在不断地向外扩张。我们有没有想过是否应该建立一个绿环，哪怕只有一个？我们是否还有机会呢？其实就现在的状况，每一个环里都还是有机会的，元大都的河流，香山的山脉，颐和园、圆明园的水系，这些本可以成为一个很好的绿色系统的，而现在大家都在疯狂地建设高速公路，不光北京是这样，很多城市还都在模仿北京。围绕着一个核心建立起来的城市是不会把河流水系放在眼里的。城市扩张的大饼摊到哪里，哪里就会是一片平地加上高楼。在人们眼里，高速公路比河流重要；高楼大厦远比山体和森林更值钱。到现在大家还只是关注城里最漂亮的高楼是什么。 事实上一个城市最漂亮的地方应该在诸如河流、山脉、树木等等这些方面。我们不能让这些最有地域价值的东西都随着城市的发展而消失了。

的确，北京有了很多漂亮的建筑，但却缺少能真正代表地域特征的自然景观和城市生态环境。缺少了生态系统的城市是不能呼吸的、缺乏生命力的城市。

当我们还把眼光放在城市内部的时候，随着城市的扩张，很多有价值的景观资源都一天天地在城市外围消失。毫无疑问这些资源才是一个城市所需要的宝贵财富。在城市内部建公园其实只是解决一个休闲或运动的功能问题，对于城市的生态结构来说，其功效是微乎其微的。建立一个城市外围的绿色系统却有着更为实际的意义。

城市形态与周围的自然环境密切相关，都像北京一样以环状不断向外扩散的发展方式是不对的。一个城市的规模和形态其实在选点的那一刻起就已经在很大程度上被它周围的自然环境确定了，当然除非我们无视自然的存在。我们今天的城市形态很大程度上是受政治的影响、交通的影响以及对自然资源的无知。环状的高速公路并不是疏导交通的最佳模式，不适于山区、不适于滨河城市。有没有听说过贵阳和昆明都在修二环、三环？自然山水对于城市来说应该得到其应有的地位。可以说过去50年我们的城市没有一个是以生态为依托来规划建设的。我们应该知道，如果水是一个地域的脉络，那山就是地域的骨骼和气质，植被是衣，文化是魂。

在中国我们虽然不可能像欧美国家那样为城市建立一个大型的郊野保护区、郊野娱乐区、郊野生活区等，但至少我们要充分保护好郊野的自然资源。而有效地利用这些资源为我们的城市生活服务才是明智的选择。如果城市外围的绿色景观系统能服务于城市的生态环境、服务于市民生活，成为市民周末、节假日的去处，整个城市人民的生活质量就会得到提高，同时一些旅游地人满为患的局面才会得到缓解，城市的景观特色才会更加明显。城市的诞生和发展，一时一刻也不能脱离自然地理环境，城市对它周围的自然地理环境，总是处在吸收与排除、适应和达到平衡的过程之中，因而城市的面貌特征、城市的平面布局和城市的职能总会直接或间接地受到地理环境的影响而打上地理环境的印记。无论是地质、地貌、气候、水文、动物、植物和土壤之间并不是彼此分割的，而是互相影响、互相制约、互相联系，会形成一个自然地理综合体。城市的开发应该受到地域条件的限制。任何城市都不可能无限制地扩大，城市的建设不能忽略河流、森林等自然现状，城市建设不能像开荒种地似的烧光、砍光，夷为平地。

4. 田园城市的理想

大约100多年前英国人霍华德先生提出过“田园城市”的概念并受到广泛的重视。该概念的宗旨是使城市既有活力与效能，又有洁净美丽的景色。这在很大程度上影响了后来欧美城市的发展。

霍华德模式图是一个由核心、6条放射线和几个圈层组合的放射状同心圆结构，每个圈层由中心向外分别是：绿地、市政设施、商业服务区、居住区和外围绿化带，然后在一定的距离外配置工业区。整个城区被绿带网分割成6个城市单元，每个单元都有一定的人口容量限制。新增人口再沿着放射线在母城外面新设卫星城。霍华德的田园城市是人类对城市模式的美好理想，而澳大利亚首都堪培拉(Canberra)把“田园城市”的理想变成了现实。

这种思维在西方流行了整1个世纪。到了20世纪的七八十年代经不住年青一代对环境保护的批判和对社会问题的反思，人们又重新审视回归城市之路。然而整个世纪的郊区建设已经成就了一个完整的城市功能、城市生态系统。“郊区”也已经成为城市的一个重要组成部分。

5.城市的周边

我们过去就有“郊游”的说法，即到郊区农村去踏青。然而事实上今天大多城市的周边已经是遍体鳞伤。

随着近几十年城市的扩大和农村经济的需要，“乡镇企业”这一事物在全国各地蓬勃兴起。一时间，城市的周围变得繁忙起来，高大的烟囱在城市的周围吐着烟雾，工厂排出的废水像一条条小溪流向河流、湖泊；进出仓库的大卡车把公路塞得满满的。这就是我们今天城市周边地区的状况。

不可否认，乡镇企业的建设为新的经济带来了活力。然而，我们不能为了一时的经济改善，而以破坏整个城市的未来为代价。由于基础设施相对薄弱，资金缺乏，我们的郊区是生态环境的重灾区，其所受的污染甚至比城市中心区更糟。

6. 城市生态的建立

我们印象中的郊区与我们今天谈到的生态系统和新的城市生活方式及与之相融合的郊区系统不能同日而语。今天大家的眼光还只是停留在城市公园、社区绿地、庭园小院上，对于广阔的郊区没有什么认识。其实这正是摆在我们面前的最大机会和挑战。

郊区不再是一个行政区划，而是城市的一个地域与结构体系的概念。当我们意识到这样的问题，以建立城市生态系统为目标，把城市生活变得更加丰富和有趣味，应该把郊区纳入到整个城市的生态系统中来，这将是一个最伟大的城市改造工程，是城市现代化的必由之路。

郊区不只是一个简单的绿色空间。它是一个复杂的自然生态、生活、生产和文化的有机体。创造一个功能正常的郊区景观生态系统，我们的城市活力将会得到大大提升。

我们周边的资源是城市最重要的财富。那些没有被破坏的水系、森林、历史遗迹，能够给我们带来更多精神上的享受和实实在在的生活利益。

美国明尼阿波利斯在120年以前建立的绕城景观系统，跨密西西比河两岸，把密西西比河和周边的溪流、湖泊连成了一个整体。正是当年对于这些资源的保护，才能建立今天这样一个优美如画的明尼阿波利斯。

这就是我们今天所提出的要具备超前的眼光来看待生活，关注至今许多人还没有关注到的东西。

森林、湖泊、河流都不是孤立存在。它们必须系统性地连接成一个整体的结构。郊区的生态结构必将影响到城市内部的发展，反之，城市内部的生态也将对郊区产生一定的影响。这样郊区和城市才能构成一个完整的、统一的城市生态关系。就像我们不能阻断郊区和城市的联系一样，我们同样不能把生态系统生硬地剥离开，城市的生态结构同样需要郊区的森林、湖泊、河流。郊区的森林、湖泊、河流就像城市的一道天然保护屏，保护着城市的发展和传承，维系着生态的稳定。

郊区成片的森林是城市天然的消声器。噪声对人类的危害正随着交通运输业的发展而越发严重，只有在郊区的穿插包围下，才能有效地减少来自城市噪声的污染。

城市大量工业的存在，加之交通、人口的不断增长，以及城市绿地的减少，城市的空气污染越来越严重。媒体每天在播报着可吸入颗粒物的指数。作为城市的绿色屏障，郊区的森林可以有效地净化城市的空气。

在城市水源日渐枯竭的今天，郊区成片的湖泊是城市水源的有效补给，同时，也满足人类灌溉、航运、发电、调节径流、发展旅游的需求。成片的湖泊也能起到调剂气候的作用，对城市的地域气候和生态环境产生着重大的影响。

郊区天然的山水，是许多动物、植物的栖息地，是它们能够正常生活、生长、觅食、繁殖以及进行生命循环的重要组成部分。栖息地为生物和生物群落提供生命所必需的一些要素，比如空间、食物、水源以及庇护所等。郊区通常能为很多物种提供非常适合生存的条件。它们利用河道进行生活、觅食、饮水、繁殖以及形成重要的生物群落。

7. 人口的迁徙

今天我们的城市面临着一个极大的问题，那就是大量的农村人口流向城市，造成了城市的快速扩张。为了更多的就业机会，人们背井离乡，在城市的每个角落寻找他们适合的位置，扮演着不同的角色。大城市作为一个文化的熔炉，担负着极其重要的职能，那就是造化一代代新的城市移民，并为社会不同阶层的人们提供其所需要的生存空间。小的城镇并不具备这样的包容能力，这就是为什么中国的中心城市到处都人满为患的原因。在美国也是一样，移民大多集中在诸如纽约、芝加哥、洛杉矶等大城市。然而随着经济水平的提高和人们对现代城市生活多元化的需求，城里人开始追求乡野气息。而郊区正是为这些人提供了一个优良的去处——既有城市的便利，又有自然的陪护。在这个意义上郊区实际上是为城市“扩容”。一个好的郊区系统可以让那些几百万、上千万的大城市不那么拥挤，让社会变得更加和谐，让每个阶层的人们找到属于自己的空间。

在这种区域型大都市的带动下，周边的卫星城因为一个良好的郊区系统的存在而被注入了活力，其整体的生活质量和吸引力会得到大的提高。然而像北京这样，由于缺乏良好的郊区建设，主城区向外扩张直接把卫星城吞噬的现象对于建立一个良性的城市生态环境和城市功能结构是毫无益处的，一个行之有效的郊区系统已经迫在眉睫。

8. 新的生活方式与城市结构

居住、农耕已经不是郊区的主要功能。生态和休闲变得更加重要。随着交通系统的日益发达，人们生活水平的不断提高，我们不会把生活简单限定在城市的中心，不能满足于整天穿梭在高楼大厦之间的生活。我们需要在闲暇的时间摆脱城市的繁杂与喧嚷，去郊野放飞心灵。我们需要有个地方去亲近大自然，放宽心胸。我们之所以要建立一个具有完整生态系统的郊区，就是要满足人们这种日益丰富的生活，创造更加多彩的生活方式。

为了满足人们的多种需求，可分散中心城市（母城）的人口和工业而新建或扩建的具有相对独立性的城镇，即卫星城。建立这种城镇旨在控制大城市的过度扩展，疏散过分集中的人口和工业。卫星城虽有一定的独立性，但是在行政管理、经济、文化以及生活上同它所依托的大城市（母城）有较密切的联系，与母城之间保持一定的距离，一般以农田或绿带隔离，但有便捷的交通联系。

为了满足办公的需要，我们还是要有城市中心区，在这之外，我们还需要有良好的居住环境、舒适的购物场所、良好的教育环境，这些都可以通过郊区来满足人们的需要。人们每天忙于在高楼大厦间工作、生活，更需要一种于健康、于家庭和社会有益的生活。当我们把自然资源和城市功能空间、生活方式有机地结合起来，一个新的充满活力的城市生态系统就摆在我们眼前。为了新的生活方式健康和谐的未来，何乐而不为呢?

湖州滨湖度假区

项目位置：浙江湖州南太湖旅游度假区
项目面积：8公顷
设计时间：2012年8月
委托单位：浙江南太湖管委会 上海飞洲集团

设计理念

项目意义在于：1. 展示区域地标环形酒店主体建筑的前景平台；2. 周边项目成为有连续性的整体；3. 为度假区域提供大型、休闲、庆典活动的场所。

设计定位为充满现代和幸福气息的爱情主题公园，同时将建筑与景观作为大地的一部分来理解和看待，以“涟漪”为形象主题，结合序列圆形水环，创造出唯一性的特色景观地标。地形、植物、挡墙与建筑强调其形体的呼应，一起塑造大地艺术的肌理感。简洁而富有现代气息的放射直线形态，富有时代感。与月亮酒店的光鲜形成呼应，把场地和建筑融为一体。

湖州滨湖旅游度假区由多个项目构成，小梅口滨湖区的总体规划包括了湖人码头、月亮酒店、SPA、滨湖度假村及小梅口商业码头等，其核心景观是结合月亮酒店的设计，以水波为概念做了一个带状的水环。将月亮形的建筑与水环、态度联系到一起。

月亮酒店周边的设计除了满足酒店室外功能的需要，结合建筑的特色造型构成了多个环形空间。

滨湖大道入口处的景观处理以体现南太湖的“水”为概念，将一个标识系统做到形态优雅。

→ 湖州滨湖度假区总平面图

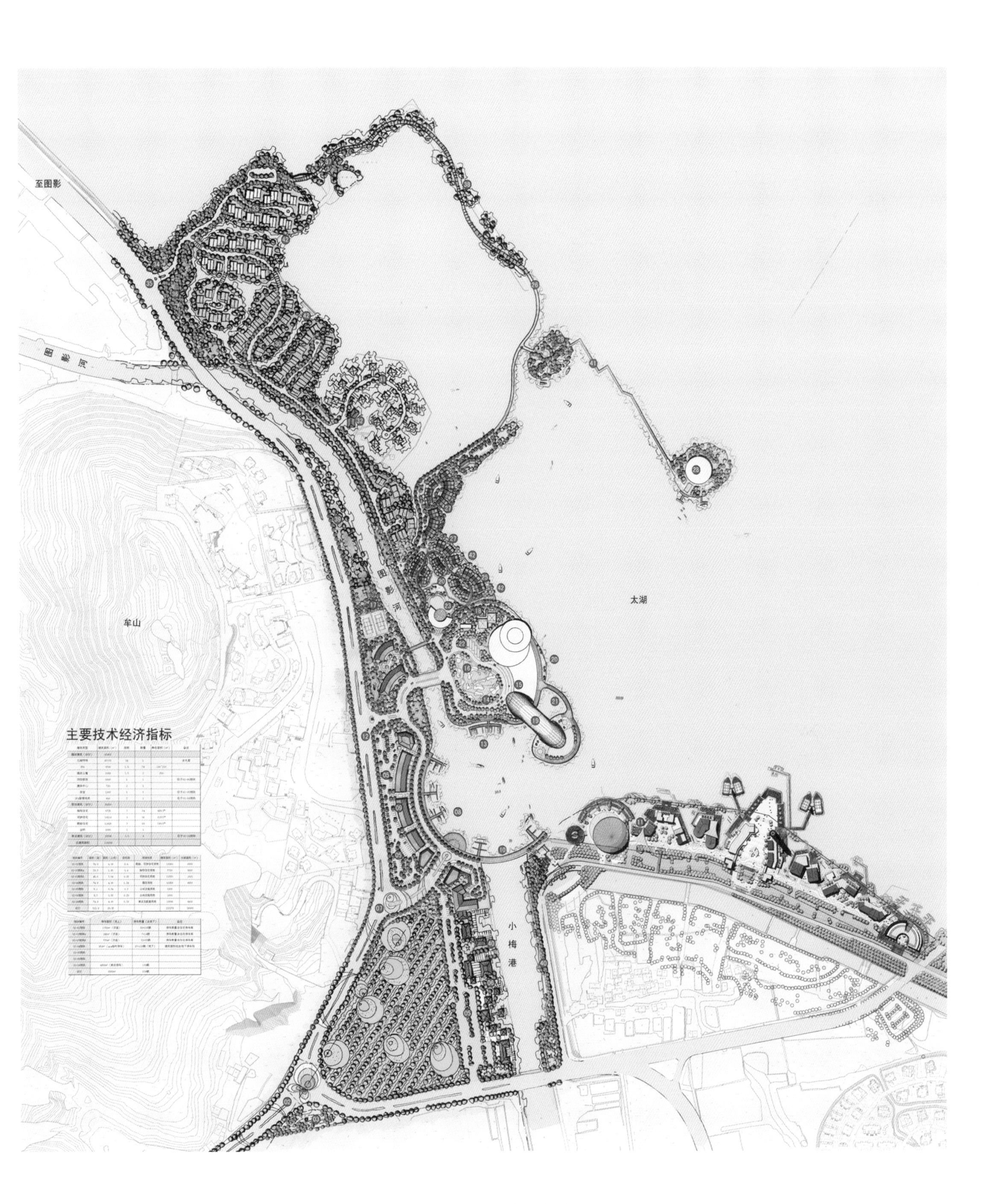
至图影
图影河
图影河
牟山
太湖
小梅港
主要技术经济指标

↑ 小梅口总规图

→ 小梅口中轴线

↓ 概念来源-涟漪

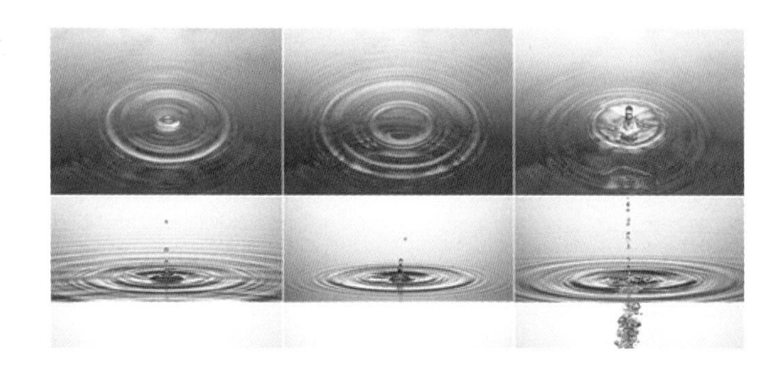

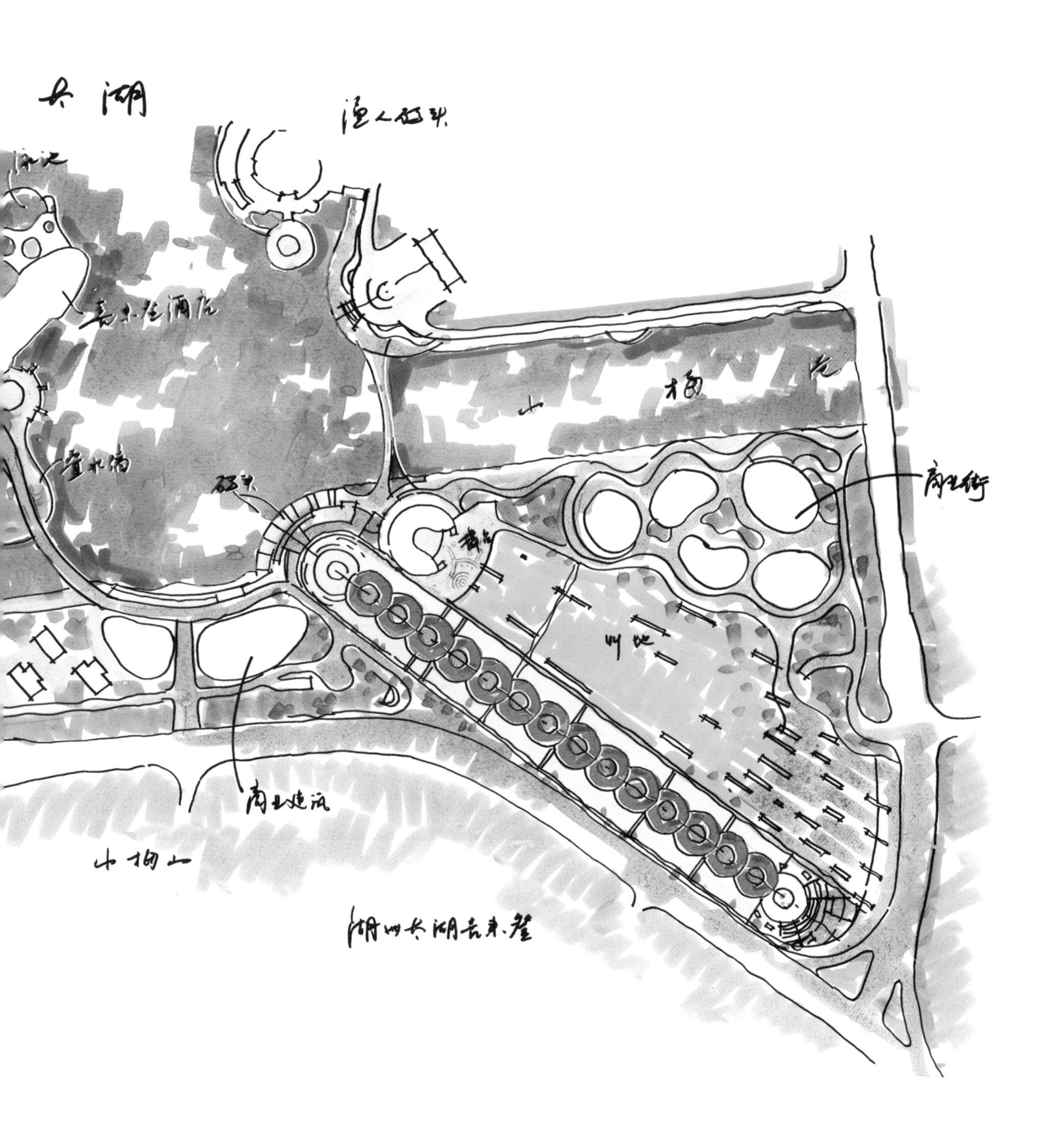
长湖
渔人码头
喜来登酒店
码头
商业街
湖州长湖喜来登

↑ 概念来源-涟漪方案细化

→ 喜来登酒店区概念

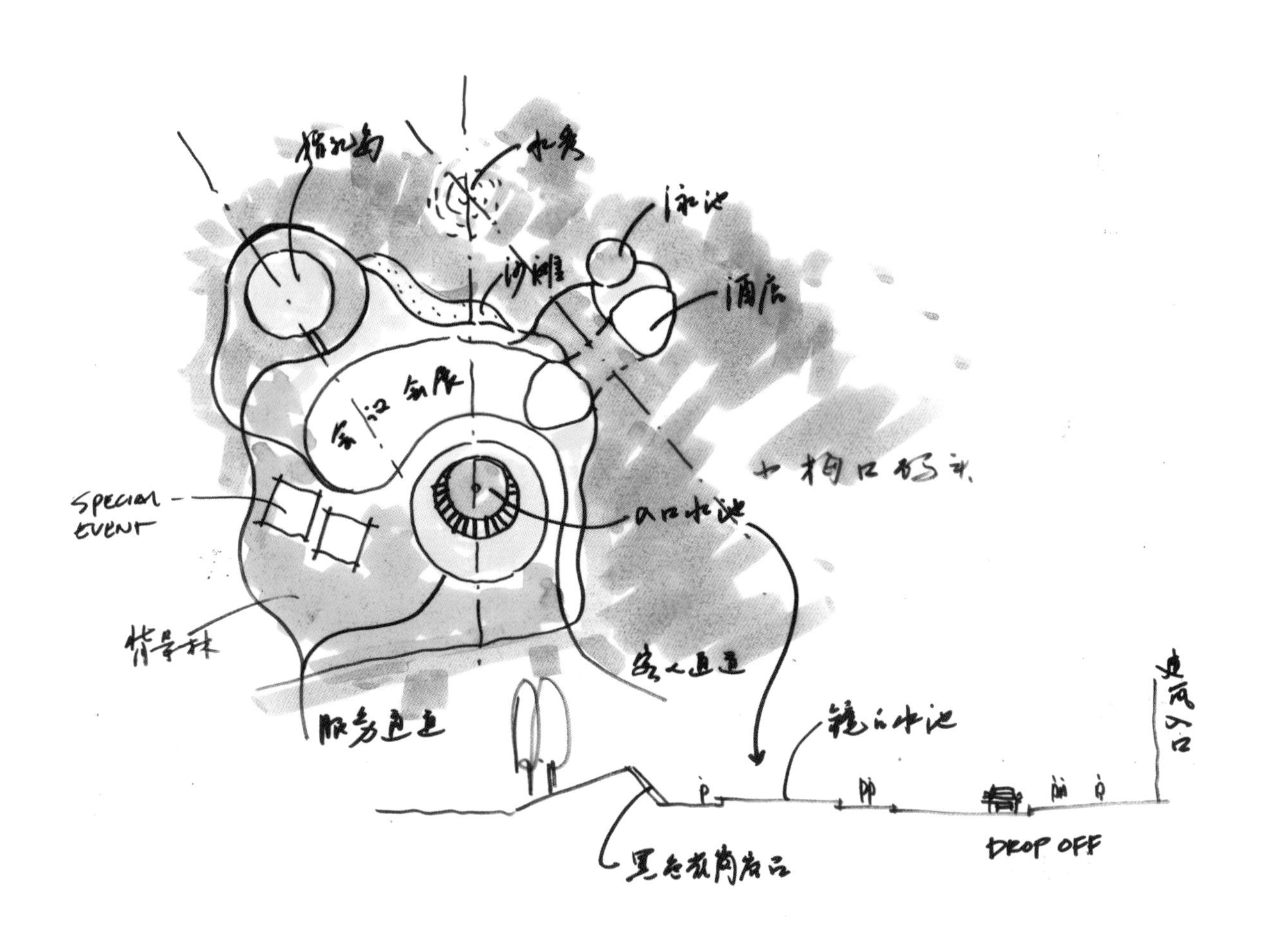

沙滩
酒店
入口水池
SPECIAL EVENT
背景林
服务通道
镜面水池
DROP OFF

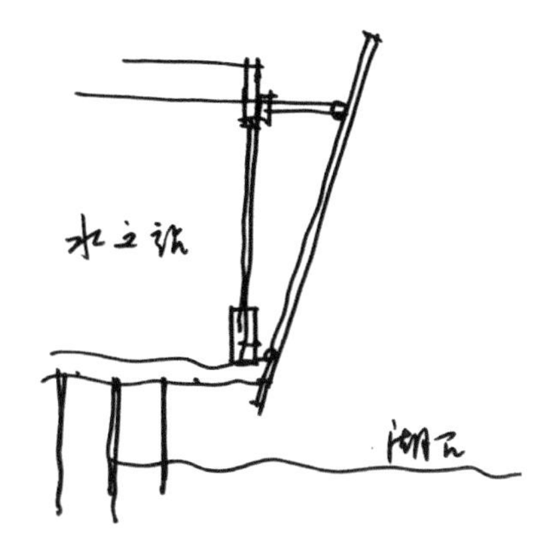

↑ 水文站剖面图

↓ 水文站立面图

→ 喜来登酒店鸟瞰效果

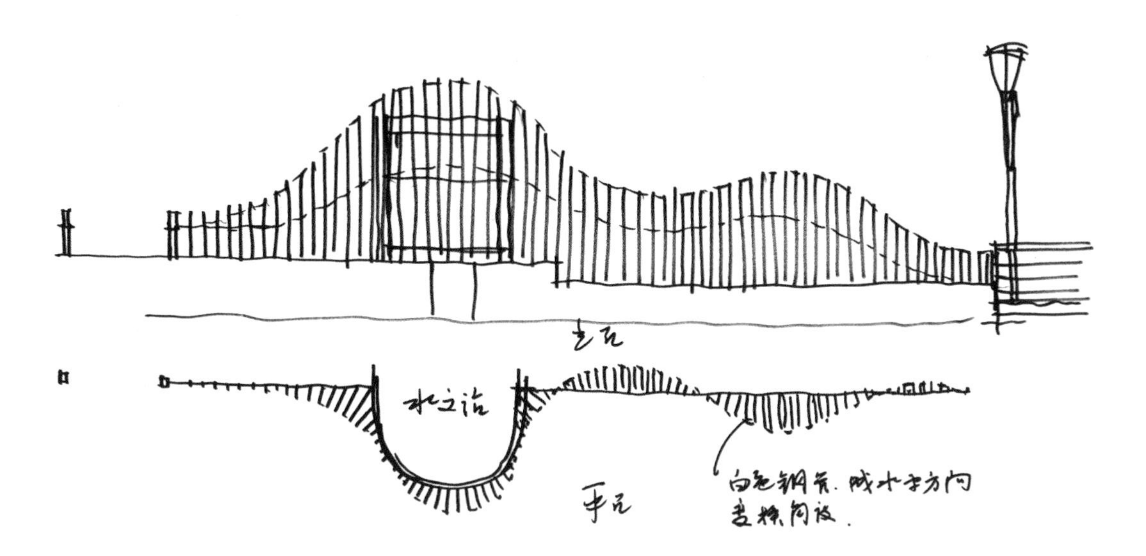

↑ 堤顶路湿地概念图

↓ 小梅口商业街鸟瞰

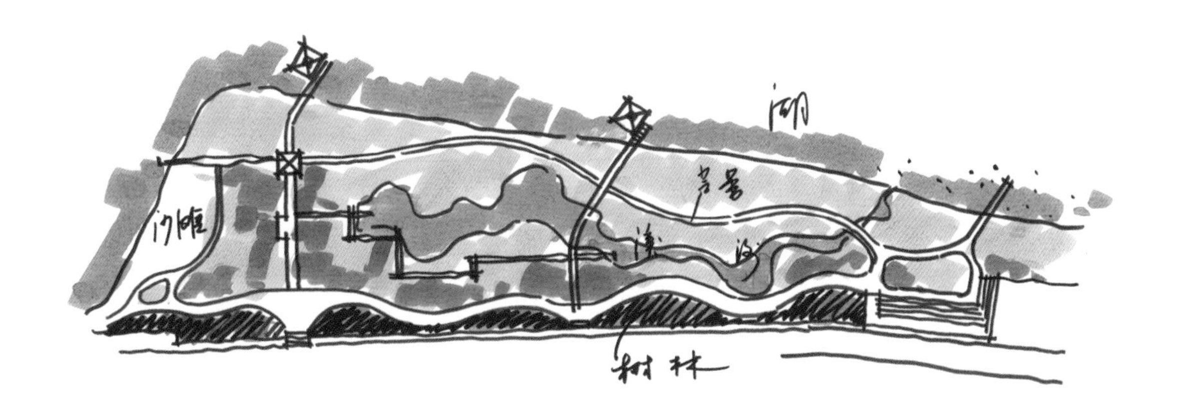

堤顶路湿地平面

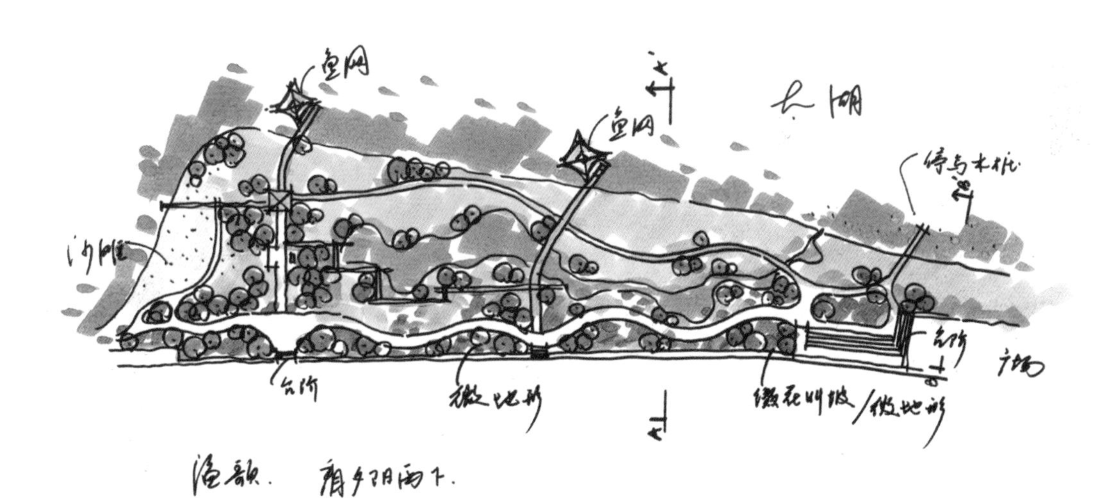

堤顶路湿地平面深化图

堤顶路湿地剖面A-A'

堤顶路湿地剖面B-B'

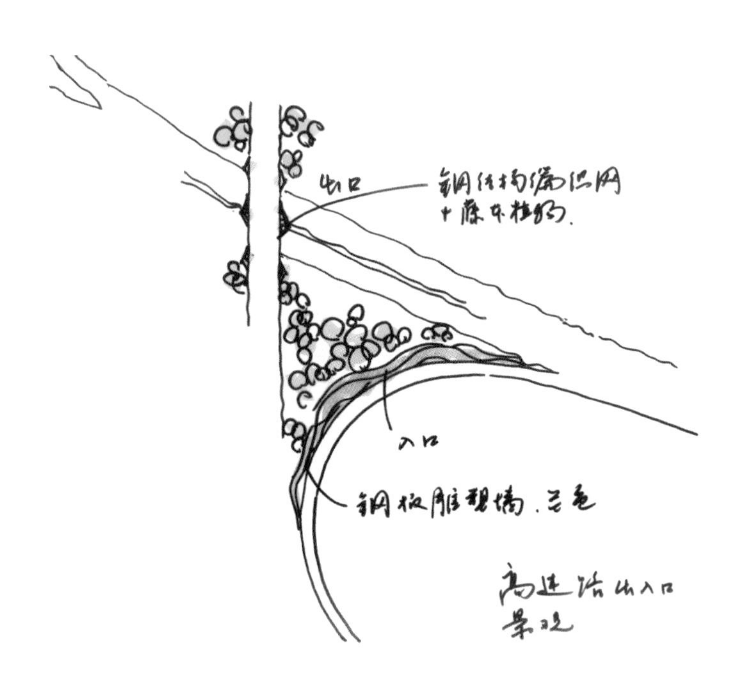

滨湖大道高速路出入口景观

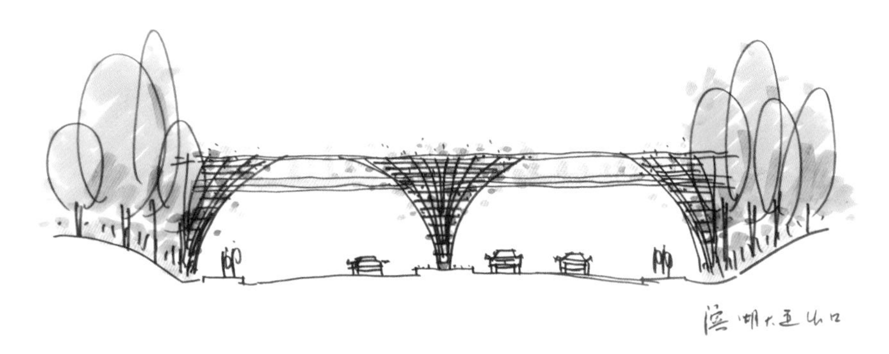

滨湖大道出口

滨湖大道入口

重庆九龙坡中央公园

项目位置：重庆
项目面积：80公顷
设计时间：2012年
委托单位：北京东方园林股份有限公司

设计理念

项目位于重庆市九龙坡区西部新城地带，地处中梁山、缙云山之间，是重庆市主城区的核心功能区，中部片区向西部片区拓展的战略枢纽，城乡一体化的先行示范区。总面积约22平方公里。中央公园位于九龙坡区西南，中梁山以西的槽地，公园总面积约80公顷。
项目定位为西部新城的商贸中心，集旅游、休闲、娱乐、商业、人文教育等多种功能为一体的高起点、高水平、超前规划的现代化新都市。设计充分利用区域自然资源，塑造生态景观系统，带动城市未来建设发展，打造宜居、休闲、商务度假新区。改变传统公园设计模式，以公园综合体模式将城市生活融入景观，同时打造景观和城市功能，互融共生，完成"文化、旅游、商贸、休闲、娱乐、居住"六大功能，使其成为充满城市活力的"城市生活中心"。通过在公园内结合消费设置多种功能，达到以商养园、可持续的经营目的。

→ 重庆九龙坡中央公园

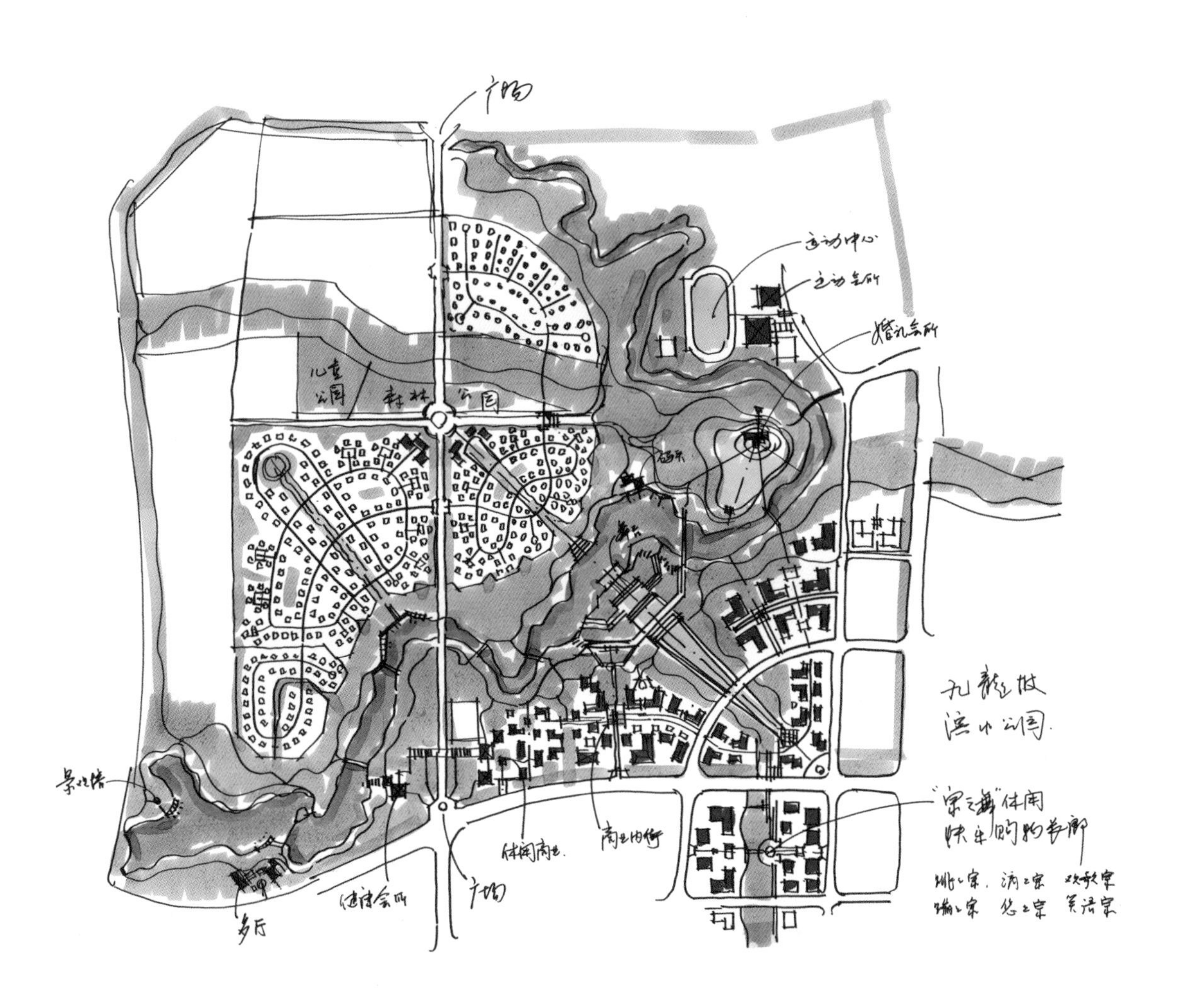
广场
运动中心
运动会所
婚礼会所
儿童公园
森林公园
九龙坡滨水公园
"家之舞"休闲快乐购物长廊
休闲商业
商业内街
健身会所
广场

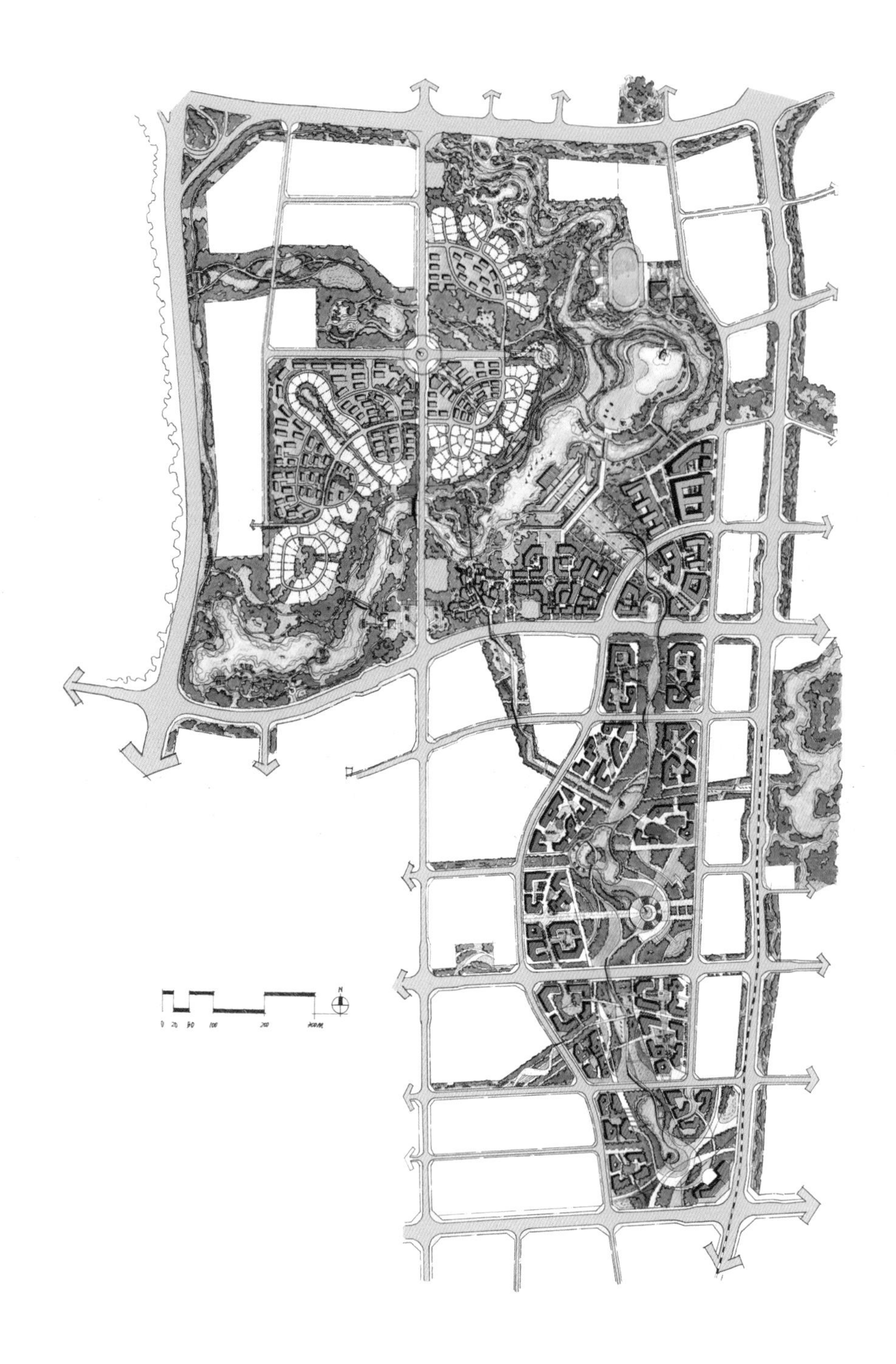

← 重庆九龙坡总平面图

→ 重庆九龙坡中央公园效果图

沈阳苏家屯东方田园

项目位置：沈阳市苏家屯区
项目面积：573.34公顷
设计时间：2012年
委托单位：沈阳市苏家屯区人民政府

设计理念

苏家屯地处沈阳南部，位于沈阳新城市规划向南发展的主轴上。

地块的山水资源与交通状况十分优越，北靠陨石山，南临北沙河，一条旅游产业大道穿过其间。是一片能够激发城市人回归自然情怀的沃土。由此构想出“东方田园”这种新型旅游度假概念。

“东方田园”以人文情怀为核心，诗意栖居为目标，整合景观苗圃、花卉基地、高尔夫度假等传统优势资源，将新型的绿色游乐、乡村度假休闲融为一体，打造主题乡村休闲产业园。

项目的核心理念是以山林田园为核心资源构建乡村小镇，中央的核心景观沿水系展开，并与低矮平坦的农田相融合，将农田作为主体景观，村落点缀其间。

地块中央，沿着旅游产业大道形成了核心的田园商业团组。北侧高尔夫球练习场坐落在水中，旁边设有高尔夫球俱乐部、教堂与酒店。在节假日中，洋溢出欢乐的气氛，供举行婚庆典礼。

北面的陨石山是整个园区的视觉中心，保留了原始的森林风貌，形成了场地核心的山体森林公园景观。环绕公园设计运动健身场地，并在东、南、西三面分别设计了绿色通廊与会所，将商业设施与自然风貌相互渗透，使人们极大限度地享受这片原始的山林风光。

→ 分区关系

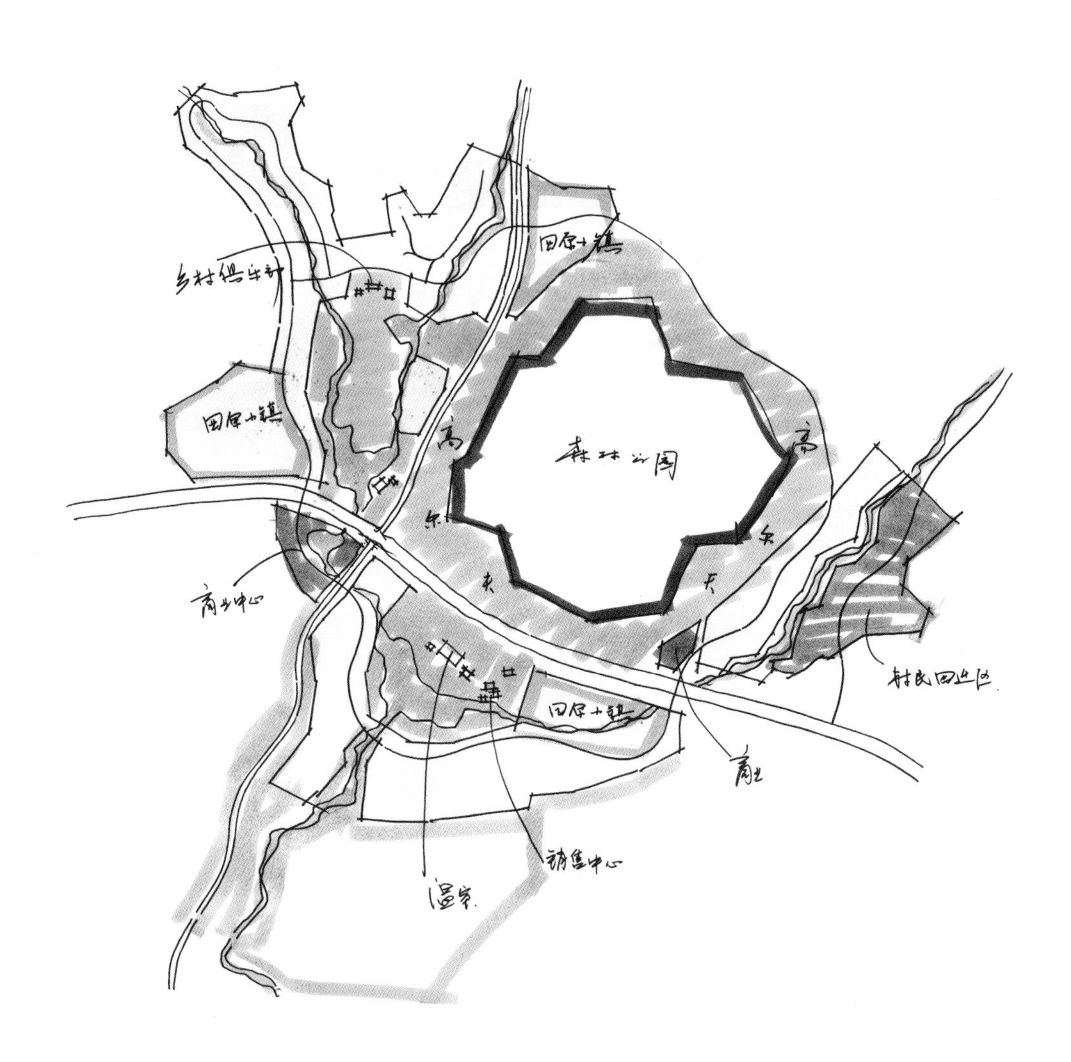
乡村俱乐部
田园小镇
田园小镇
森林公园
高
尔
夫
高
尔
夫
商业中心
田园小镇
村民回迁区
商业
销售中心
温泉

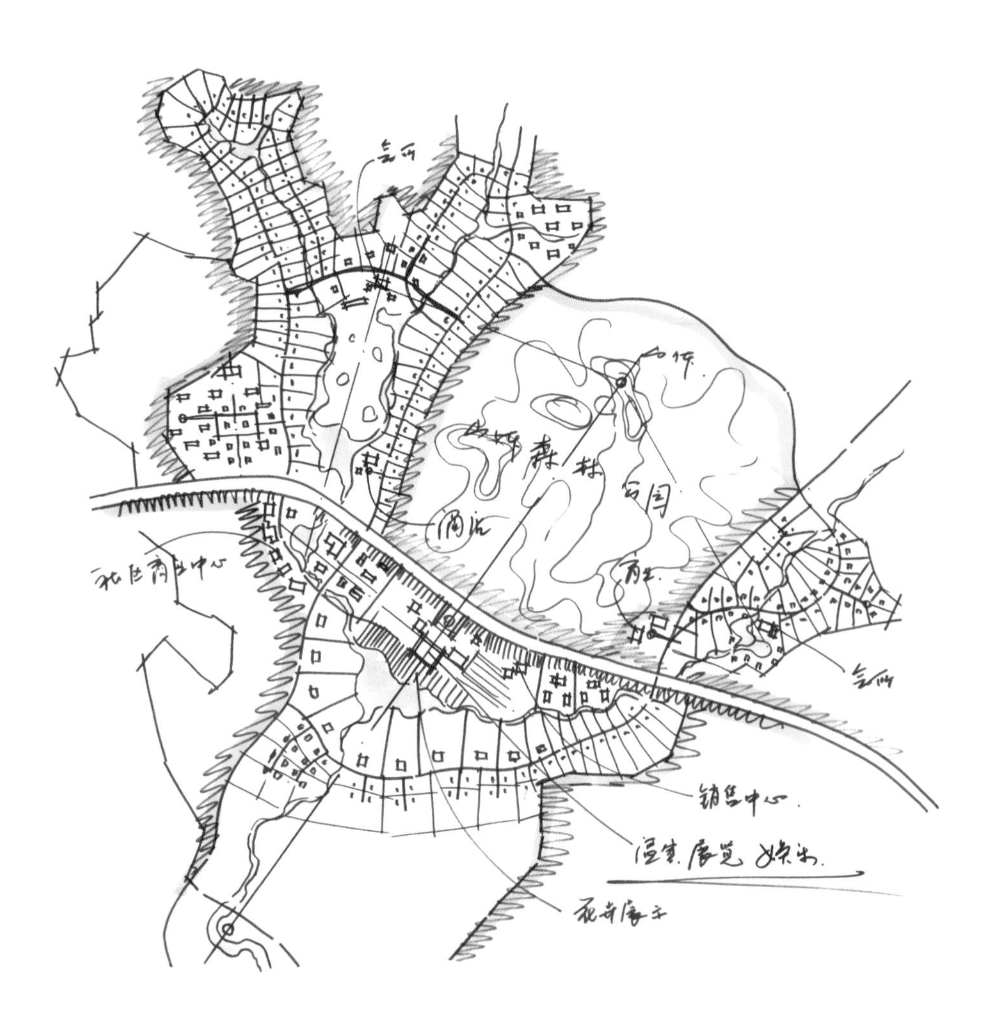

↑ 手绘草图

→ 沈阳苏家屯东方田园核心区

森林公园
田园小镇
果园
儿童田园
采摘园
公共田园
果园
湿地 公园
林地
沙河

比例
1亩
5亩
10亩
20亩
60亩
0m
100
200
400
800m

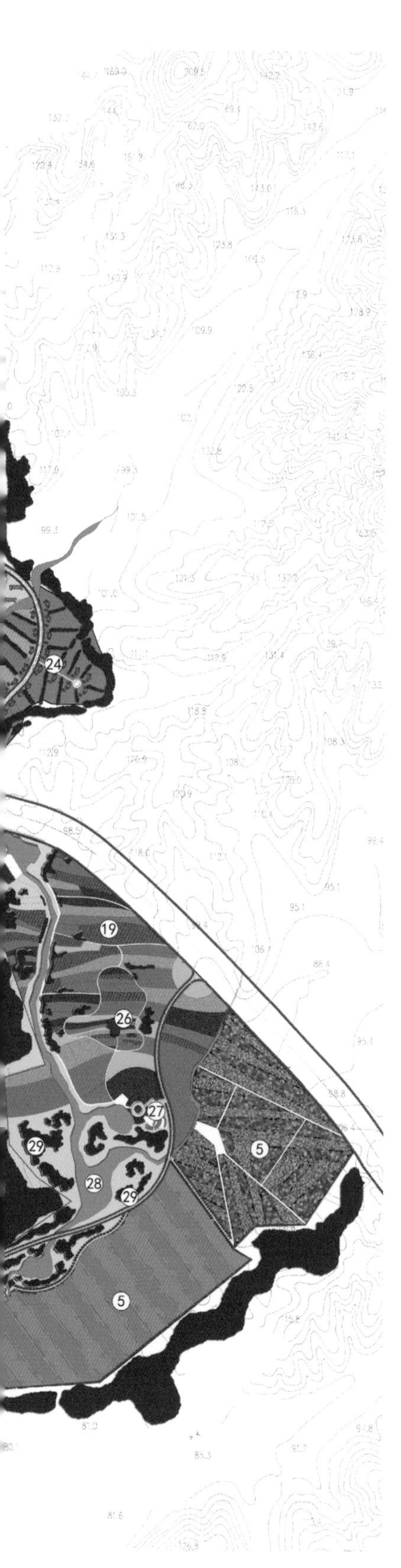

1 农业观光区
2 马厩
3 马术俱乐部
4 田园溪流
5 景观苗圃
6 苗木科研中心
7 山地花圃
8 庄园
9 田园水系
10 高尔夫会所
11 田园教堂
12 田园小镇
13 田园商业街
14 高尔夫练习场
15 田园酒店
16 中心湖面
17 中心商业区
18 田园小墅
19 田园花海
20 多功能温室
21 山地高尔夫
22 山体森林公园
23 田园会所
24 回迁区
25 漂流体验
26 观景台
27 园艺中心
28 户外垂钓区
29 露营区
30 田园温室
31 丛林历险区
32 主题雕塑

沈阳苏家屯东方田园总平面图

无锡阳山东方田园综合体

项目位置：江苏省无锡市惠山区
项目面积： 240公顷
设计时间：2013年
委托单位：无锡东方田园投资有限公司

设计理念

项目位于江苏省无锡市惠山区阳山镇，东邻无锡市中心区，南面比邻太湖，该地块交通便捷，地理位置优越，旅游产业也初具规模。

项目立足高端定位，主要打造融入旅游的农产类现代田园东方小镇，以一条东西向的水系廊道连接三个田园小镇，水系两岸以桃为特色构建现代田园景观岸线，从而给人们带来连续的空间视觉体验和置身世外桃源的美好感受。

园区核心大阳山是曾经的火山，因为火山土的特殊矿物成分养育了这里的一万亩桃林，这里的水蜜桃远近闻名。

设计以大阳山为视觉焦点，造就了多条视觉廊道，让田园与山相依相映。大阳山是这块土地的灵魂，也是景观焦点。方圆几十里，无论走到哪都能找到回家的路，这就是此处的记忆和乡愁。

→ 无锡阳山全景图

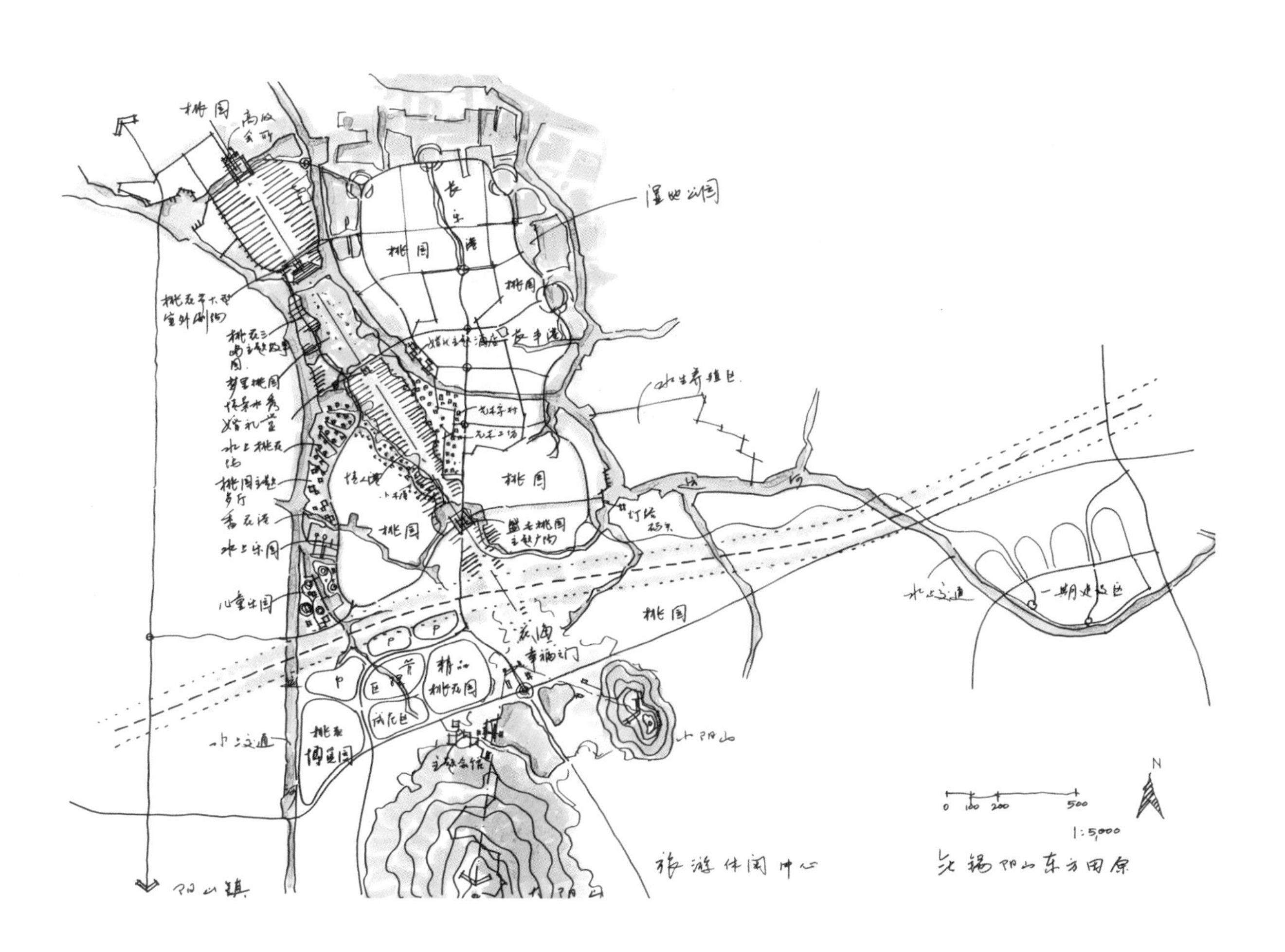

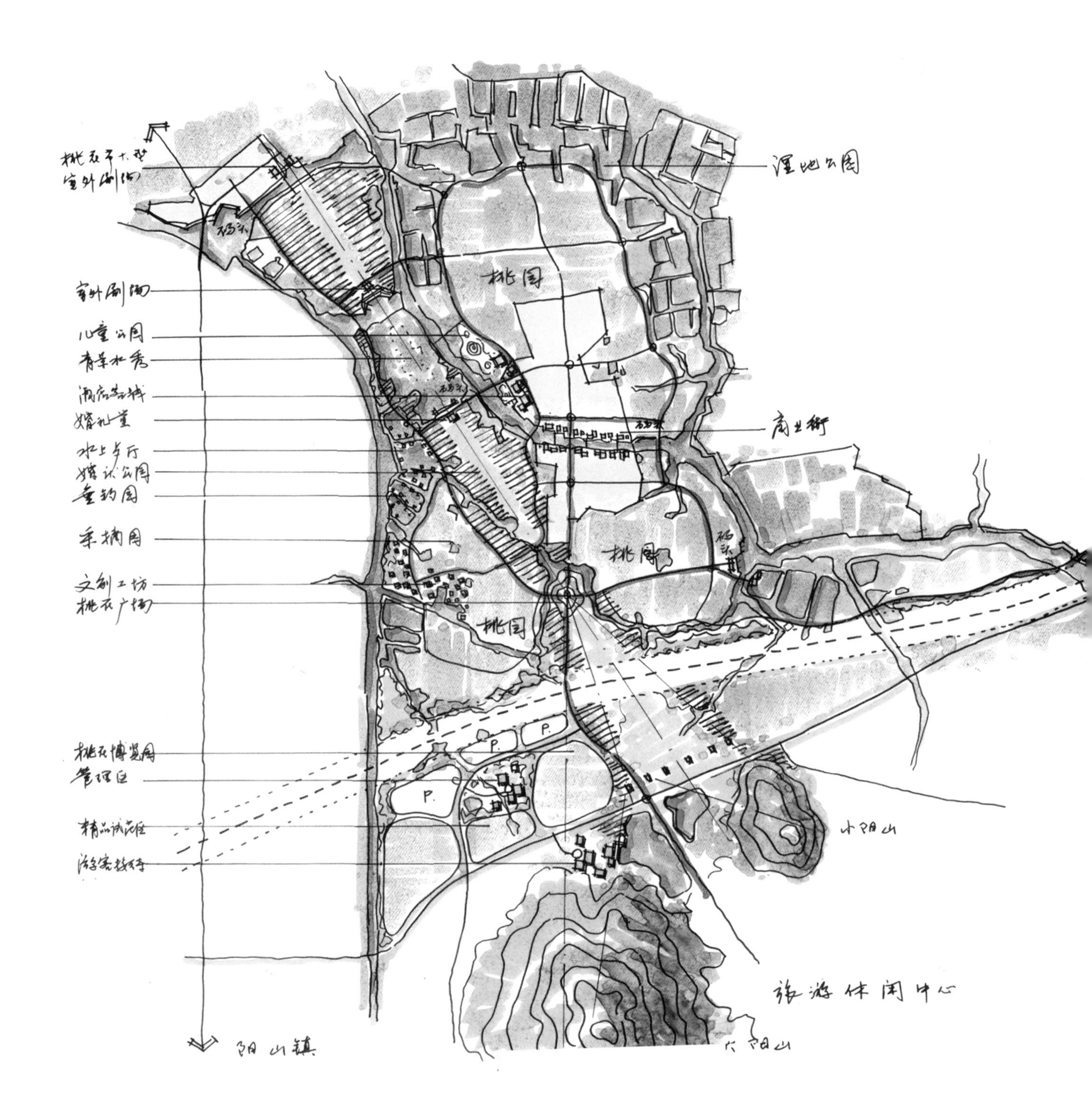
桃花节大型
室外剧场
湿地公园
码头
室外剧场
桃园
儿童公园
青果水秀
酒店客栈
婚礼堂
商业街
水上餐厅
婚礼公园
垂钓园
采摘园
桃园
码头
文创工坊
桃花广场
桃园
P.
P.
P.
P.
桃花博览园
管理区
精品酒店
游客接待
小阳山
旅游休闲中心
阳山镇
大阳山

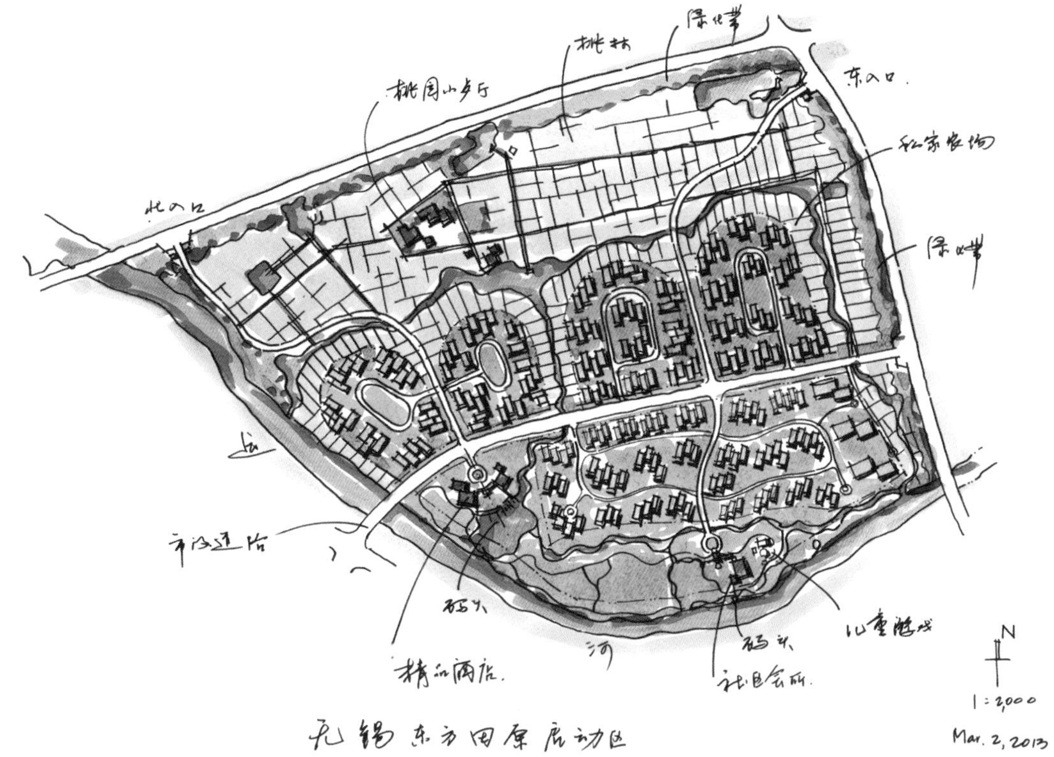

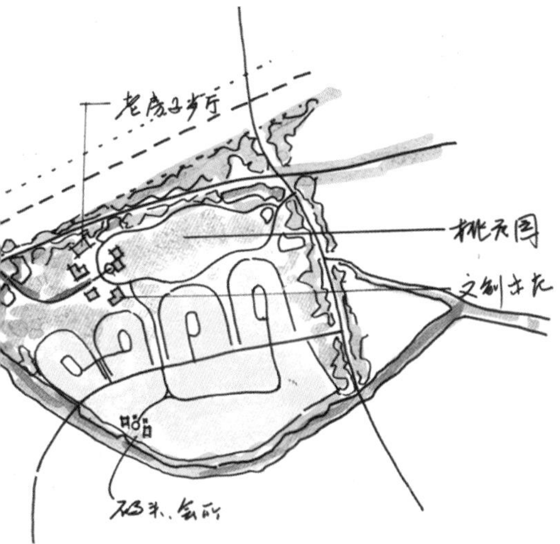

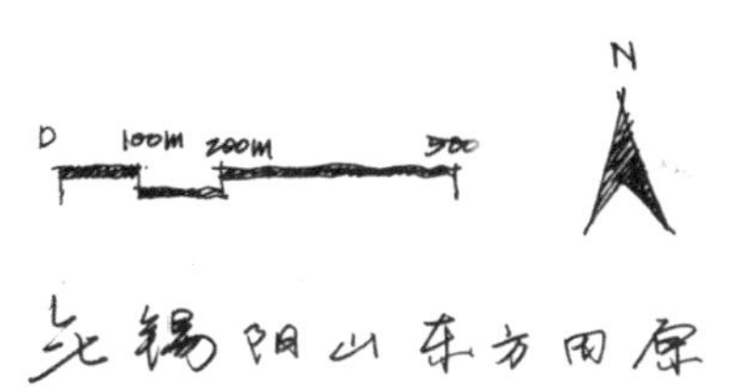

↑ 无锡阳山东方田园启动区平面图

← 无锡阳山东方田园

无锡东方城

项目位置：江苏省无锡市
项目面积：60公顷
设计时间：2012年
委托单位：东方城置地股份有限公司

设计理念

这是一个公园综合体的项目，其设计的目标在于以公园为核心，充分利用景观资源建造一个既为区域内市民服务，同时又能带动新建地块的开发以及商业配套的功能区域。场地北部的滨水商业街具有当地的景观特色，公园西面的地产开发项目充分利用滨水的景观尽可能多地与公园形成视觉上的联系，同时在滨水部分设置低矮的别墅群及滨湖绿化带，使之不影响公园的景观效果。公园东面及南部为公共活动区、对外接待及体育活动，水面的中心部分水景为所有的人群提供一个亮丽的景观主题。

→ 无锡东方城

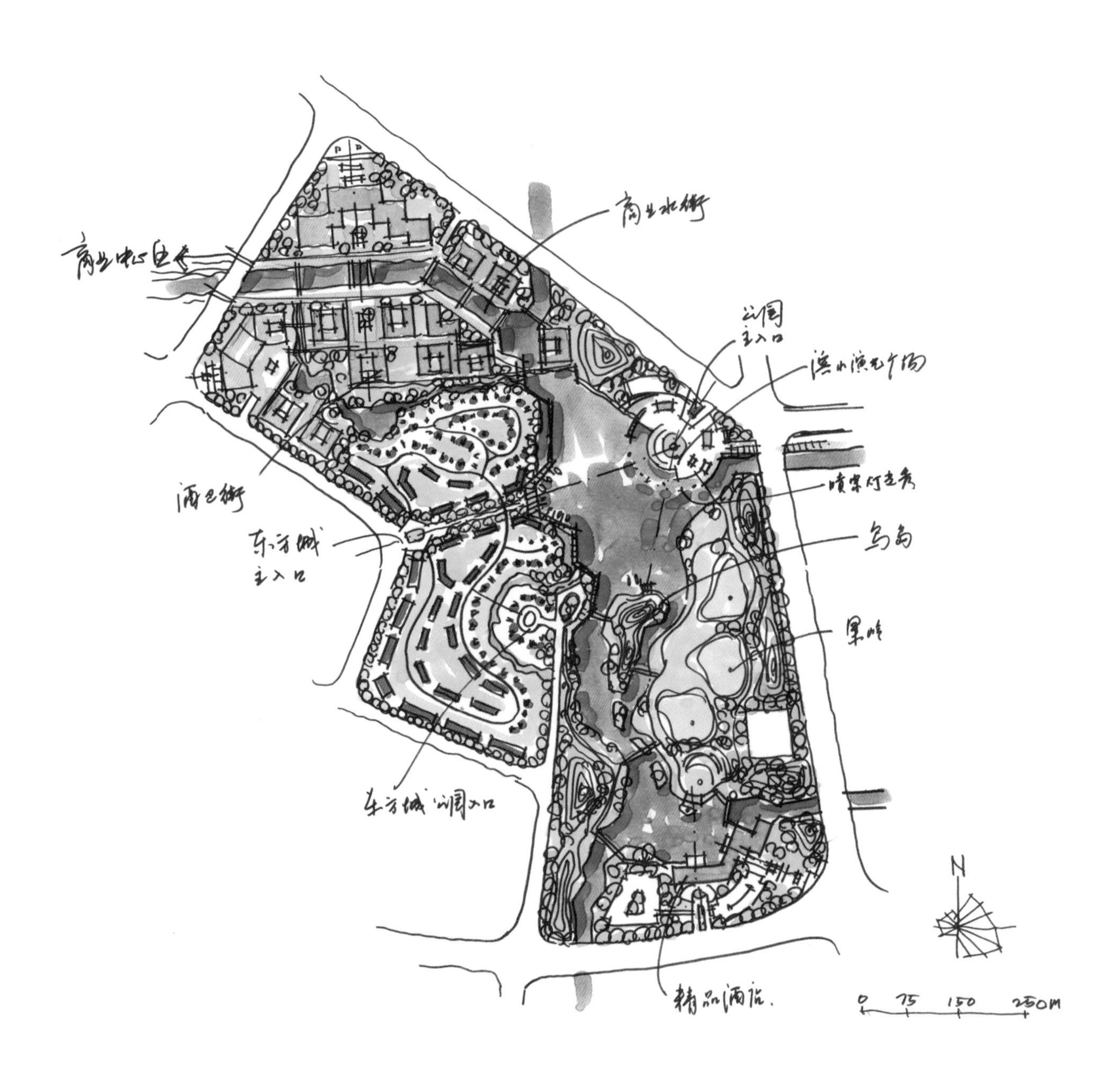

商业中心区
商业水街
公园
主入口
滨水演艺广场
酒吧街
喷泉灯光秀
东方城
主入口
鸟岛
果岭
东方城公园入口
精品酒店
N
0
75
150
250M

沈阳柏叶东方城

项目位置：沈阳市浑南新区
项目面积：100公顷
设计时间：2012年
委托单位：东方城置地股份有限公司

设计理念

沈阳柏叶东方城，为沈阳南部城市一体化战略的重要组成部分，规划利用西部的水资源建立以湿地为核心的村镇及旅游文化中心，东部山体为旅游娱乐区，利用全运会射击馆的建设，增加青少年拓展营、马术运动、养生休闲等连成一个旅游线，中间的现状农业部分可以得到最大限度的保留，农民的生活会因为新型产业的植入而得到更多的就业机会。

→ 柏叶新城景观系统

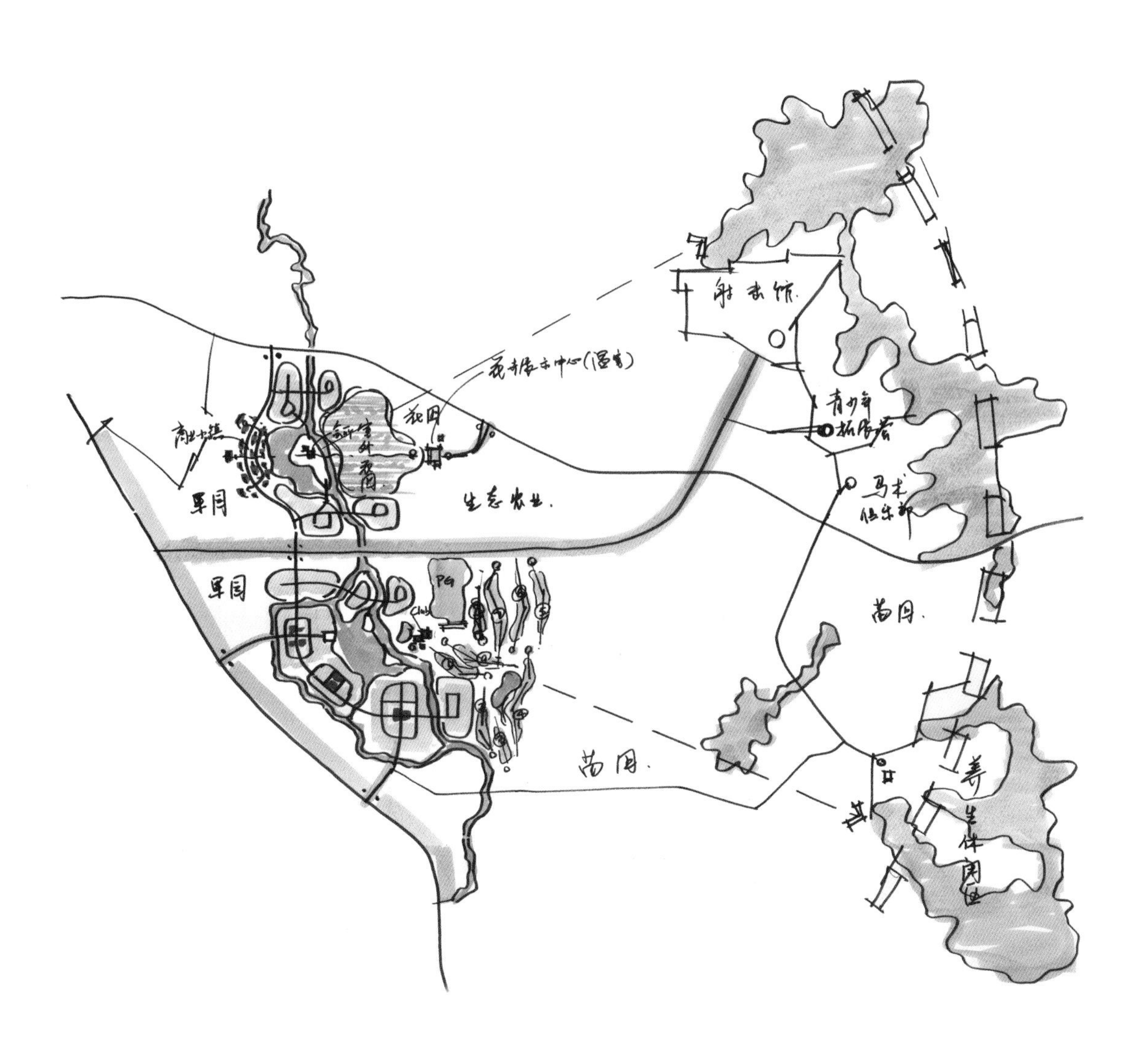

果园
生态农业
果园
苗圃
苗圃
马术俱乐部
青少年拓展营
PG
Club

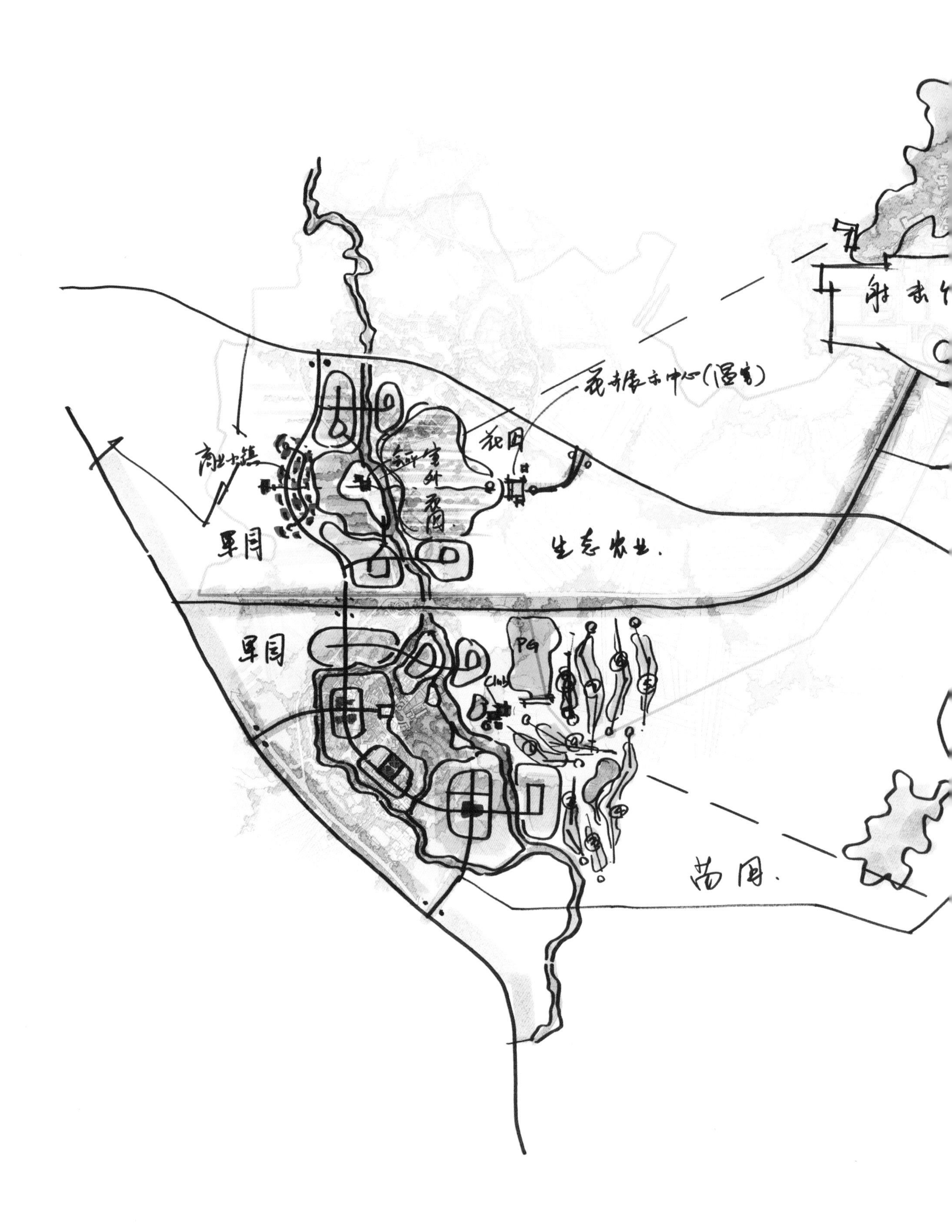
花卉展示中心（温室）
花园
商业小镇
室外花园
草园
生态农业
草园
PG
Club
苗圃

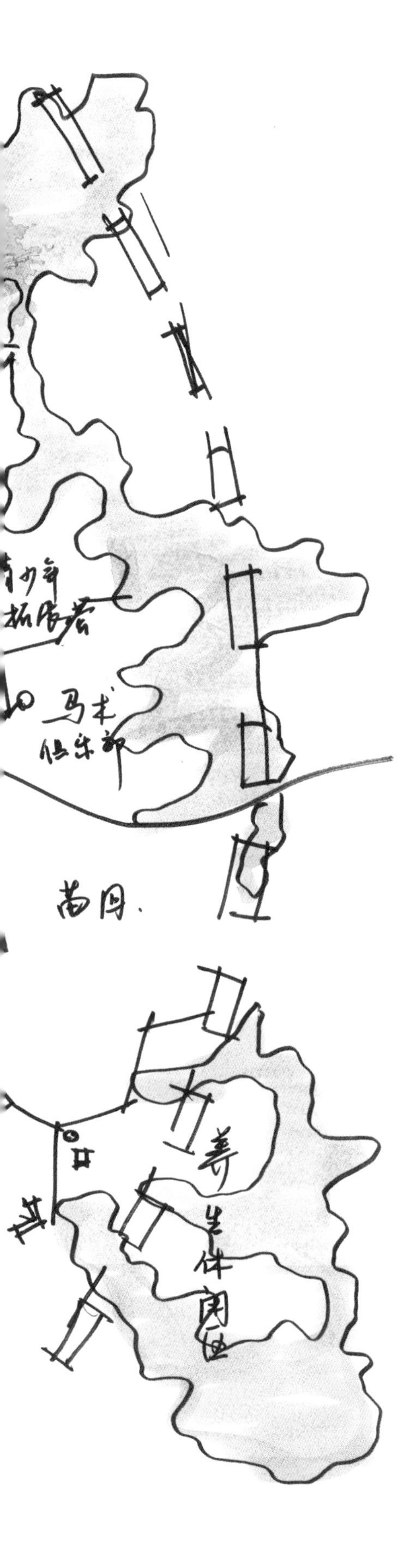

柏叶平面图叠加红线合图

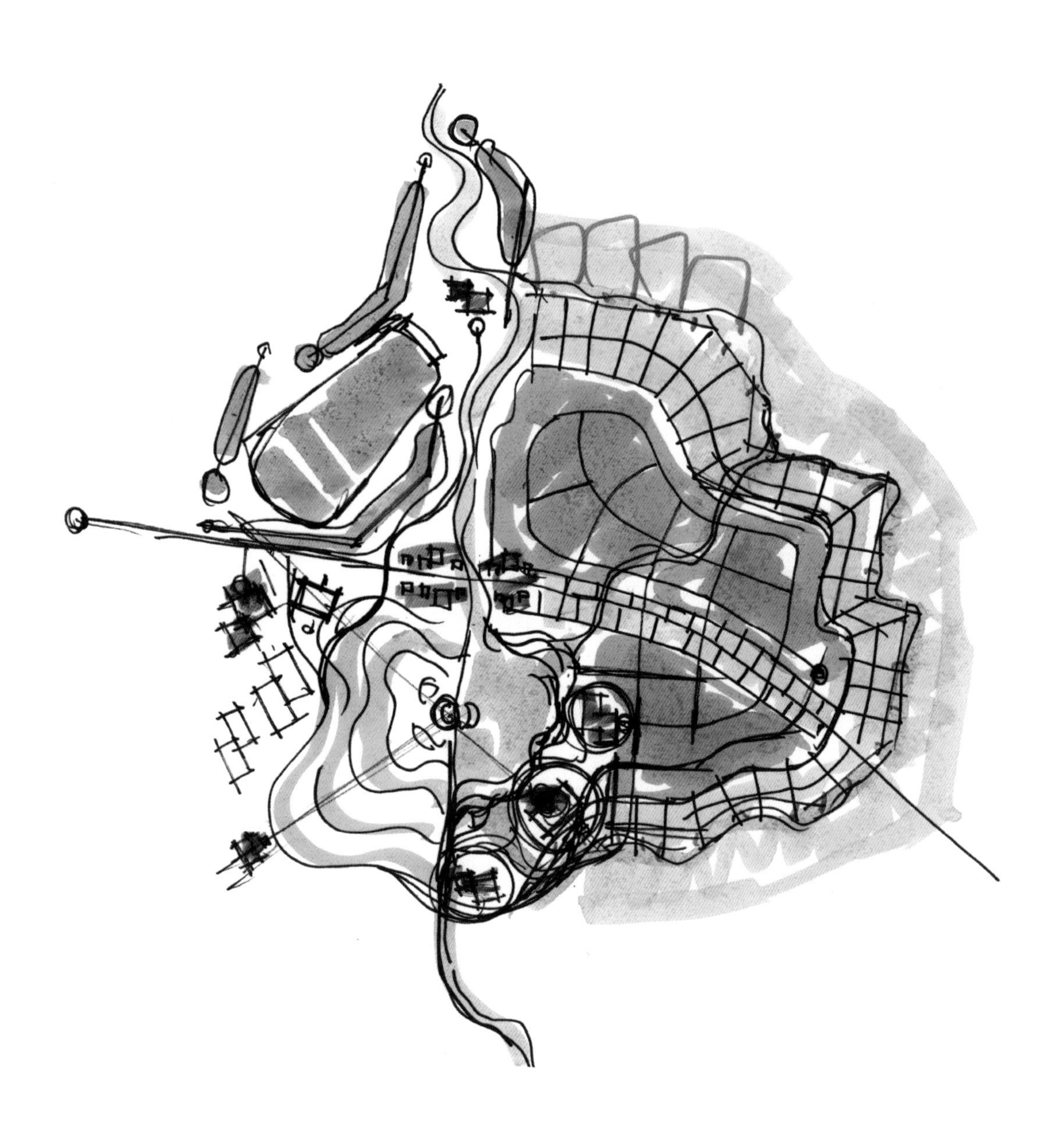

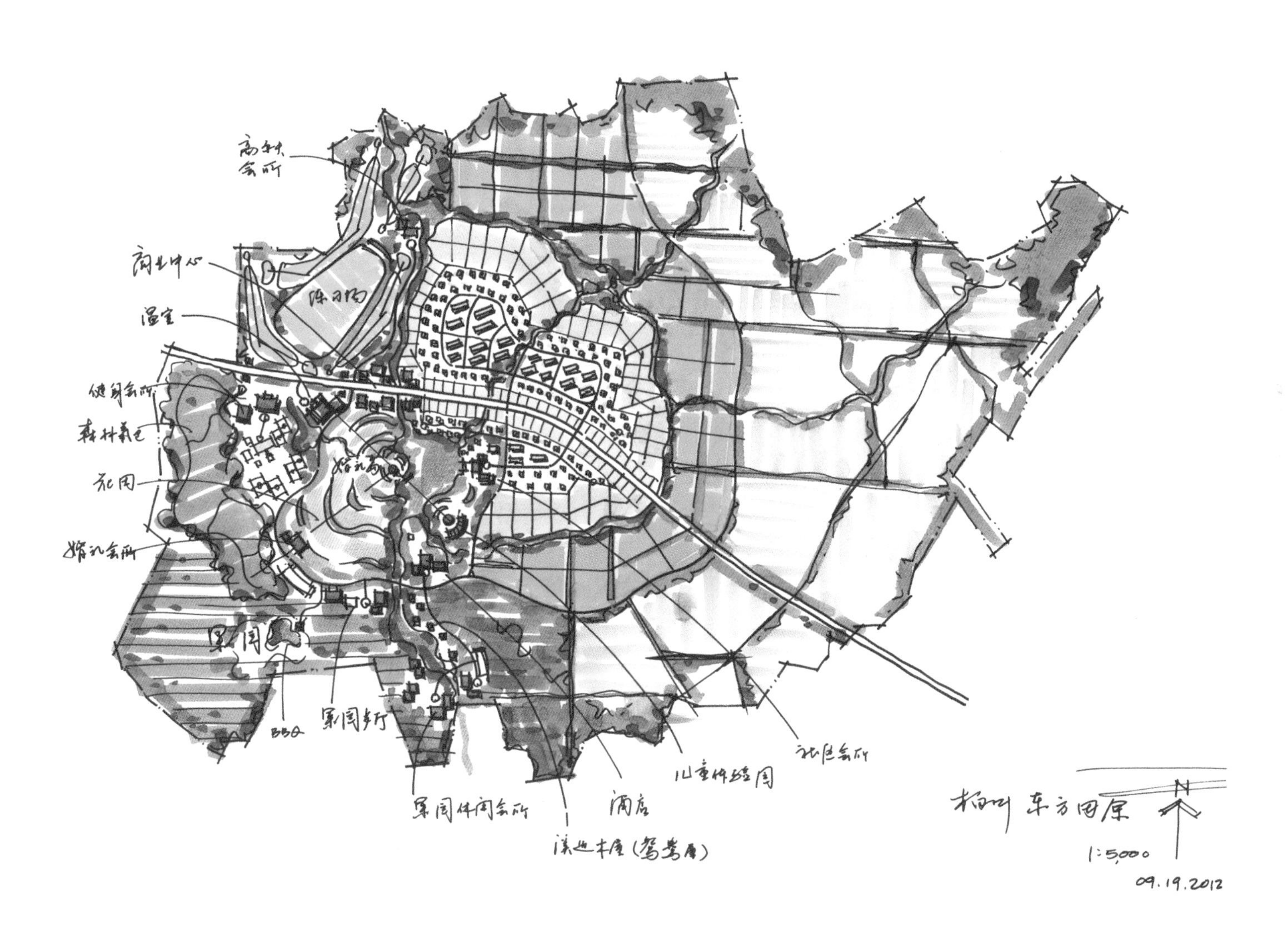

↑ 沈阳柏叶东方城核心区方案

← 沈阳柏叶东方城核心区分区图

仰天湖生态健康城

项目位置：湖南省湘潭市
项目面积：300公顷
设计时间：2011年
委托单位：湖南中建仰天湖投资有限公司

设计理念

项目位于湘潭市东北角，是长沙、株洲、湘潭三市结合部“Y”字形之中心点，地理位置优越；基地水资源丰富，内有仰天湖，西临湘江，东侧为虎形山、凤形山，层层叠叠，风景优美，具有极高的环境资源价值。

本案以“湖山林溪、有凤来仪” 为核心构思，以生态安全为基础，养生产业为依托，打造高端国际化的休闲养生之地。利用山水格局及场地特质营造生机、生动的生态景观；融入湖湘文化及养生产业，倡导舒缓、惬意、健康的生活方式，通过生态基底与慢生活方式的结合，构筑一个形态完整、功能完善，人与自然和谐共生的综合生态景观系统。

→ 仰天湖中心区平面

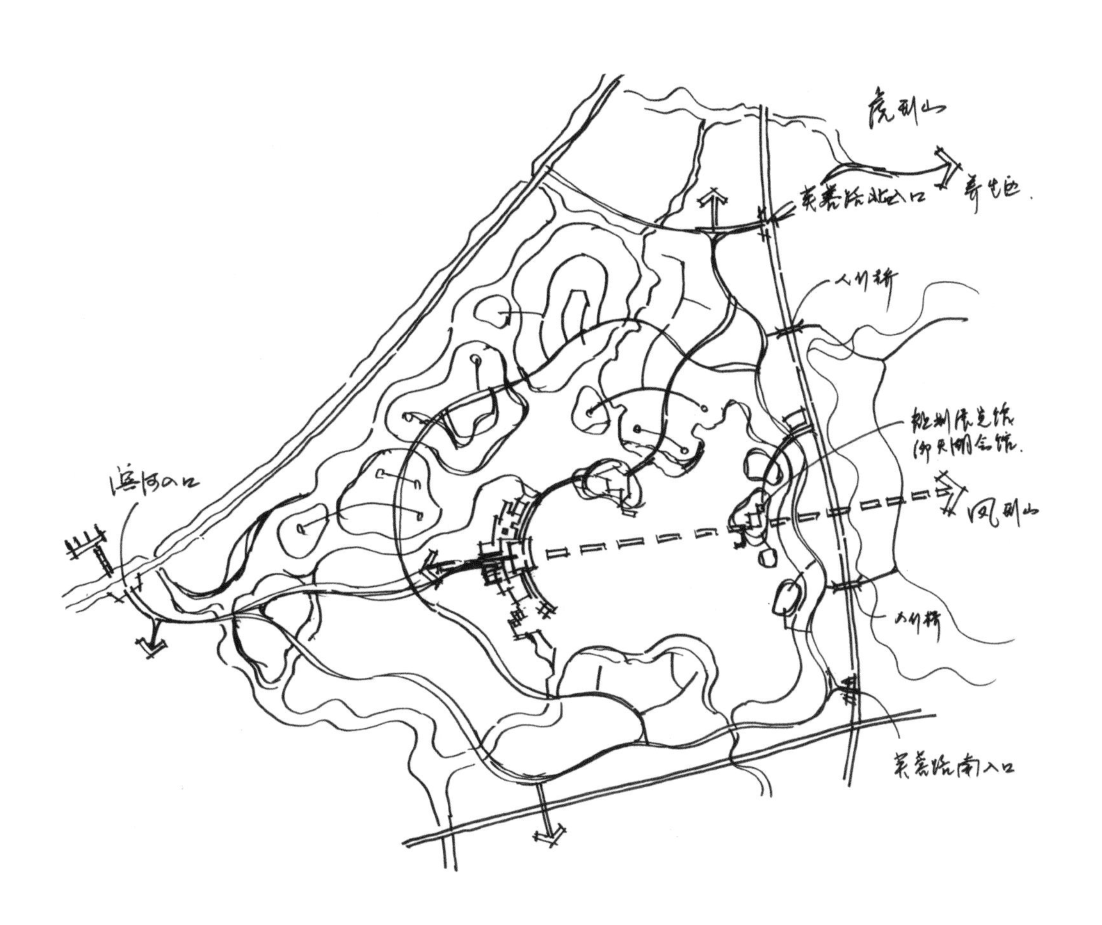
虎形山
人行桥
凤形山
人行桥

湘
江
竹排
木排
中心商业区
会展中心
办公
酒店

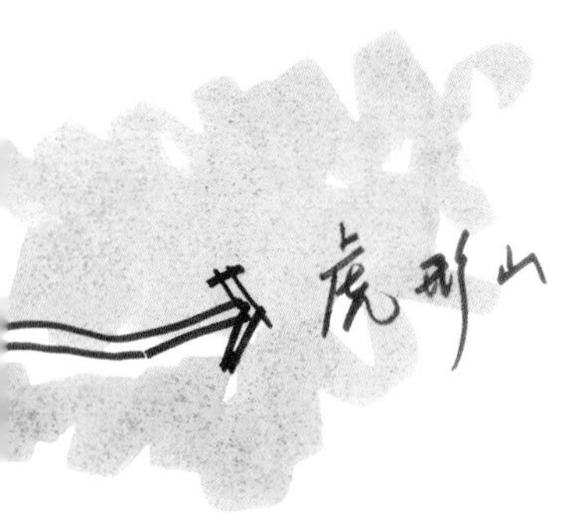

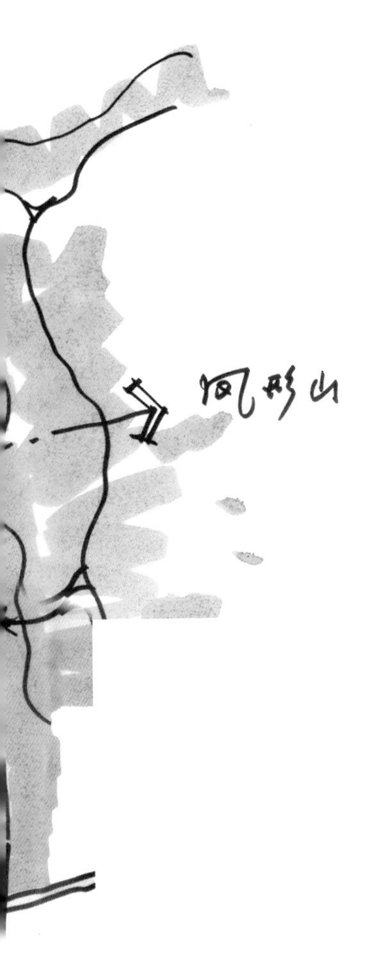

← 中心区平面二稿

仰天湖南段

仰天湖生态健康城平面图

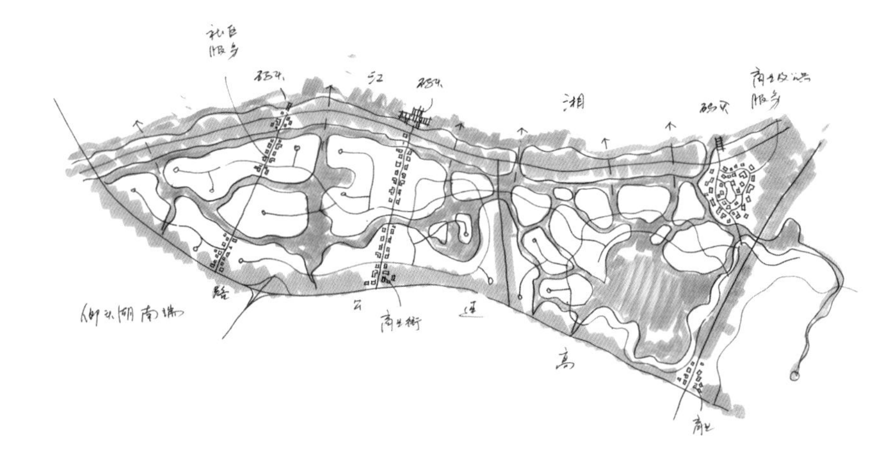

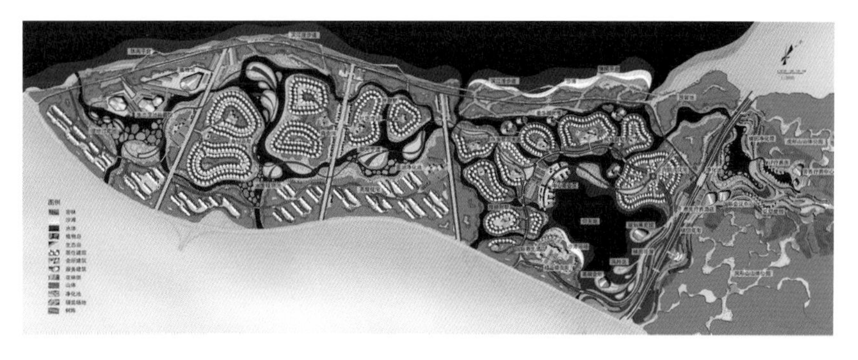

鸟瞰夜景

第　三　部　分

城市公园景观及公共空间

将生态融入城市融入设计

整个地球已经伤痕累累，都是我们人类的活动造成的。我们现在不只是在危害地球，同时在危害外部世界，我们走向月球，走向土星、火星，估计不久的将来我们会对其他的星球带来威胁。

为什么说要讲这个事情，因为我觉得很重要。人类改变世界可以改变得好，也可以改变得坏。我们有着上下五千年的文明，为什么从来都没有想过把世界改变得更好，确实是值得我们好好反思一下。

而人类改变世界，往往最大的力量是他的思想，有了思想意识以后，才能提出好的想法，才能创造出好的作品，才能看到世界上最重要、最真实的东西是什么。一个人不是读了书就可以成为设计师，设计师最重要的是感受自己的心灵，找到自己的感觉才能创造。

直到20世纪60年代，美国人出了一本书叫《寂静的春天》，预示着人类开始懂得要怎么样对待自然，怎么样看待自然。不是说出了几个扭捏的盆景，就懂得了自然。以前我们不懂自然，说尊重自然，其实也没有做到。西方人直接破坏自然，我们是扭扭捏捏地破坏自然。

生态不仅是科学，更是美学

今天为什么谈自然，谈怎么样保护自然和尊重自然？是因为生态问题就摆在我们面前了。我们谈设计的生态，把生态作为一个最重要的东西在设计中体现出来。这是我们意识到每个设计师都要在整个设计过程中去实现我们的生态目标。

很多人认为生态是一个科学的东西，我们做设计的一天到晚追求的是艺术，追求的是美，而生态给我们带来的是自然的、科学的东西，和我们的设计好像不太有关。但生态同样是美的，很多的设计思路、设计手法和创造意图都能通过生态表达出来。

我们要让生态融入设计，在设计每一个环节中，包括设计创意、任何细节都要想到怎么样体现生态。设计首先应该是生态的，然后才是美的。

今天工业文明已经到达了一个辉煌的时代，人类文明还会向前发展，但是我们一路走来，今天的工业文明已经到了很高的阶段。而我们的生态文明却处于最黑暗的时代。我们用很多的生态的代价创造了我们今天的奇迹，这是很大的反差，值得思考。

做生态保护首先就要认识生态。作为一个好的景观设计师，到一个场地首先要看我们有什么资源，这个地方条件是什么样的，什么东西可以利用、可以发扬光大，什么需要恢复，什么需要保护，这是我们认识生态的第一个层次。

第二个层次，我们所做的设计必须和所有的生态元素紧紧地吻合。如：怎样让植物生长得好，鸟类有栖息的场所，等等。

第三个层次，在生态和艺术的道路上我们要走得更远一点，不要把生态只当成一个科学，生态同样可以是艺术的。

神州半岛的生态设计

给大家介绍一个方案，希望通过实际的项目，介绍怎么样在设计的过程中体现生态，这就是问题的关键。

神州半岛是海南一个有24平方公里的半岛，这个岛屿已经被破坏得很厉害。最早是郁郁葱葱的，全是森林。现在因为开发建设，到处都是工地，满眼都是混凝土和裸露的沙子。甲方希望我们去做一个全新的景观梳理。改变半岛的状况是我们设计的主要目的。

场地的周边是山地，是大海，岛屿中间本身的生态应该是一片森林，虽然说现在森林不存在了，但是我们希望恢复森林景观。我们提出了山、水、林结合的设计理念。

岛屿的东边是一条内海，内海边缘有非常美丽的红树林，红树林是国家保护的植物，对于维系海洋生态环境起着非常重要的作用。我们在中间提出建一条榕树林景观带，起到非常重要的调节气候的作用。沿海是一个沙丘的椰林带，沙丘看起来没有太多的景观和生态意义，其实沙丘对于整个海洋生态来说，也是非常重要的，有很多的海洋动物，包括海龟、螃蟹都是在沙子里繁衍后代的，沙丘也是非常重要的生态景观带。

这是三个主要的理念，融合起来组成神州半岛未来要做的生态恢复的发展目标。这是一个景观体系，我们以岛屿为中心，辐射到滨海的海岛，每一个海岛都有其景观特色，和海洋是密切联系在一起的。通过椰林景观带，延伸到对面的森林，那里有很多人类活动，我们的居住、旅游、度假都在这个森林里实现，和我们的自然资源息息相关。

红树林生态保护带有非常好的生态环境，除了有优美的树和水以外，还有很好的生物资源，包括鸟类、鱼类。我们可以利用这些东西为我们的休闲、度假创造很好的景观效应。野性是我们要挖掘的景观元素。景观设计有时候不是要做什么，而是不要做什么。林中也可以做很多有创意的东西，主要的目的是想在保护的基础上，同时能够吸引候鸟，使鱼类资源得到充分的保护，同时也可以创造一些水上的旅游、观光。

大家看到景观设计有时候不是要做什么，而是不要做什么。

我们也融进了很多游戏，也有一些休闲的东西，森林带里有很好的栖息条件，也为我们人类提供很好的休息场所。比如歌舞、展览、户外拓展等等。 生态的东西也是可以艺术的，可以激发我们的灵感。

榕树林的景观带，是为了建立一个榕树林的生态系统，目的就是保护这里的生态，恢复这里的生态，同时能够提供清凉优雅的让人能够居住的场所。

在中央景观带里，希望把居住区的开发和中央公园的结合紧紧地融为一体，所有的地块都融入了森林的概念。让人进入家庭前就像穿过了一片大森林。

这里的沙丘可以说是我看到的最漂亮最优美的沙滩，早上起来到海滩上走，到处都是小螃蟹。当你看到这么多的生物在这里生长繁衍，会觉得这是你的责任，一定要好好地呵护。我们要保护好沙丘，创建立体的，起伏的有层次的沙丘形态。

我们还规划了一片森林，在大森林为鸟类服务的同时，度假的人们也可以享受。在这片大森林里可以创造生态景观的素材太多了。如果说我们把这里的生态做好了，把鸟引来了，人会高兴，鸟也会高兴。

建立这样人和自然真正相互依托、和谐地生活在一起的环境，是我们今天的景观设计师伟大的目标。

走出设计的框框

有两件事一直让我很难放得下：其一是我们的河道景观的建设，目前仍然是水利部门主导；其二是道路景观还是交通部门说了算。中国目前基本上有河流的城市都在做河道规划，似乎水利部门的唯一做法就是修堤，做护岸。把所有的河流都做成泄洪沟然后就是做些混凝土的亲水平台等各种滨河设施。没有人问一问这条河需要什么，里面的鱼怎么活？更没有考虑它对我们的城市和我们的子孙后代有什么影响。

道路设计，如果没有景观设计师的参与，那注定会是一条只为汽车服务的路。道路工程师们普遍分不清游览路和交通路的区别，更谈不上景观路要怎样选线，造型。所以我们国家的道路真的很千篇一律！

造成这一切的主要原因是我们的设计管理落后。大家基本上还是各管各的，没有沟通。所谓隔行如隔山！每个人的知识面有限，只顾自己局部利益。

水利的人说“你不听我的，将来城市被淹了，你负责啊？”一句话把市长都吓懵！所以大家都把河流修直，把驳岸打上水泥。常常有甲方来找我们做道路景观。说是我们要打造一条景观大道。目前路面已经完成，很壮观，双向八车道！道路工程师给留了一条1.5米的中央绿化带。以为景观设计师是神还是咋的？这样的道路基本上就只能是汽车景观。

景观设计要引入一个“综合设计”的概念，应该融入建筑、规划、交通、桥梁、水利、电力等等这些行业中去，进行合理开发。我们今天城市化进程人快了，如果我们不静下心来认识我们的工作的问题，我们就会犯更多的错误。在国外，景观设计师加盟市政设计院、水电设计院，早就不是什么新鲜事。美国在城市大规模的景观设计之前，一般都会征求土壤、水利、生态等各方面专家的意见，但我国河流、道路都还是分项设计，这是很危险的，也是出不了好作品的主要原因。

每个城市都有它的地域文化、脉络、生活方式、气候条件等属性；每一个场地有它的场地特征、生命特色。我们在建设生态型项目的同时，最需要有一个综合协调的观念和机制，才能有效发挥各专业的长处，把人文关怀、社会责任和理想一起注入项目当中去。

如今已经进入景观设计行业的转折点，设计师必须意识到生态资源是有限的，每一个项目都要充分考虑多方面的因素，要尽可能占用最少的资源去创造更多的可持续发展的生态型景观。

广西园博园（五象湖公园）

项目位置：广西壮族自治区南宁市
项目面积：122公顷
设计时间：2012年
委托单位：南宁市园林管理局

设计理念

五象湖公园位于五象新区核心区，北邻自治区重大公益性项目（广西规划馆、广西美术馆等）用地，东靠广西体育中心，西邻五象岭森林公园,是南宁市举办2013年第三届广西园林园艺博览会的园址。

依据南宁建设“中国水城”的指导思想，充分利用五象湖天然的自然地理条件，结合周边地块，合理布置功能区块，划分景观功能空间，将南宁自然特色、地方特色、民族特色融合到国际化、生态化的景观环境中，呈现南宁当代城市新面貌和可持续发展的前景。

五象新区核心区，地处丘陵地貌，地形起伏，优雅浪漫。中央公园和五象湖公园的设计构思为：“流光溢彩，花团锦簇”。其中五象湖公园的设计构思为：“花团锦簇”。五象湖公园的水中有山，中心公园的山边有水，正是南宁山水辉映的真实写照。在整个综合景观规划的具体景观点上，展现当地的文化精髓、民俗活动、传统故事和特色产品形象，运用南宁瑰丽的自然景观和文化传承来演化场地平面、立面的形象。将“流光溢彩，花团锦簇”的景象融入整个景观体系中。

东入口景区是设计的重点区域。该区域设计从道路与周边的关系共融来入手，打破普通的景观轴线概念，将整个区域作为一个整体进行规划设计。以“河滩”为概念，在南部密植的乔木和零星散布的草地花卉塑造大气的丛林景观；以渗透至主场馆的疏林草地过渡到开阔的迎宾景观广场，广场自南向北，空间与湖面渗透，将湖区的景观引入“滩地”中来，形成一个自由、流畅的入口景观。

北入口的设计将中央公园的山体景观借鉴过来，利用地形高差，在入口中部设置一个大型叠水，将北面的山和南面的湖链接。两边的台地是观湖的最佳场所，设计概念为“室外大剧场”，在台地上种植“罗马柱”似的美丽异木棉，当春暖花开的时节，漫天的红花映衬在蓝天下，是一番动人的景象，让相爱的情侣在此驻足，互诉衷肠。

→ 五象湖及中央公园总平面图

N
SCALE

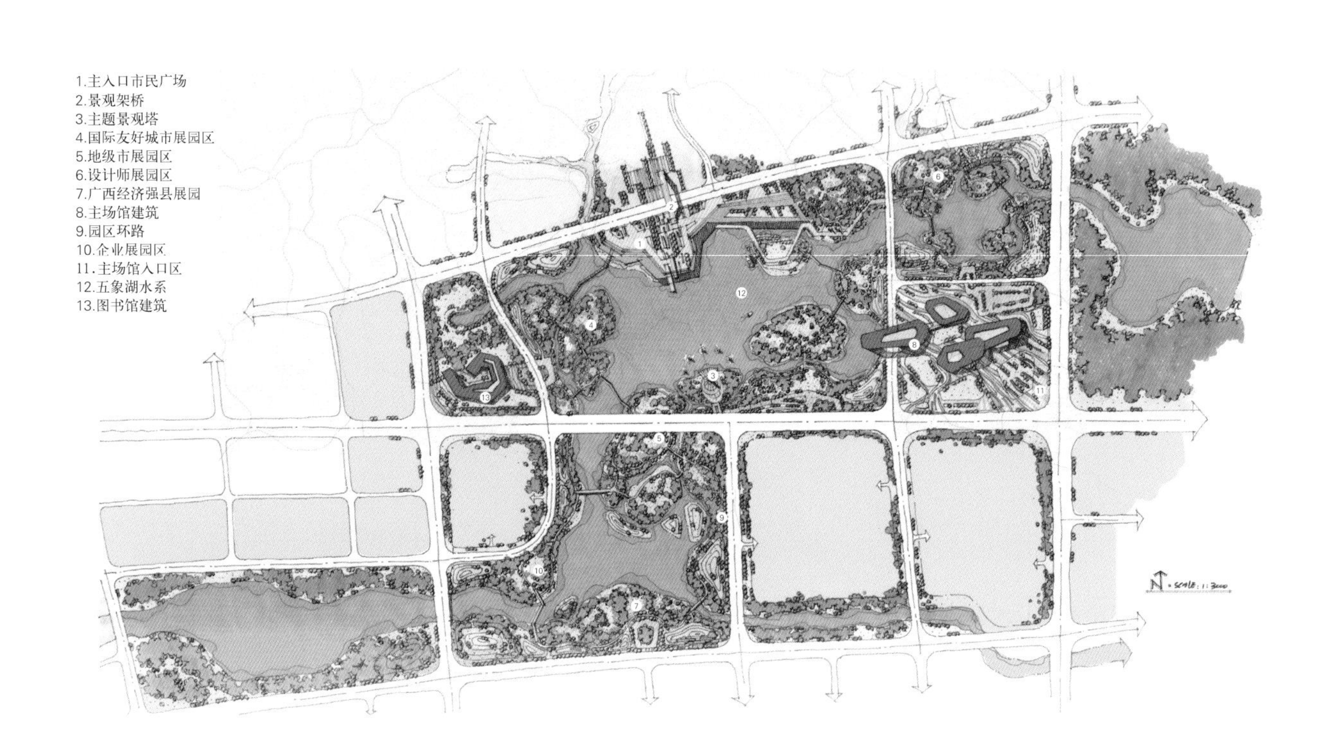
1.主入口市民广场
2.景观架桥
3.主题景观塔
4.国际友好城市展园区
5.地级市展园区
6.设计师展园区
7.广西经济强县展园
8.主场馆建筑
9.园区环路
10.企业展园区
11.主场馆入口区
12.五象湖水系
13.图书馆建筑

鸟瞰夜景

鸟瞰日景

← 五象湖总平面图

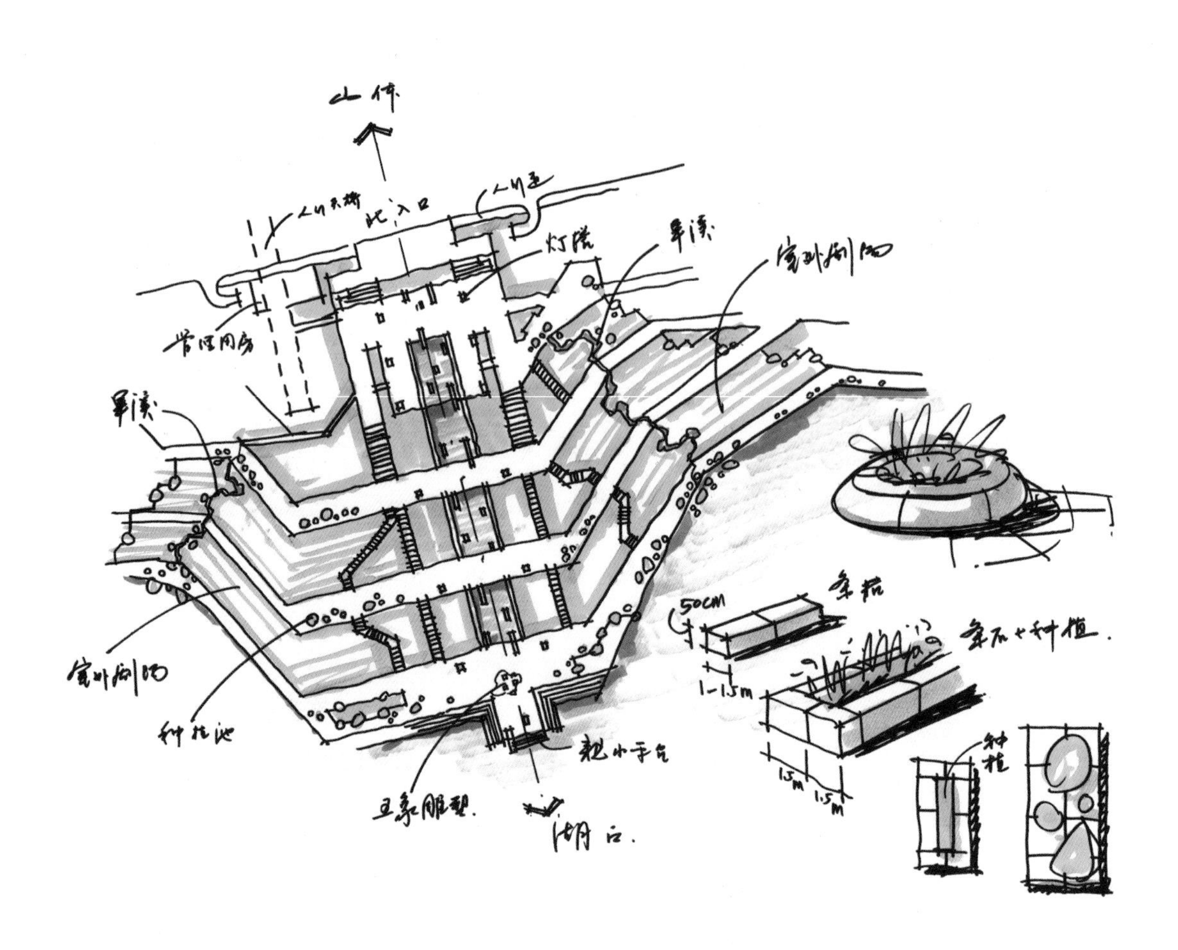
北入口
旱溪
管理用房
种植池
50CM
1-1.5M
1.5M
1.5M

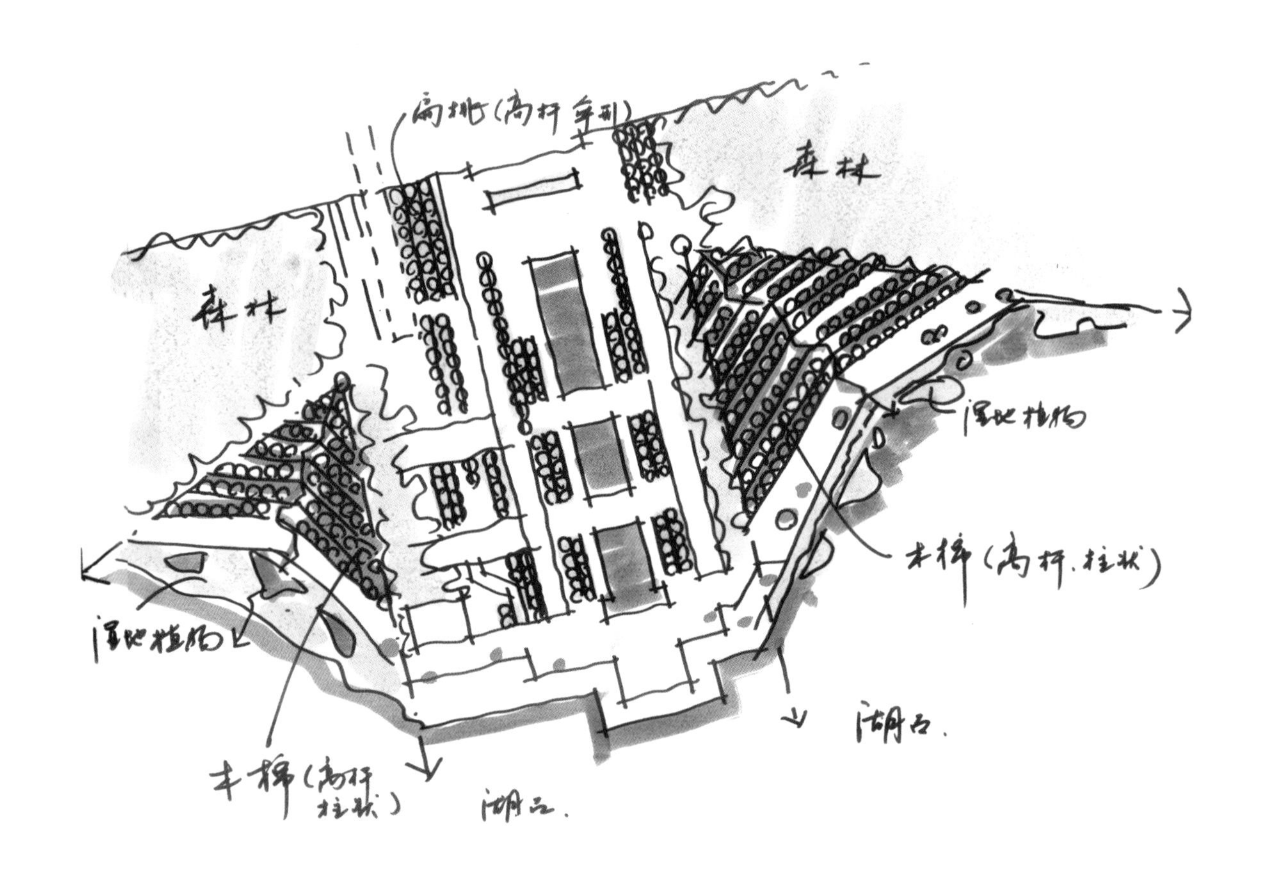

↑ 北入口种植

← 北入口硬质

北入口鸟瞰

↑ 东入口意向图

→ 东入口

← 东入口种植

↓ 东入口乔木

湖区（夕阳西下）

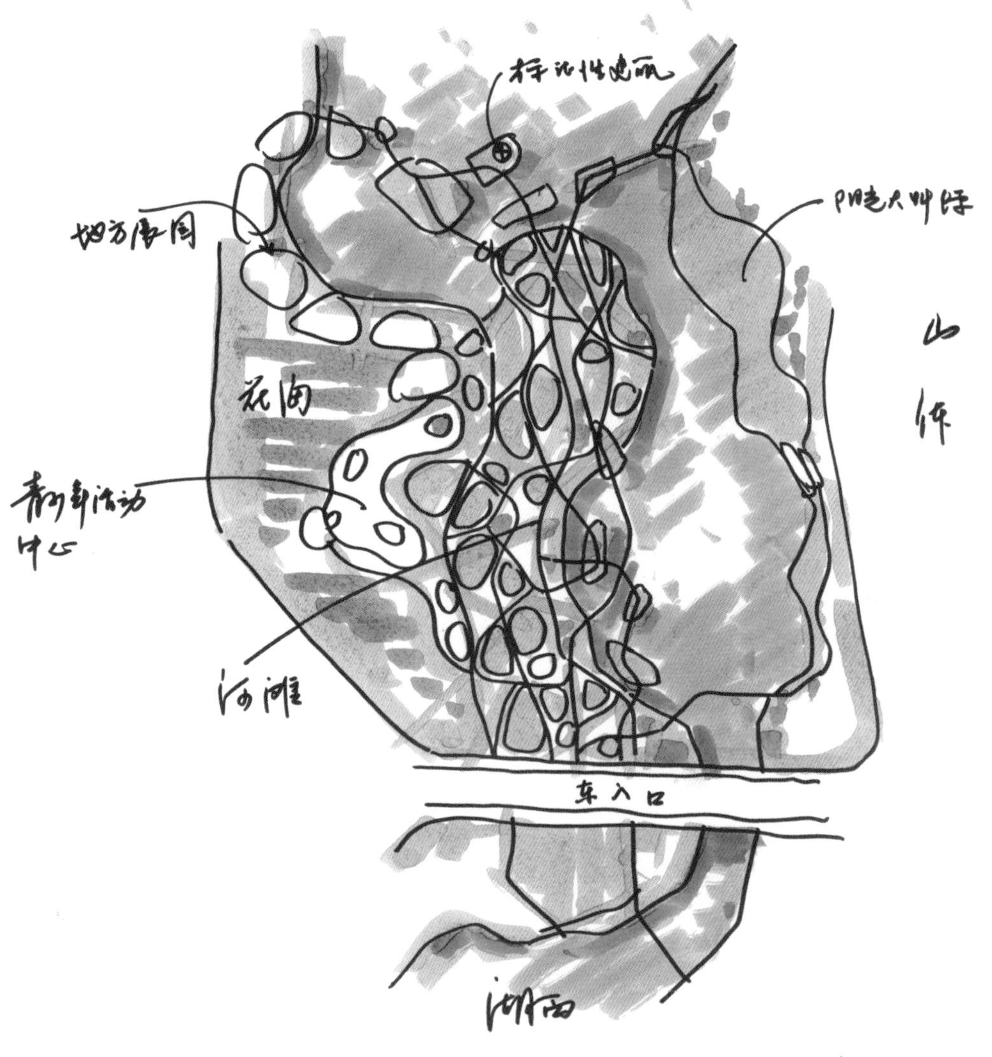

（日出江花红似火）

"花海·河滩·浮水·森林"

↑ 东入口雕塑-五象

→ 东入口五象雕塑实景图

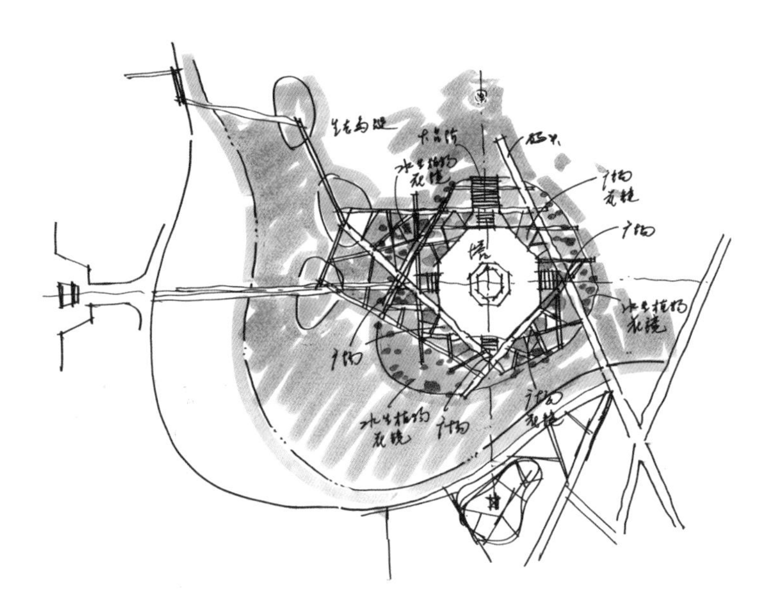

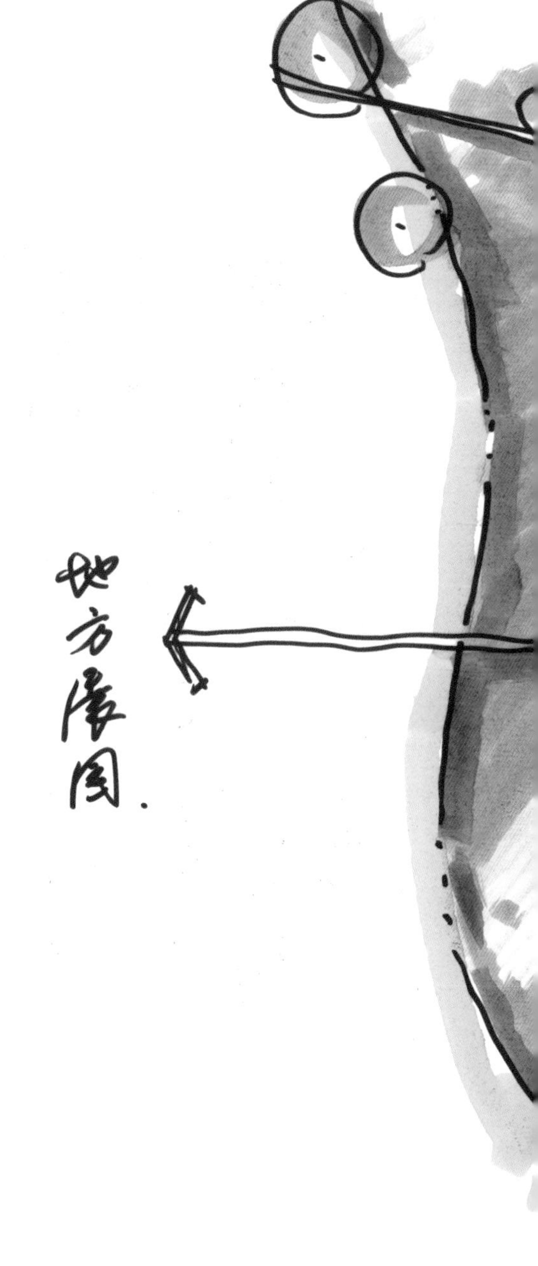

↑ 中心岛1

→ 中心岛2

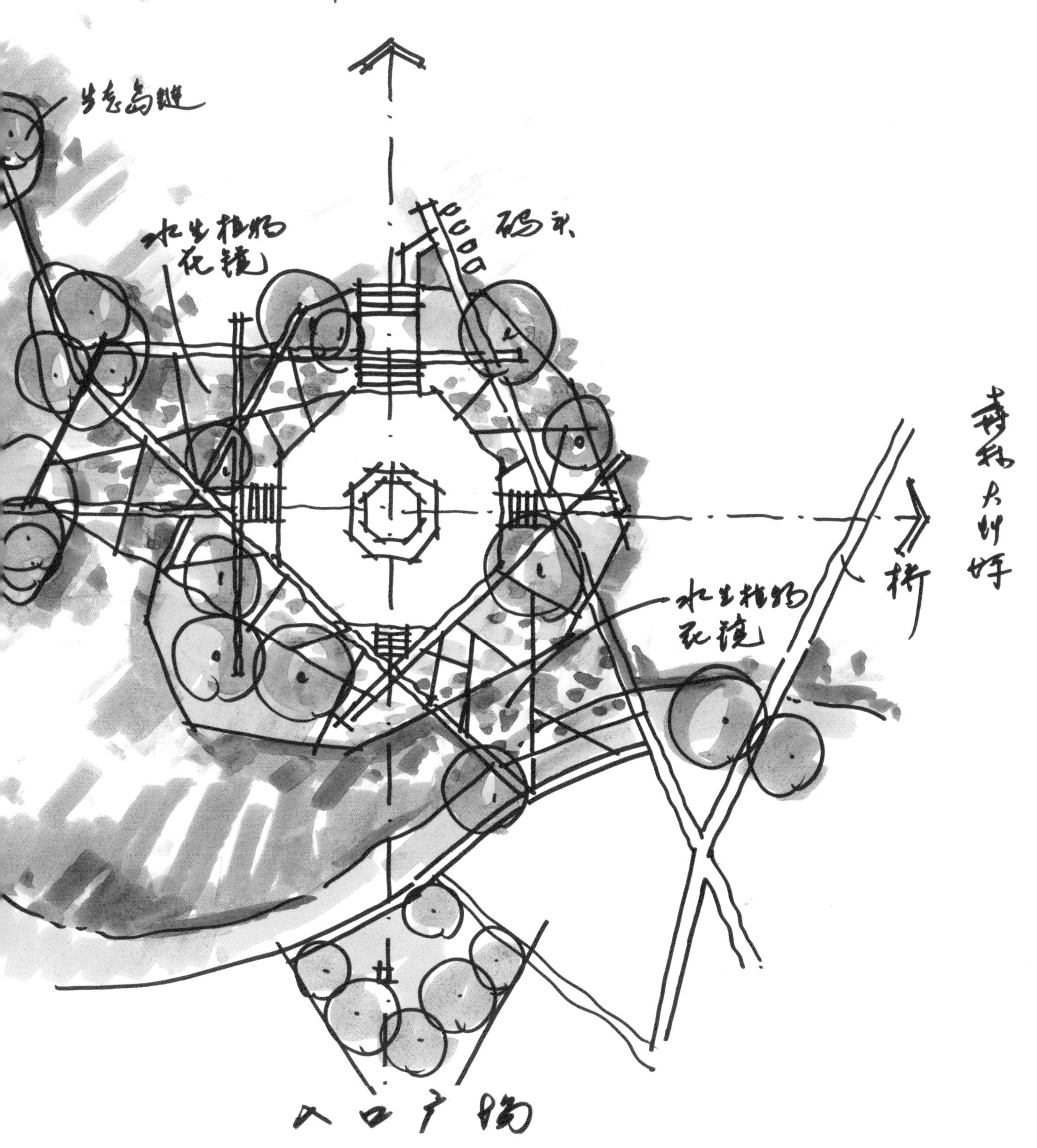

中心湖区
生态岛链
水生植物花镜
码头
水生植物花镜
入口广场

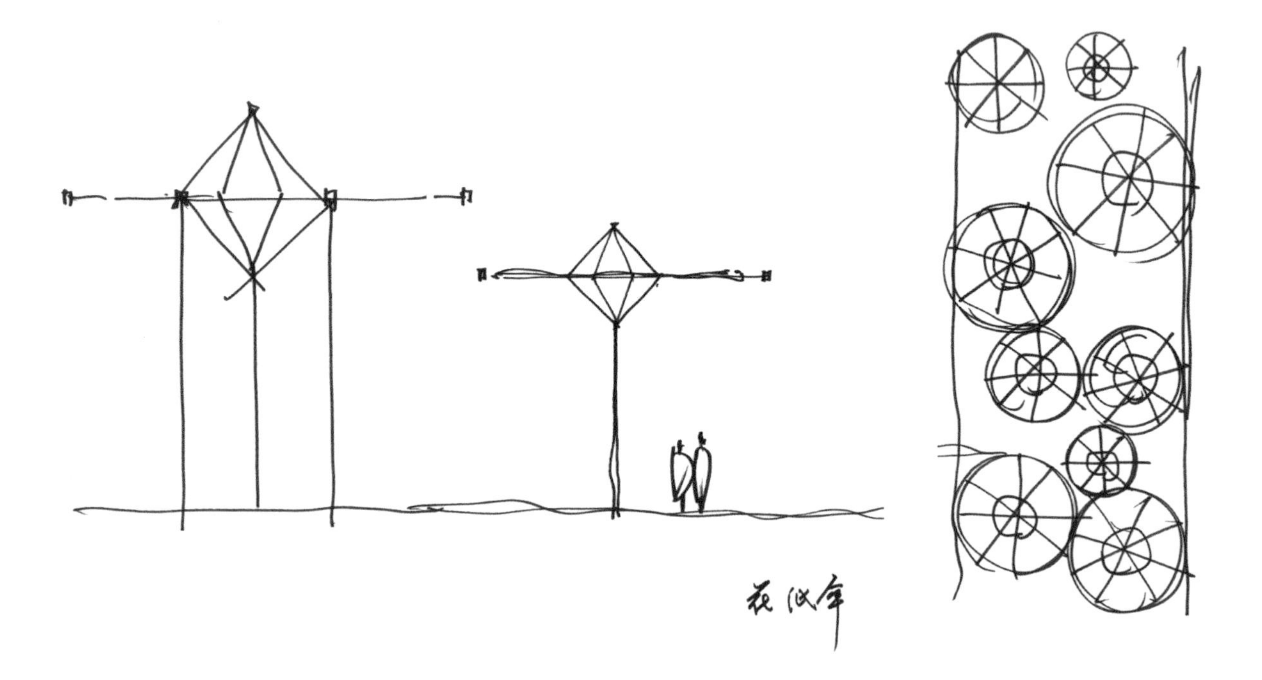
花纸伞

垃圾筒
花钵

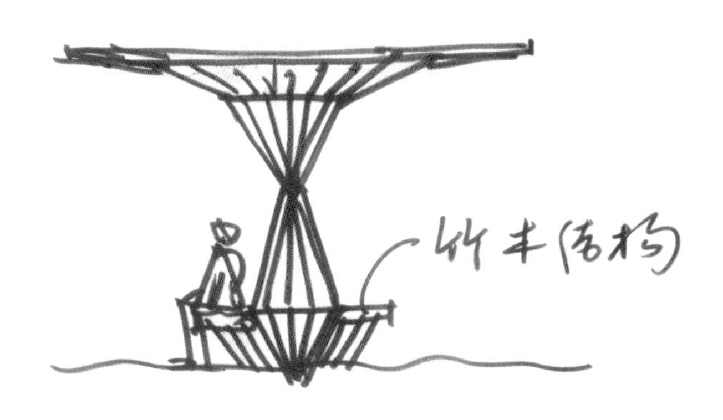
竹木结构

"象耳朵"休息亭
"象脚"坐凳

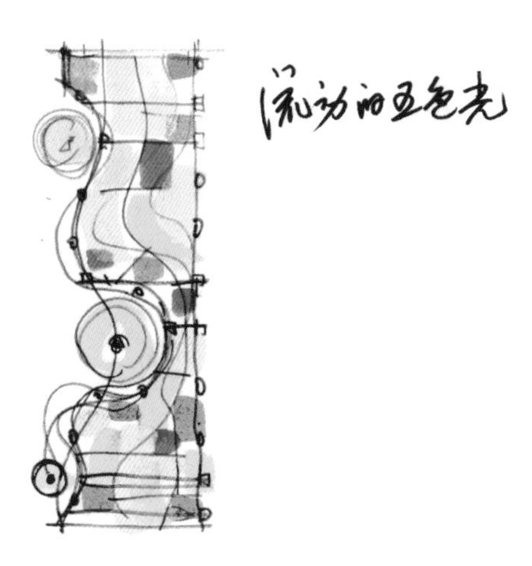
流动的五色光

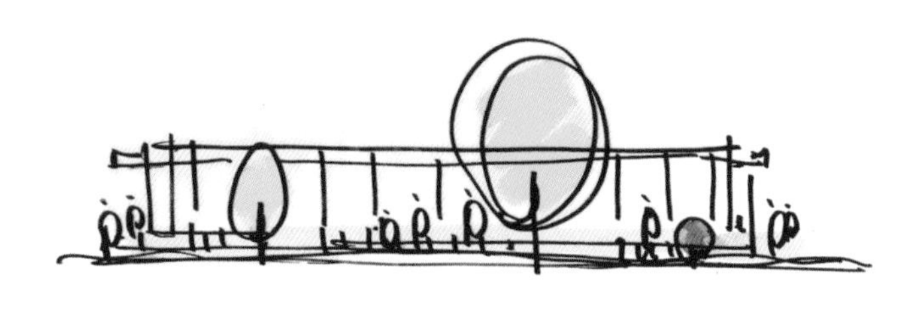

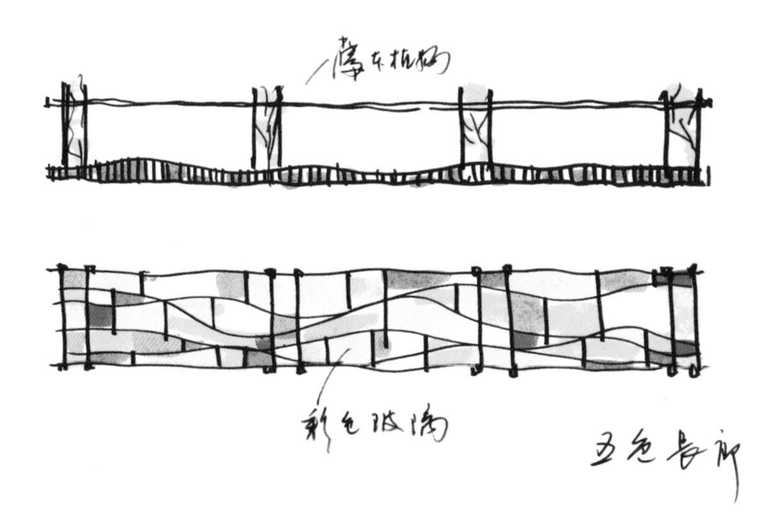
落叶植物
彩色玻璃
五色长廊

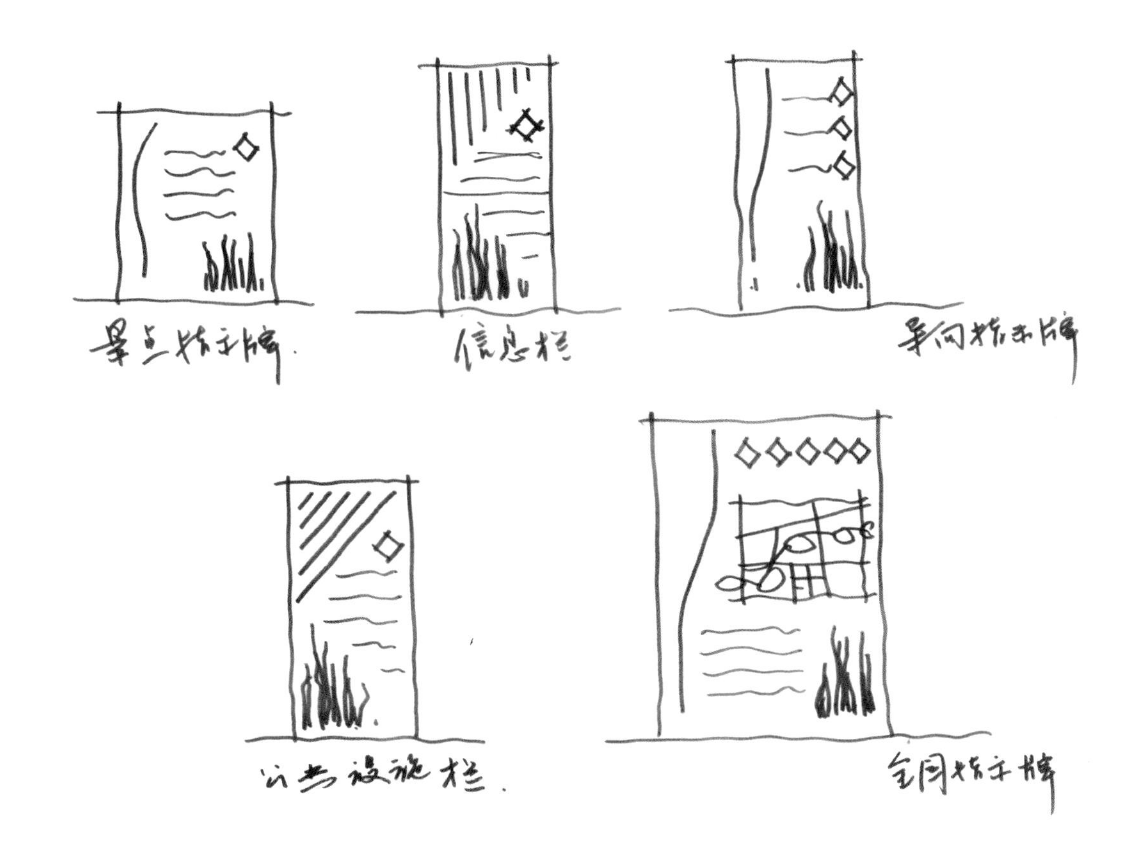

← 廊架

→ 五象湖标识

五象塔实景图1、2、3、4

大连普湾新区锦屏森林公园

项目位置：辽宁大连普湾新区北部
项目面积：106 公顷
设计时间：2012年5月
委托单位：大连普湾工程项目管理有限公司

设计理念

依托场地资源，遵从可持续发展理念。建设低碳生态公园，同时充分考虑人的需要，营造适合人活动的、体现人文精神的景观空间。通过对当地产业布局的分析，在场地内合理的布置高端养生产业，打造充满活力新城市森林公园。

以生态为特色，把锦屏森林公园建成集高端度假、休闲旅游观光为一体的城市型森林公园。进而提升整个普湾新区的生态旅游水准。

→ 大连普湾锦屏森林公园

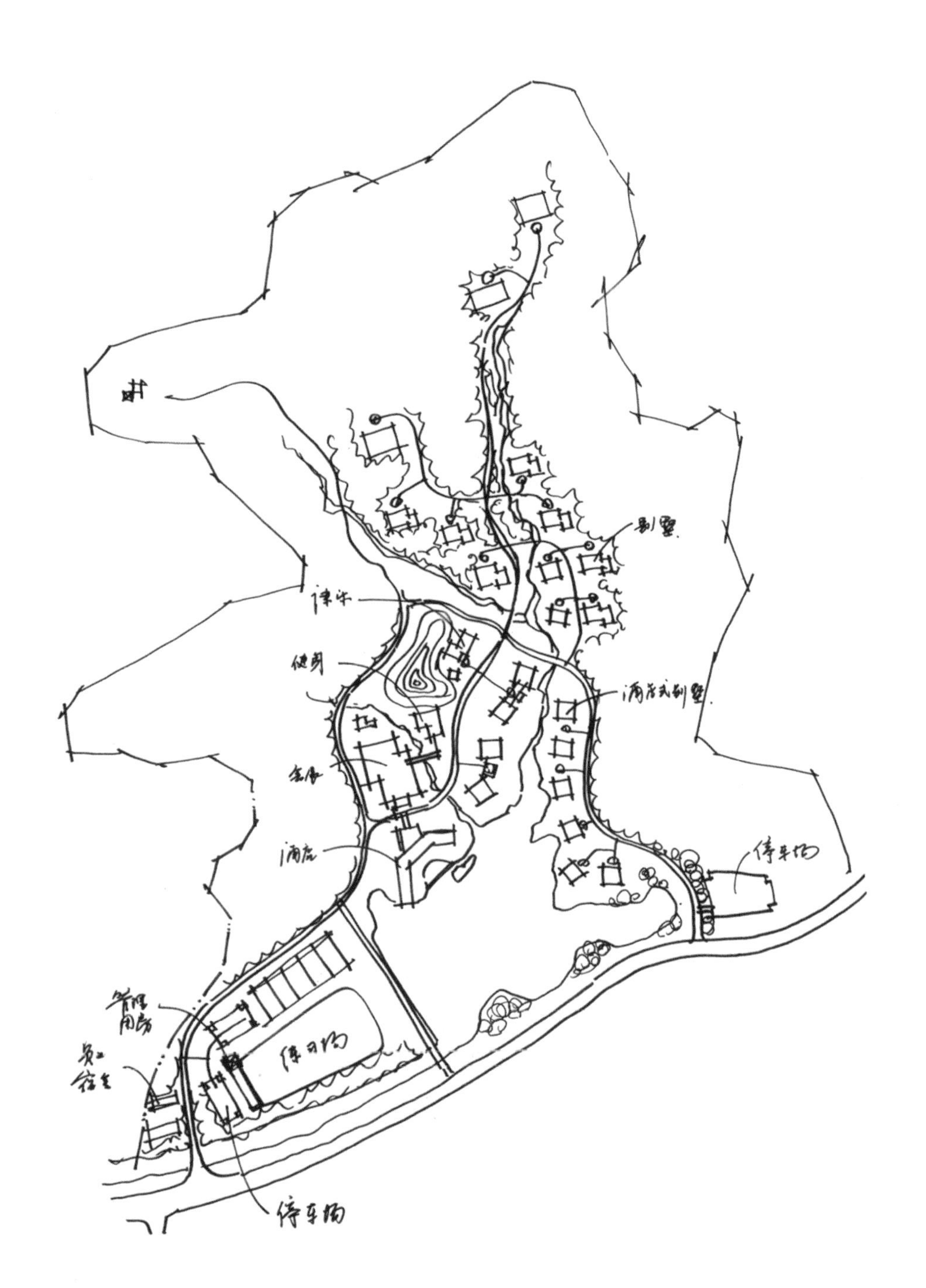
别墅
娱乐
健身
酒店式别墅
客房
酒店
停车场
管理用房
员工宿舍
停车场
停车场

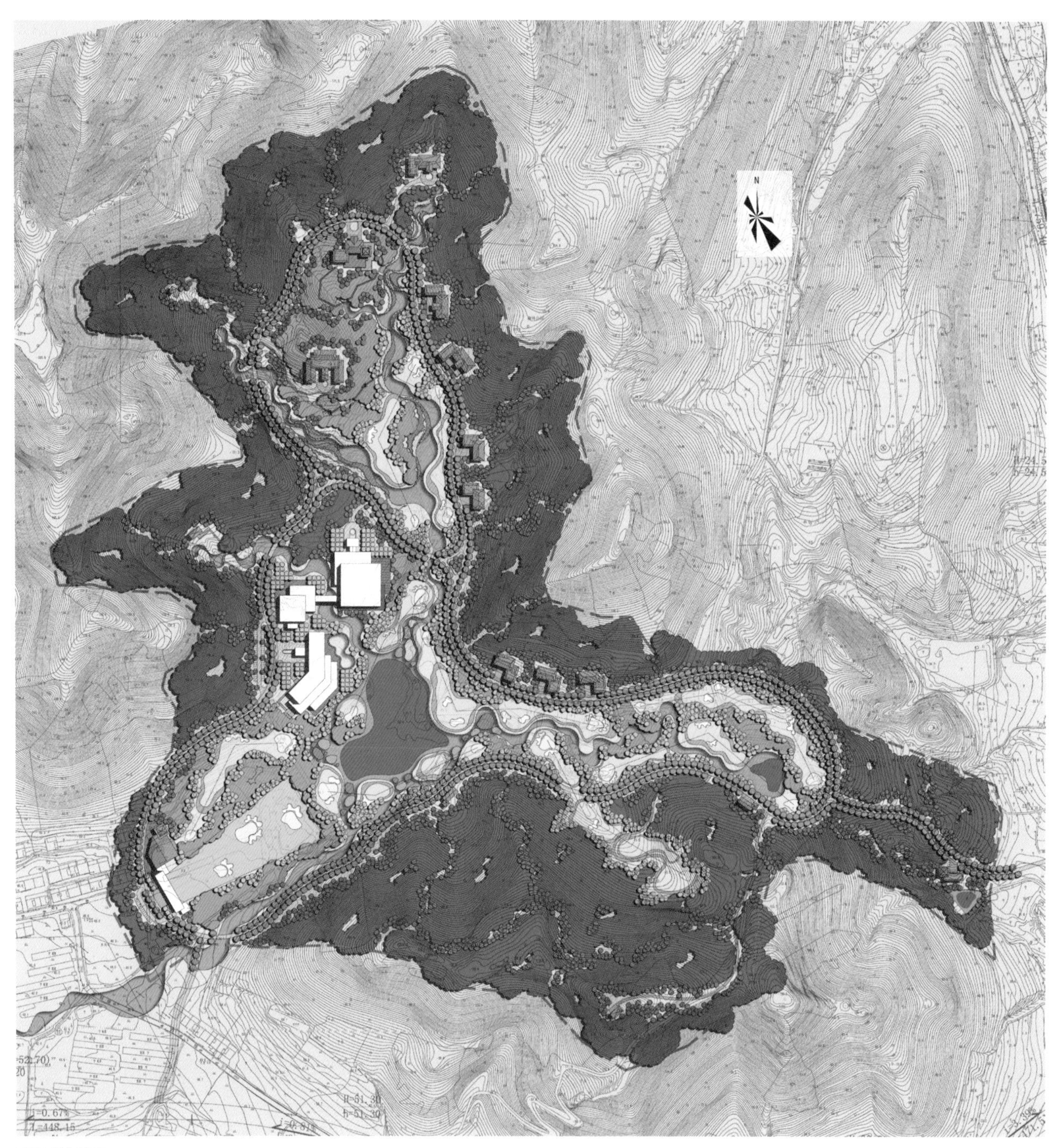

接待区宾馆平面

接待区宾馆宾馆效果图-鸟瞰

接待区宾馆宾馆效果图-局部鸟瞰1

接待区宾馆宾馆效果图-局部鸟瞰2

海宁环东西山及鹃湖

项目位置：浙江海宁
项目面积：1500公顷
设计时间：2013年2月
委托单位：海宁市政府

设计理念

海宁拥有独具特色的山水格局与生机盎然的自然山水，是观潮旅游胜地、文化荟萃之乡和皮革贸易之都，海宁人乐活闲适的人生态度和名人林立的古镇文化共同构成了海宁现有的文化底蕴。环东西山区域是海宁老城的核心板块，面积范围约15平方公里。

规划立足于城市层面的宏观思考，基于深入调研，提出打造“城市中央休闲区”的概念，以经营城市为理念，绘制构建海宁休闲文化品牌的蓝图。

东西两山是海宁城市核心区的绿肺，首先联通这两个山体是重要的设计理念之一，其次围绕着两个山体周边组织不同的公共空间，以造就各具特色的景观环境，形成山水相依的空间关系。

山是骨架，水是纽带，水连接着周边的公园组团，通过这些小的公园组团与城市融为一体。

鹃湖的规划，跟进自然条件和周边城市用地，将其划分为东西两个不同的岸线。西边为城市商业岸线，以娱乐、公共活动为主；东边为居住休闲岸线，以生态为主。两条岸线的线形对比形成“动与静、刚与柔”的差异，体现了城市生活的多样性。

← 海宁总图
→ 海宁东西山

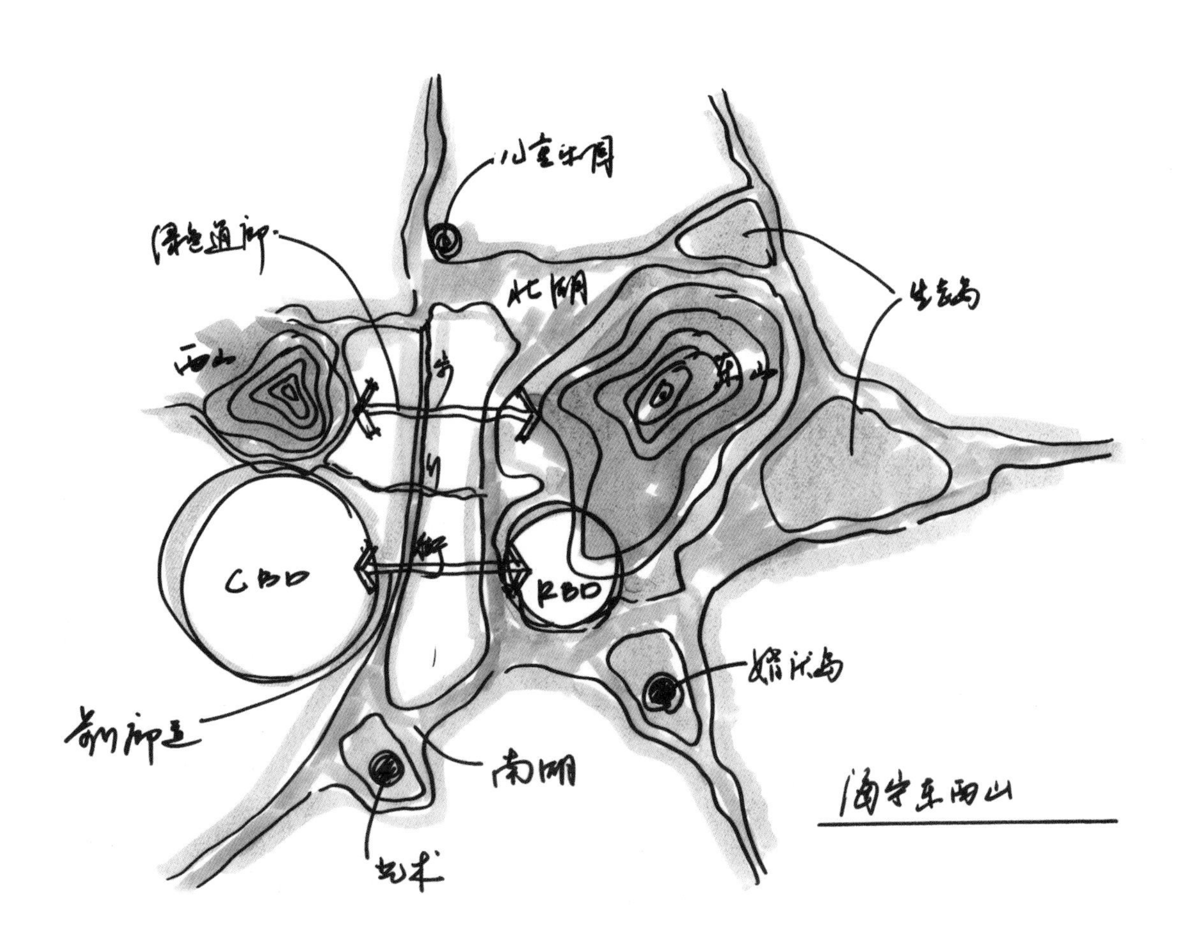

儿童乐园
绿色通廊
北湖
西山
东山
生态岛
CBD
RBD
南湖
海宁东西山

↑ 海宁东西山效果图

→ 海宁新区鹃湖

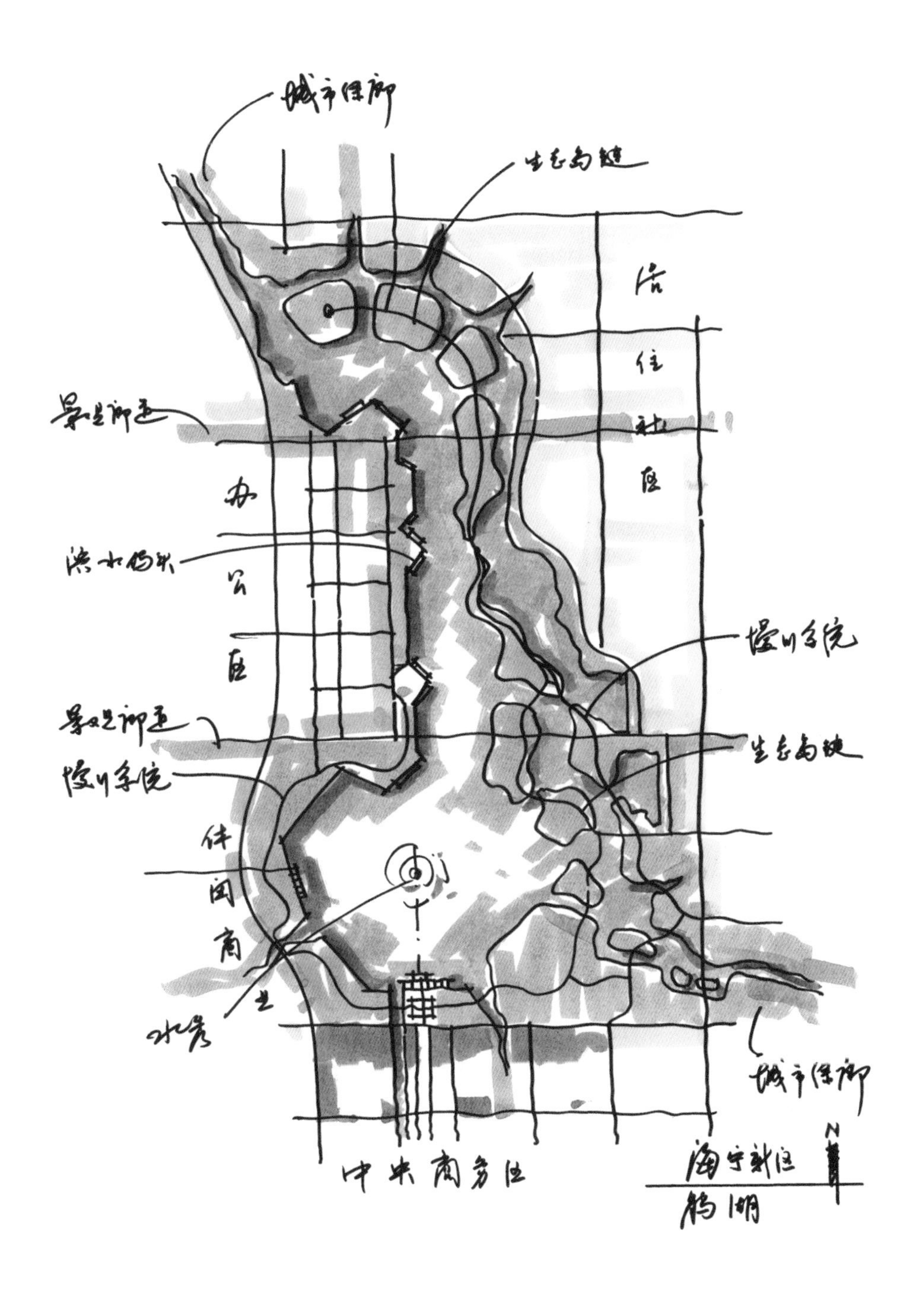
城市绿廊
生态岛链
居住社区
景观廊道
办公区
滨水场所
慢行系统
景观廊道
慢行系统
生态岛链
休闲商业
水景
城市绿廊
中央商务区
海宁新区
鹃湖
N

涞水京涞新城中央公园

项目位置：河北保定涞水县
项目面积：33.5公顷.
设计时间：2014年8月7日
委托单位：河北华银房地产开发有限公司

设计理念

京涞新城是首都功能疏解区的重要组成部分，京涞新城中央公园为这一新城中心的中央开发空间。公园北面为商业综合体，以意式商街为主要特色；公园的西边为华银大厦，是五星级酒店以及电子商务产业园。公园西南面已经规划了创业大厦和规划展览馆，东部地区主要是企业的总部基地。

方案一的设计构思以“水流”为贯穿场地的主要线索，从北向南以一道叠水景观开始流经场地的中心位置，形成主体湖面，经过创业大厦和规划展览馆与南部的水体构成一个整体的水轴，流线型的水上栈桥是方案的一大特色，将流动的岸线、流动的道路和流动的栈桥作为公园的记忆，将不同的功能组织在中心水轴的两边与城市功能相配套，四个广场各有文化主题。

方案二以岛链为主线贯穿南北，从东到西分别为“花溪”、“岛链”、“水轴”及“绿洲”构成公园的整体景观格局。

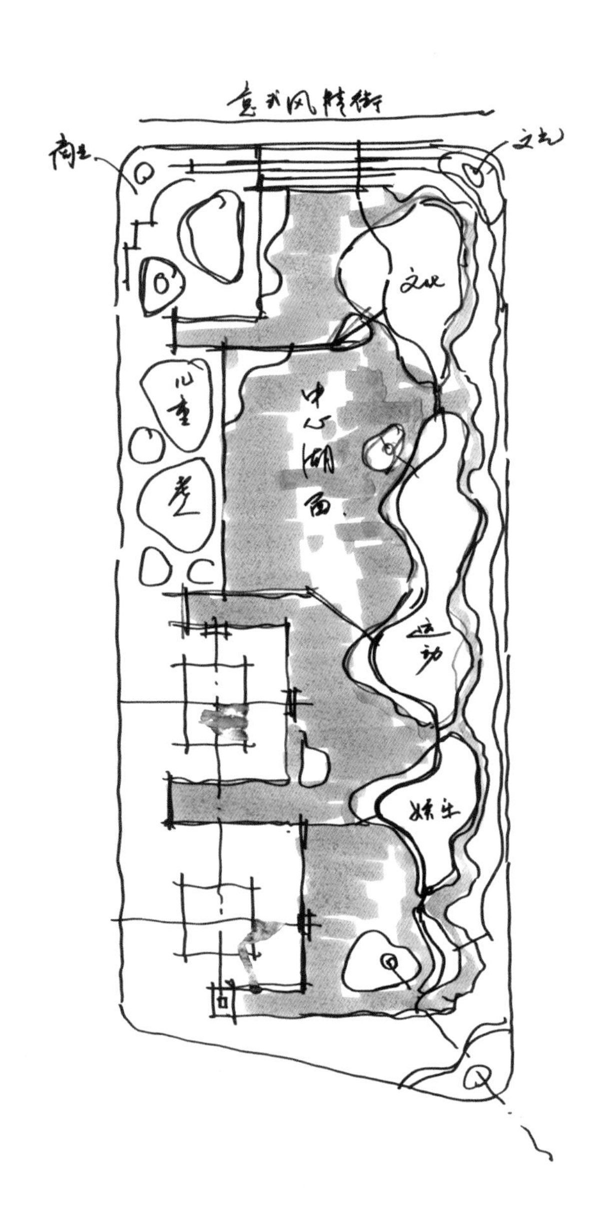

↑ 过程稿
→ 岛链方案1

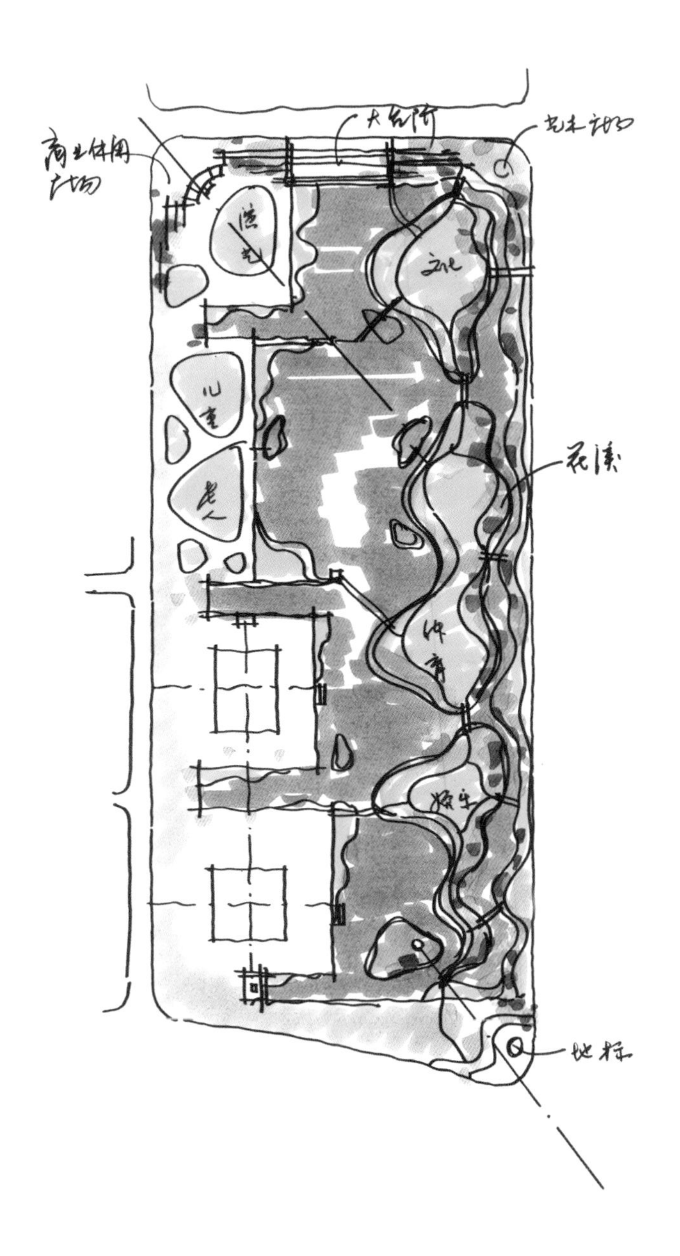
商业休闲
广场
大台阶
花溪
儿童
老人
地标

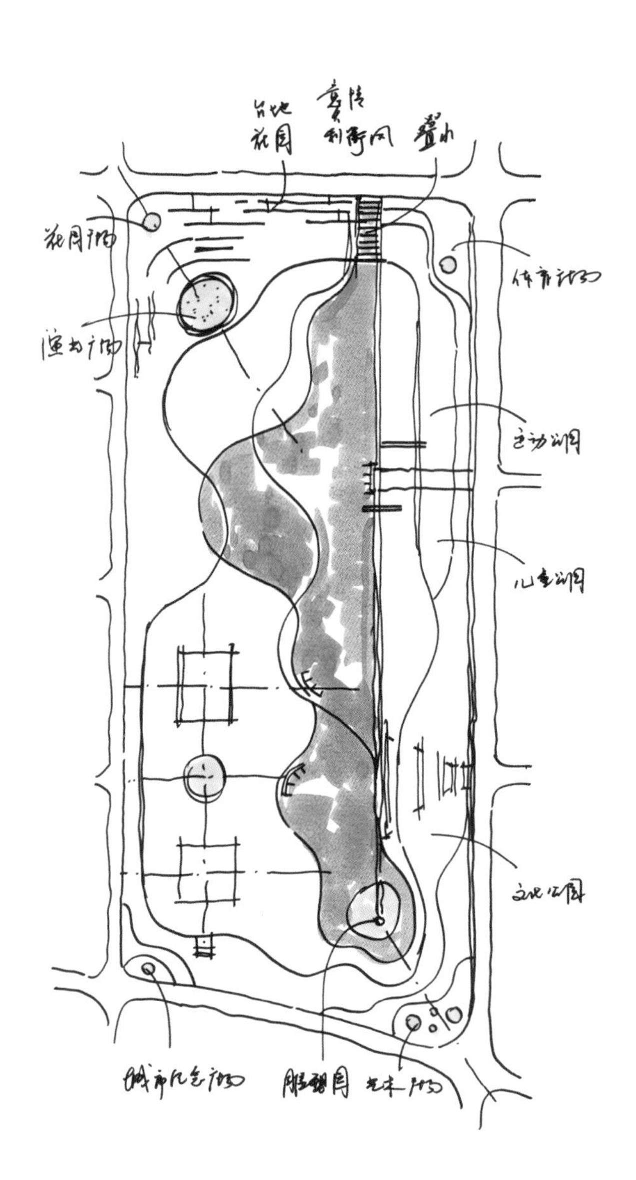

↑ 岛链方案2

→ 流萤创意图

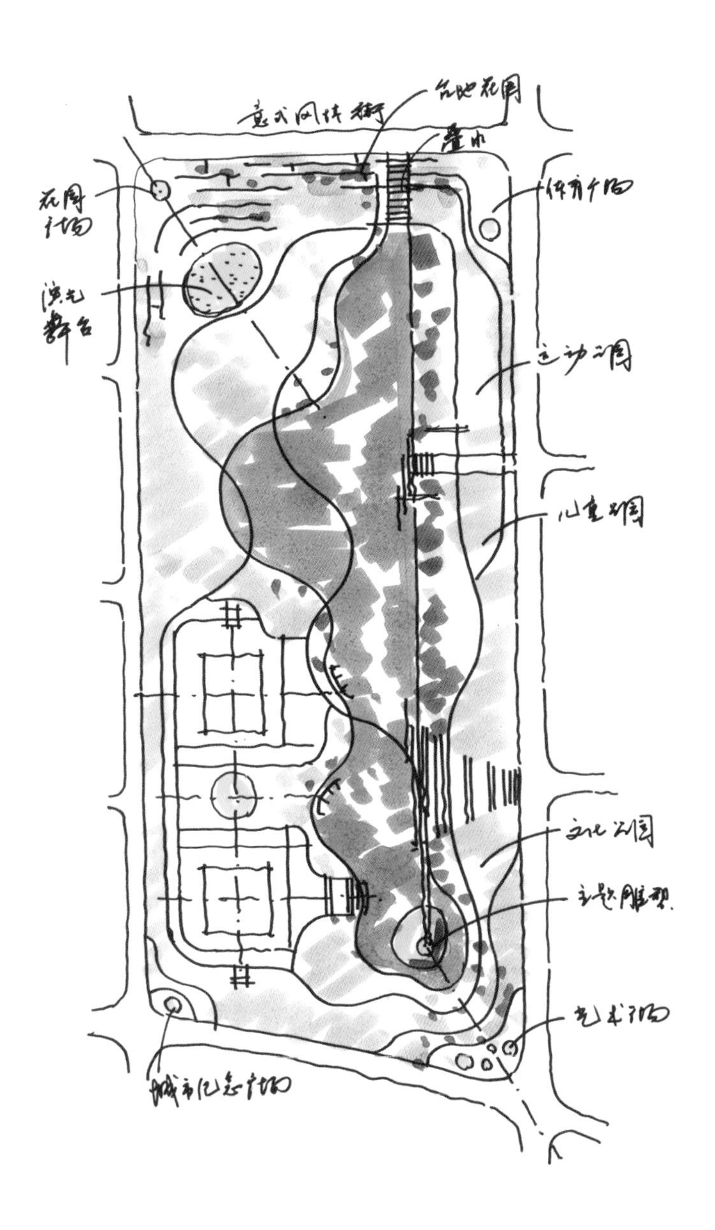
意式风情街
台地花园
花园广场
演艺舞台
体育广场
运动公园
儿童公园
文化公园
主题雕塑
艺术广场
城市纪念广场

柳州龙湖

项目位置：广西柳州市柳东新区中心
项目面积：总面积101.8公顷
设计时间：2012年5月
委托单位：柳州东城投资开发有限公司

设计理念

龙湖公园是位于柳东新区中心的大型城市综合性公园。周边建筑是集商业、商务、文化、娱乐与一体的综合性服务功能。项目规划以“滨水而居，滨水而游，滨水而乐”为核心理念。展现柳州水映山灵、锦绣绿城的城市新形象。依据柳州建设“山水之城”的总体思想，根据龙湖基地自然条件，结合周边地块功能性质划分景观功能空间，充分展现柳州山水之城的秀美。

龙湖的水体形态简单，并没有太多特色，关键的问题是怎样用好周边的土地，每一个功能组都与其周边的城市建设相关联，形成为人所用，为人所居的室外场所，并与建筑环境相适应。

北面中央行政区及文化馆以简洁的线性和开阔的空间场地，体现公共场所的明亮、端庄，大气的主题特色。

西边的商业酒店区相比之下更精致、优雅。南部的生态湿地区是鸟类活动的最佳场所，在景观上与更南面的远山形成视觉上的联系。东部主要以办公、会展等设施为主，景观上的丛林草地为主，供人闲暇之时散步、交流。滨湖岸线除了必要的码头、广场等设施之外，尽可能多地以“亲水”的自然驳岸为主。

→ 龙湖方案

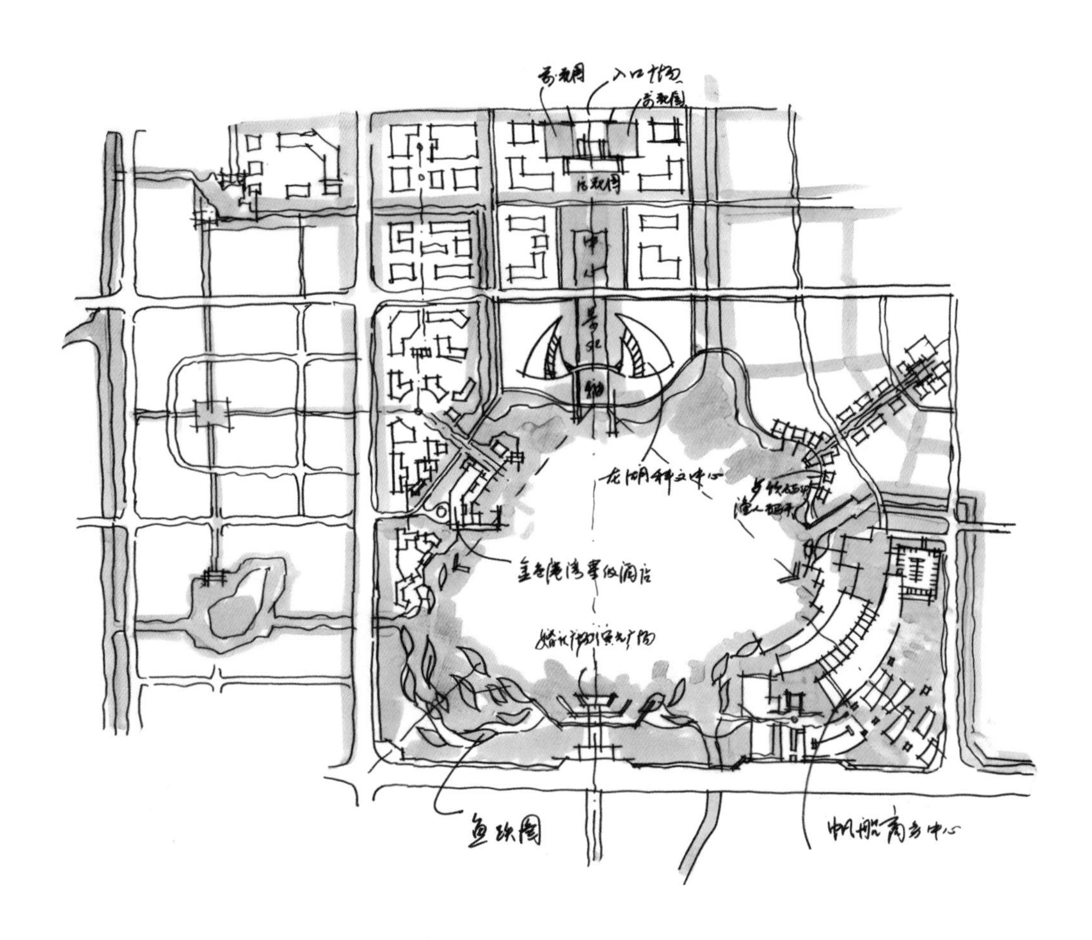
入口广场
中心景观轴
金色港湾星级酒店
婚礼广场/演艺广场
鱼跃园
帆船商务中心

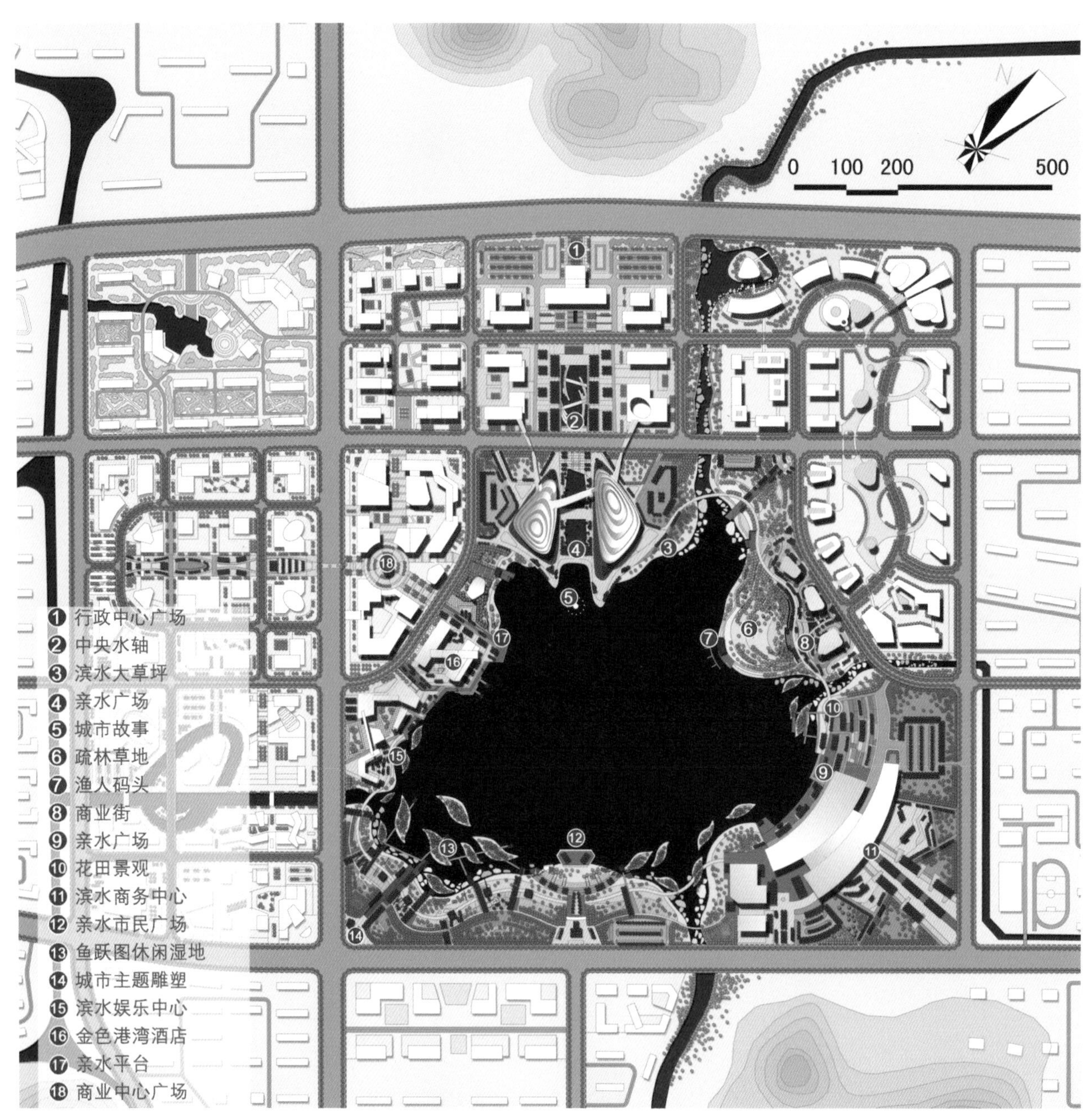

0 100 200 500
N
① 行政中心广场
② 中央水轴
③ 滨水大草坪
④ 亲水广场
⑤ 城市故事
⑥ 疏林草地
⑦ 渔人码头
⑧ 商业街
⑨ 亲水广场
⑩ 花田景观
⑪ 滨水商务中心
⑫ 亲水市民广场
⑬ 鱼跃图休闲湿地
⑭ 城市主题雕塑
⑮ 滨水娱乐中心
⑯ 金色港湾酒店
⑰ 亲水平台
⑱ 商业中心广场

龙湖方案平面图

龙湖方案效果图1、2

内蒙古乌海坝址公园方案

项目位置：内蒙古自治区西部的新兴工业城市乌海市
项目面积：13公顷
设计时间：2013年9月
委托单位：乌海市城市建设投资集团有限责任公司

↑ 冰凌概念图
→ 乌海坝址公园方案

设计理念

乌海海勃湾黄河水利大坝工程的建设，使得乌海市边出现了一片水域巨大的水面，对城市干旱气候的改善有巨大推动作用。坝址公园承载着大坝管理缓冲与大坝观景的双重功能需要，开敞式的空间布局将黄河的美景引入城市，凸显大气的景观效果。

坝址公园的方案采用了“黄河冰凌”的概念。希望通过一些有棱角的线条和体块的组合，将“黄河冰凌”这一个场地的特殊记忆，通过地形及广场等不同形态的错落表现出来。

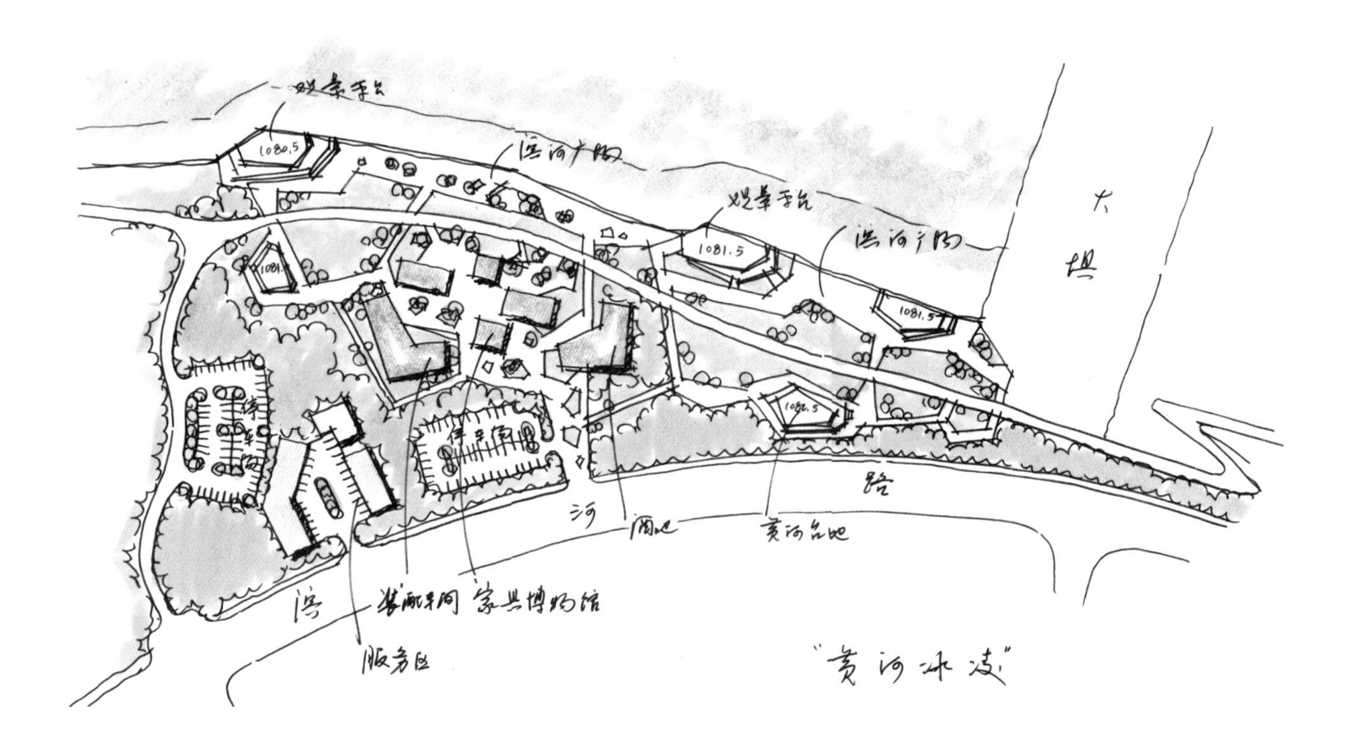
观景平台
1080.5
滨河广场
观景平台
1081.5
滨河广场
大
坝
1081.5
1080.5
停车场
停车场
路
河
酒吧
黄河台地
滨
装配车间
家具博物馆
服务区
"黄河冰凌"

→ 坝址手绘局部效果

↓ 坝址公园彩色平面

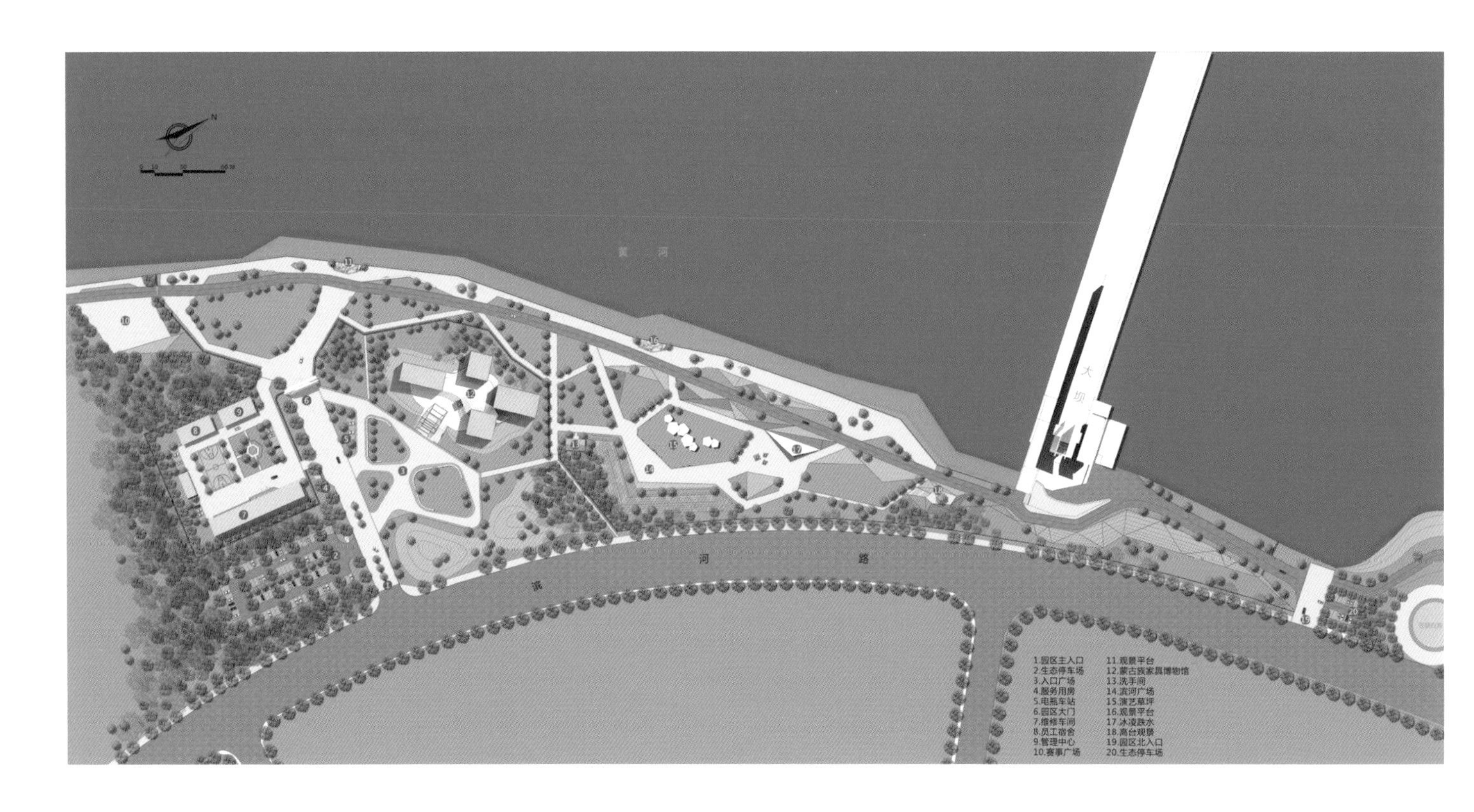

内蒙古乌海滨河二期

项目位置：内蒙古自治区乌海市
项目面积：750公顷
设计时间：2013年9月
委托单位：乌海市城市建设投资集团有限责任公司

设计理念

乌海这个城市是由北向南发展，往南会越来越精彩，滨海二期的规划将把甘德尔山与城市以及黄河、乌海湖联系到一起。

滨河二期的湖滨公园地处乌海湖的中间地带，北面是甘德尔河，东面是新城区，与甘德尔的成吉思汗雕像遥相呼应。西南是烟波浩渺的乌海湖。场地创意以“黄河之水天上来”为主题线索，用以表达乌海——黄河之城的自然禀赋及人文素养，将“河”与“山”城市的灵魂相融合。

乌海右岸是一条衔接城市、山与湖的滨湖生态绿廊。这条滨湖森林长廊给乌海市民提供休闲健身娱乐观光的需求，提升了乌海城市的形象，带动了旅游业的发展。环湖自行车道为举行国际性的环湖自行车赛及马拉松赛提供场地，提高城市知名度，促进城市产业结构转型。

→ 乌海湖景观体系

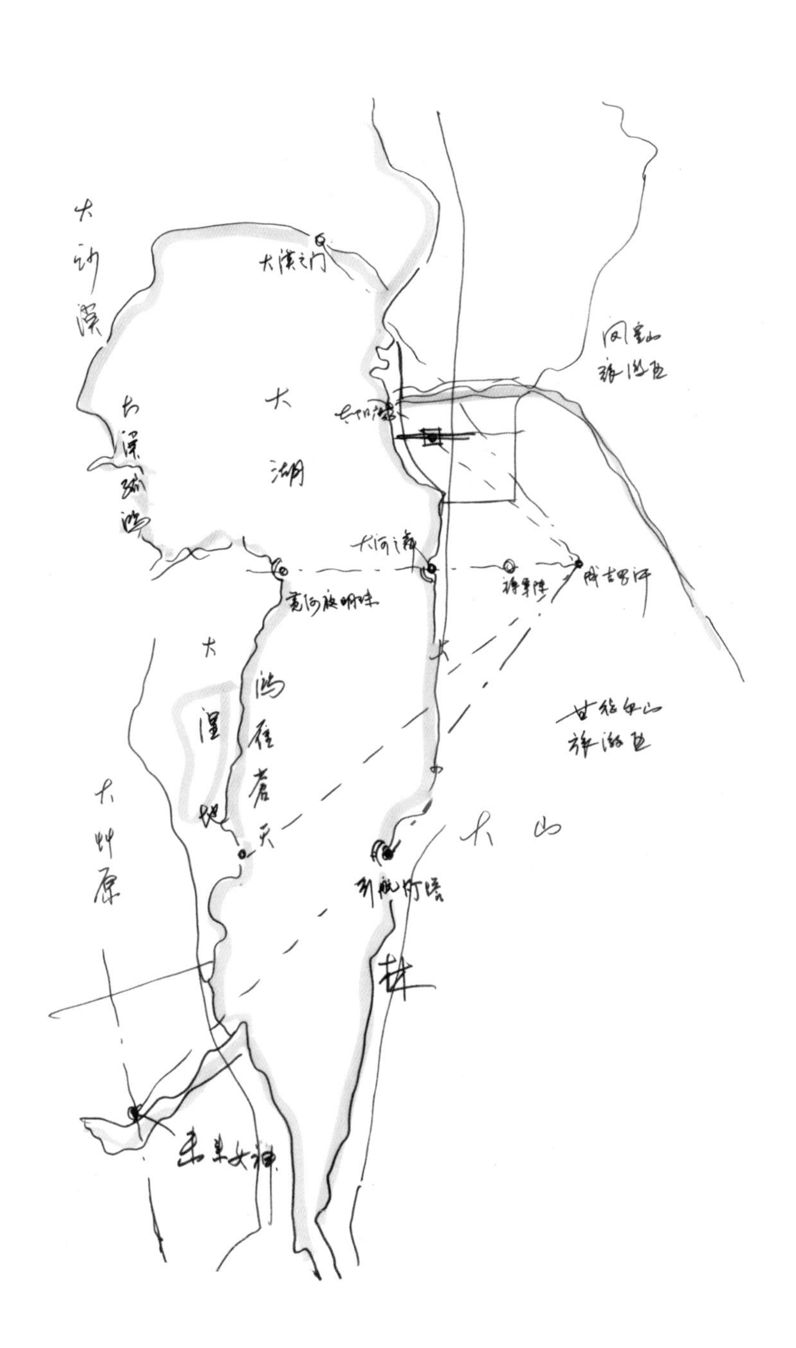
大
湖
大山
林

→ 乌海滨河二期

↓ 滨湖公园

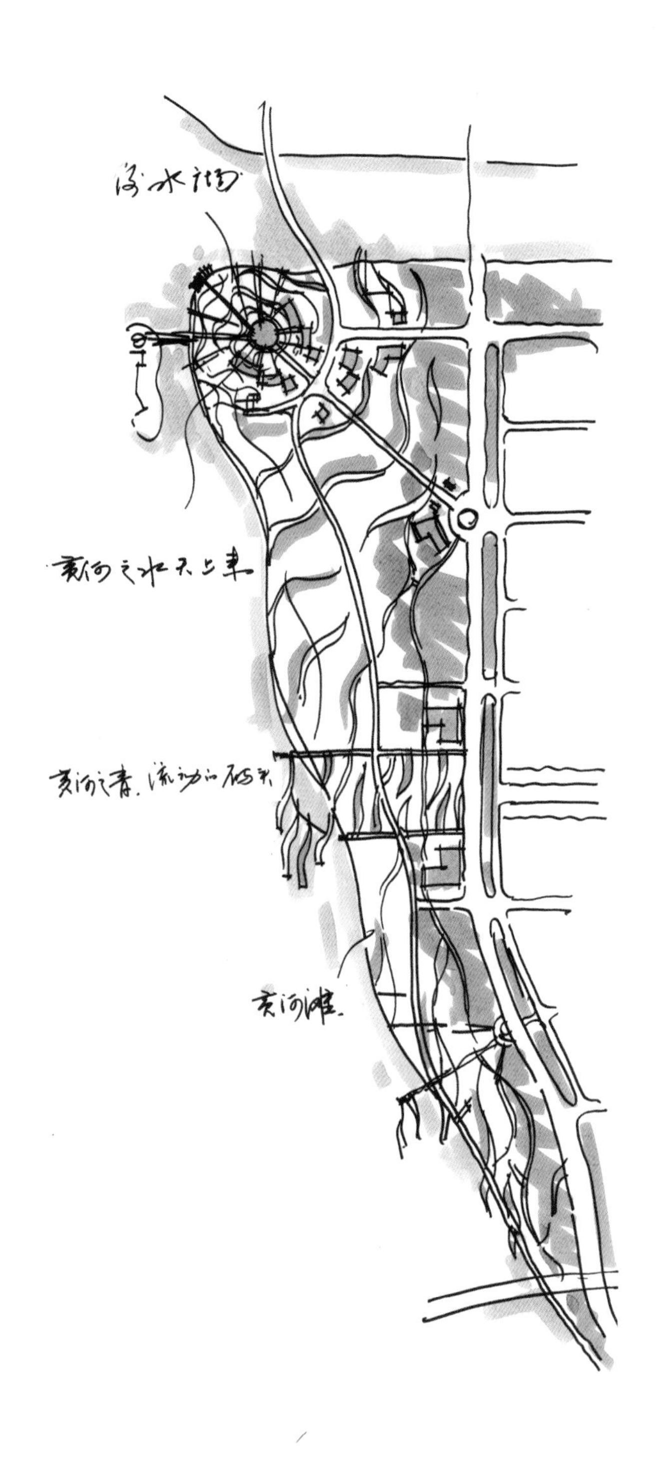

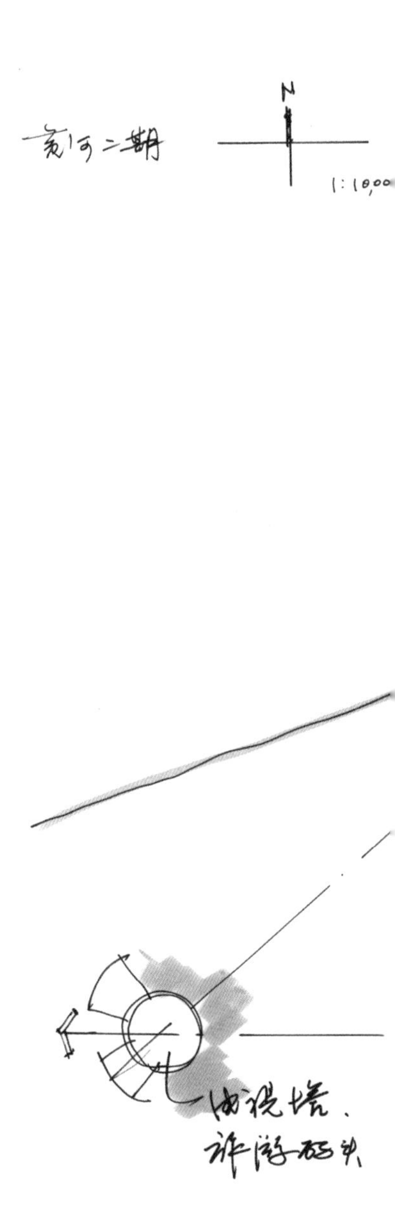

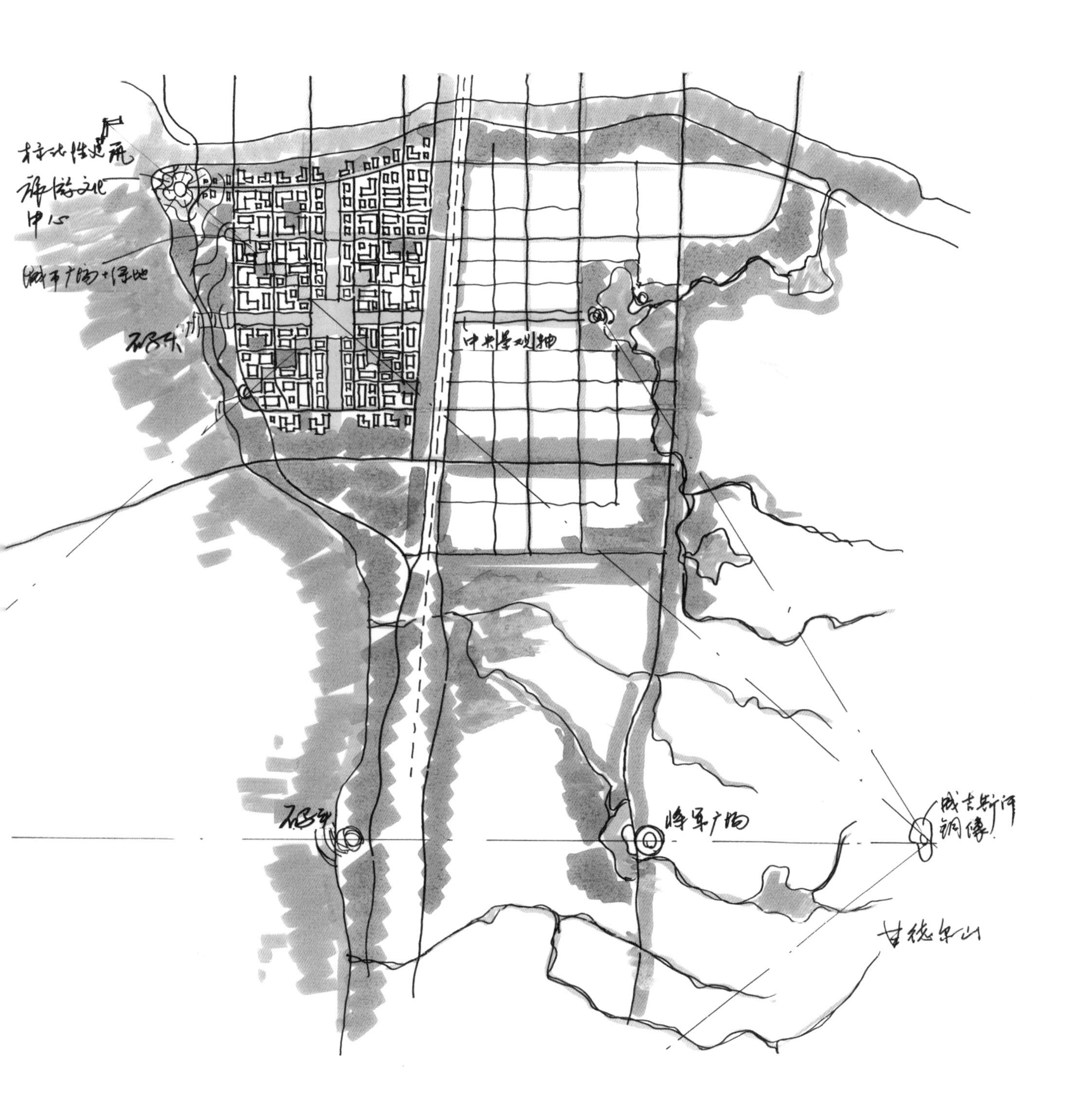
标志性建筑
旅游文化中心
城市广场+绿地
中央景观轴
成吉思汗铜像
甘德尔山

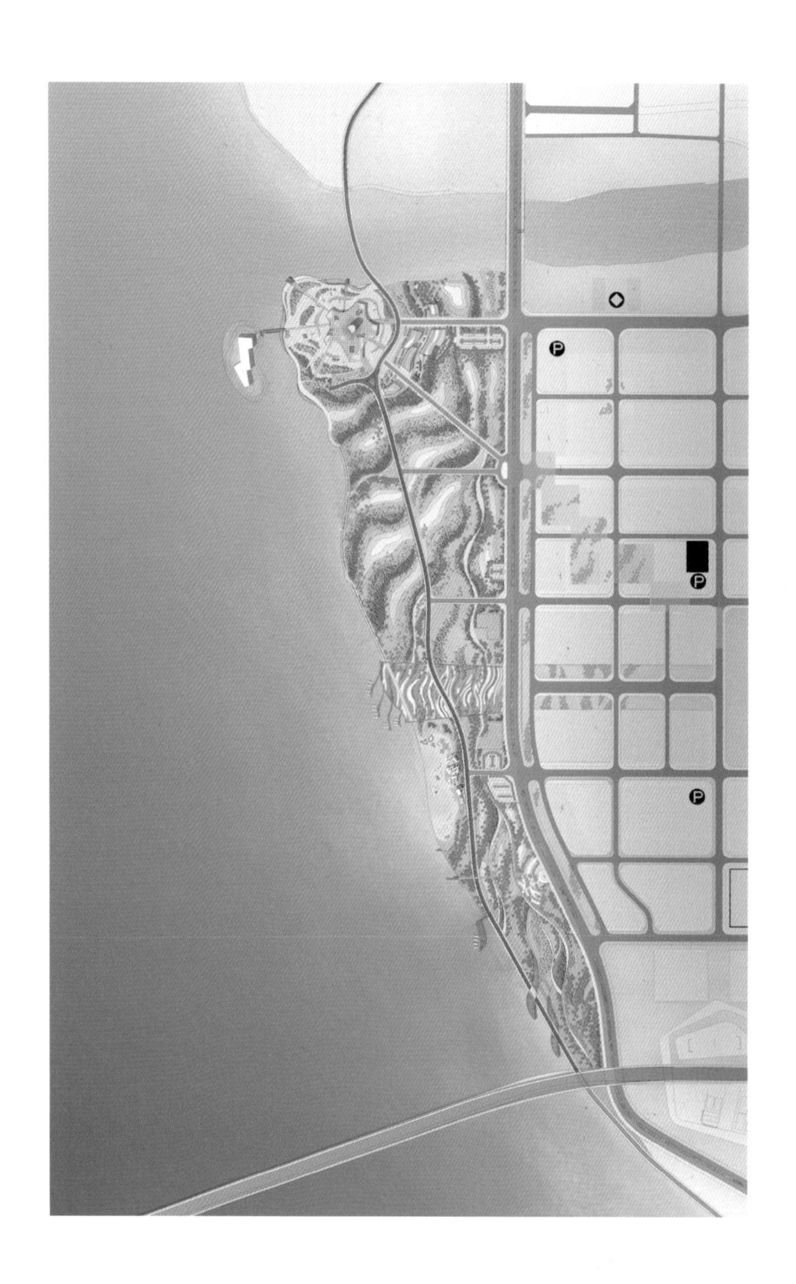

↑ 水之源广场鸟瞰

总体鸟瞰图

← 滨河二期平面图

水之源广场夜景

宁德东湖中央公园

项目位置：福建省宁德市
项目面积：330公顷
设计时间：2012年
委托单位：宁德市政府

设计理念

在总体规划上，设计了两条轴线。一条是宁德市的记忆轴线，由三都澳至南际山，记录着宁德建市之初，渔民出海归来的欢愉景象。另一条是视线的通廊，连接公园内的大门山及周边最高的金蛇山。

在公园湖心部位，我们设计了激光喷泉，可以进行水秀表演。

水秀东北侧的河流淤积区，我们整理出了“东湖天地”商业区，使它服务于东湖及周边居住区，并且可以观看水秀表演。

围绕整个东湖公园我们分别设计了一条环形电瓶车道及一条自行车道，半岛之间以桥相连，凸显当地桥文化特色。同时，我们将游船引入湖中，开辟出新的游园途径。

大门山是设计的重点，我们将其设计成一座充满休闲情调的山体。主要包括运动公园、婚庆广场、特色酒吧街、人工沙滩等区域。

→ 公园周边大系统

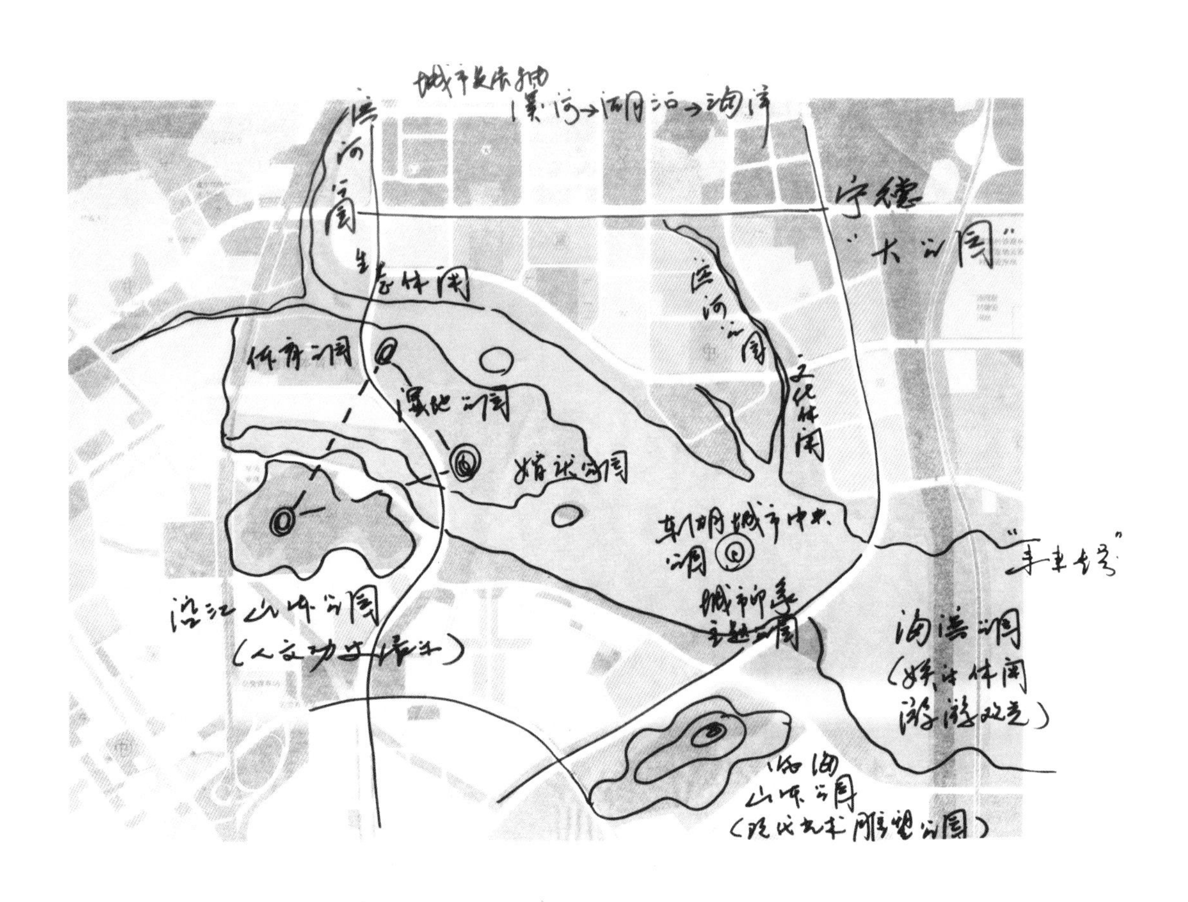
城市发展轴
溪河→湖泊→海洋
滨河公园
宁德
"大公园"
生态休闲
体育公园
湿地公园
娱乐公园
滨河公园
文化休闲
东湖城市中央公园
城市节庆主题公园
海滨公园
(娱乐休闲
游憩观光)
沿江山体公园
临海山体公园
(现代艺术雕塑公园)

→ 总平面图

↓ 中心区关系图

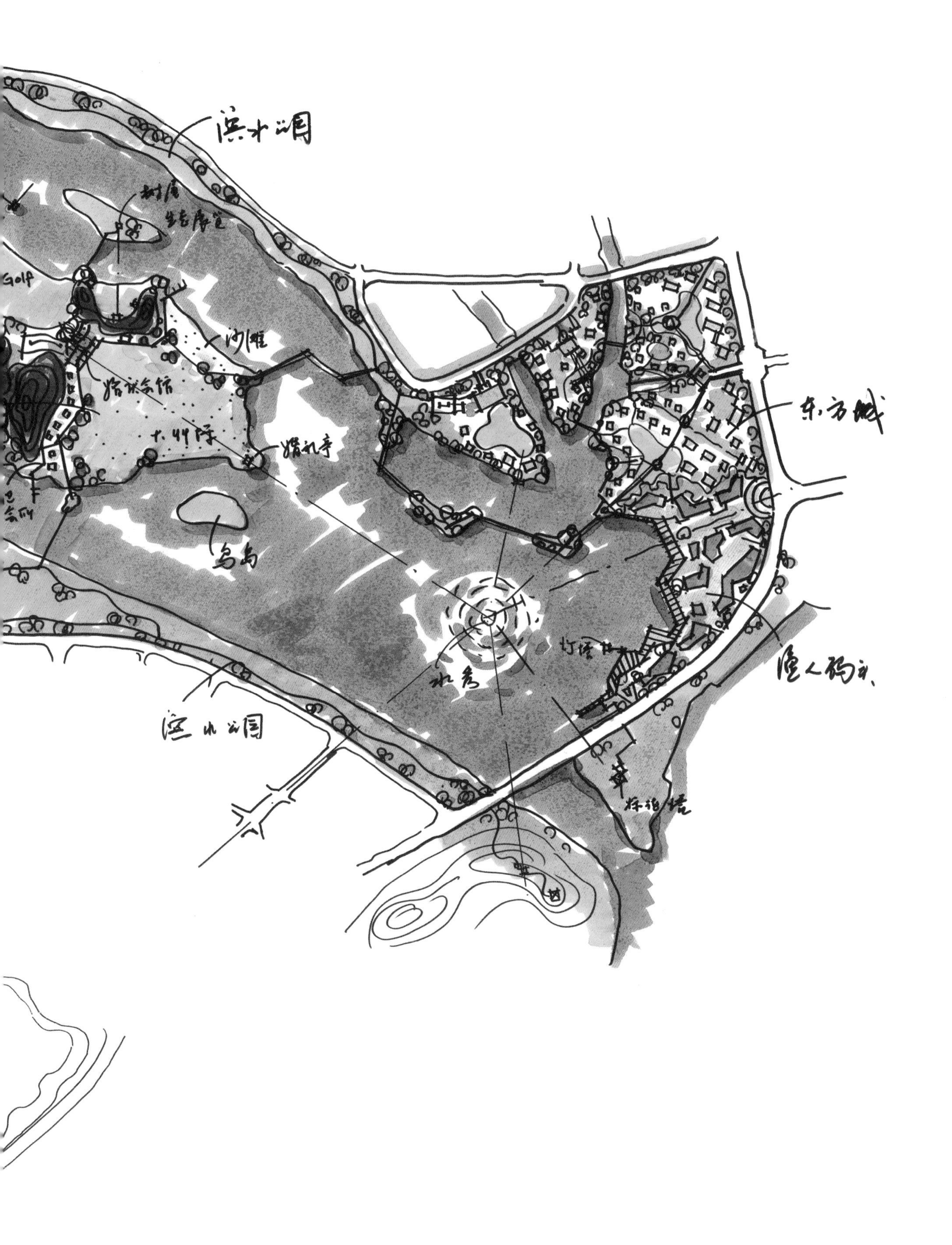
滨水公园
Golf
沙滩
东方城
水秀
渔人码头
滨水公园

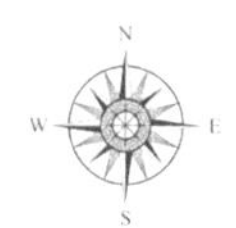

1.主入口
2.生态湿地公园
3.观鸟亭
4.生态鸟岛及木屋
5.滨水公园
6.儿童观鸟科普
7.沙滩休闲空间
8.停车场
9.婚礼会馆
10.特色酒吧街
11.婚礼草坪
12.婚礼亭
13.码头
14.特色手工廊桥
15.隔噪草坡
16.水上栈道
17.三都澳迎宾馆
18.水秀
19.东方城
20.中央绿地
21.东湖天地
22.灯塔
23.主题标志塔
24.山体酒吧
25.球类运动中心
26.休闲林地
27.山体修复主题公园
28.红色会馆
29.观景平台
30.露营地
31.森林大道

↑ 宁德东湖公园综合体总平面

→ 中心区

休息亭
芦苇岛
中心草坪
湖
湿地保护带
入口广场
芦苇岛
N
1:2000

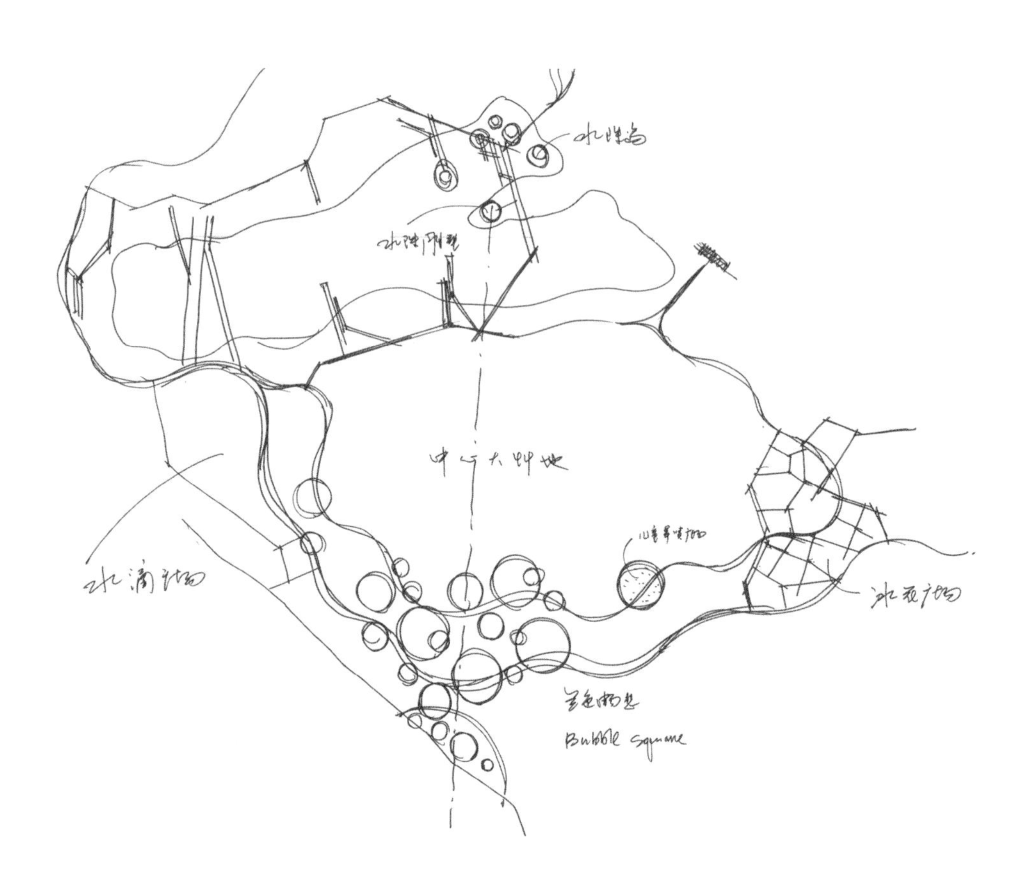
中心大草地
Bubble square

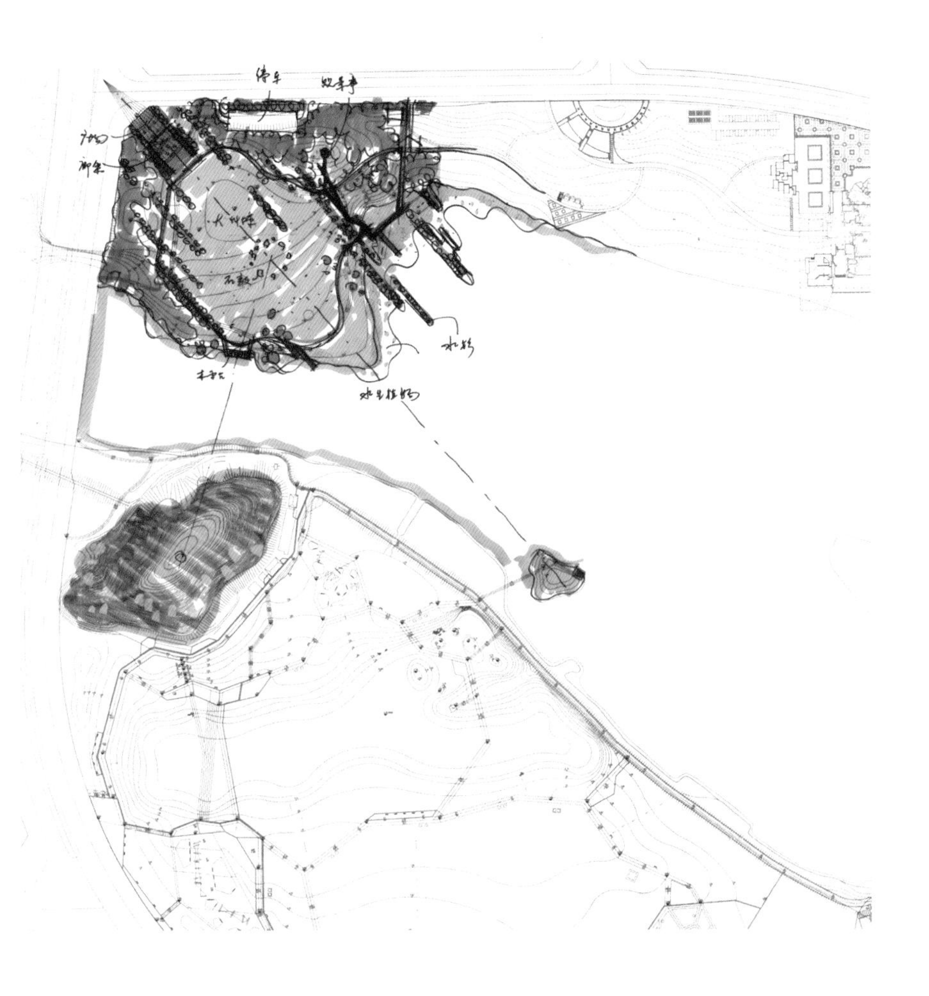

← 中心大草坪

↑ 北入口

→ 人鸟共享休息亭

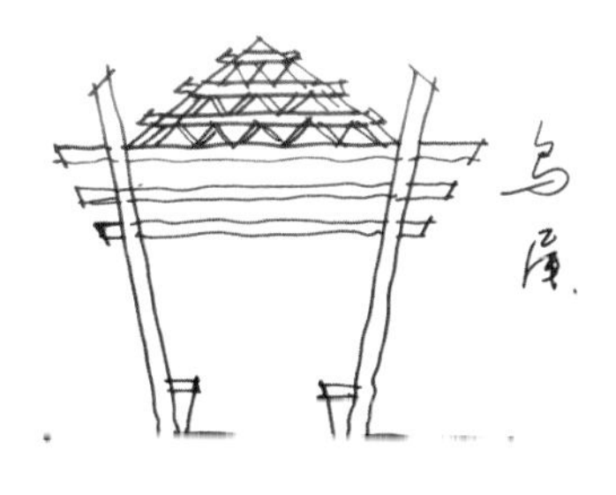

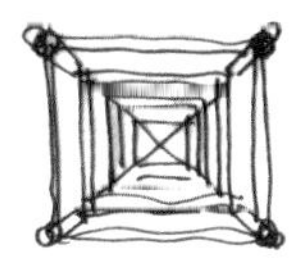

山东孝福湖公园

项目位置：山东淄博
项目面积：380公顷
设计时间：2013年
委托单位：淄博市生态水系建设指挥部

设计理念

孝福湖公园规划区位于山东省淄博市张店区西南，西临滨莱高速，东至北京路，北起新村西路，南界为规划马南路延长段。距离规划市级中心区不到1公里，紧邻市级中心区绿地系统。现状建成区较少，孝妇河及范阳河天然水系为整个公园的规划和建设提供了较好的景观资源。

孝福湖公园设计以保护生态环境为宗旨，以创造自然野趣的生态休闲娱乐空间和科考教育基地为主要目标，利用现有的基础设施，通过整体规划分步建设，依循可持续发展环境的设计原则，改善整个公园的生态系统、完善旅游服务和科研教育设施。

孝福湖公园以生态开放空间为主体，是大型的郊外自然公园。大量的林地，各种类型的湿地，小面积的开放性草地和小尺度、低密度、生态设计的园区设施决定了公园景观的风格。这里将成为鸟类的天堂、湿地的天然展场、人们亲近自然学习自然的最佳场所，并能够提供各种休闲娱乐和科研教育的场所和机会。

孝福湖公园景观设计分为人工湿地区、中心旅游区、坝下公园三部分。根据各自的特点，承载不同的功能。人工湿地区主要以自然湿地景观、观光农业景观为主，为游客提供观光、探索、学习的自然环境，通过感受湿地、观光农业的自然风光，感受环境的同时提升环保意识。中心旅游区包含了商业、游乐、观光和休闲度假的功能，是一个综合体，带给游客全面的服务与体验，丰富了整个公园的功能，从而也带动了此地块的经济。坝下公园则更突出静谧休闲的养生主题，为游人提供一个远离尘嚣的安逸舒适的养生环境。整个景观结合各种地景、水景、湿地景观、植物景观和禽鸟观景，展现孝福湖公园四季丰富的生命景象。

整个公园的设计遵循“系统保护、合理利用和协调建设”相结合的原则，在保护和改善孝福湖湿地生态系统的完整性和环境效益的同时，合理利用现有资源，充分发挥经济、社会和人文效益。

由于孝福湖是一个由南向北的三个湖区组成，三个湖被城市公路和铁路分割，设计利用挖湖堆成一个南北贯通的岛链，将三个湖链接起来，形成一个最具旅游观赏价值的湖中景观长廊，岛上遍植桃花、樱花，构筑一条春江花月的景象。

→ 孝福湖方案总平面图

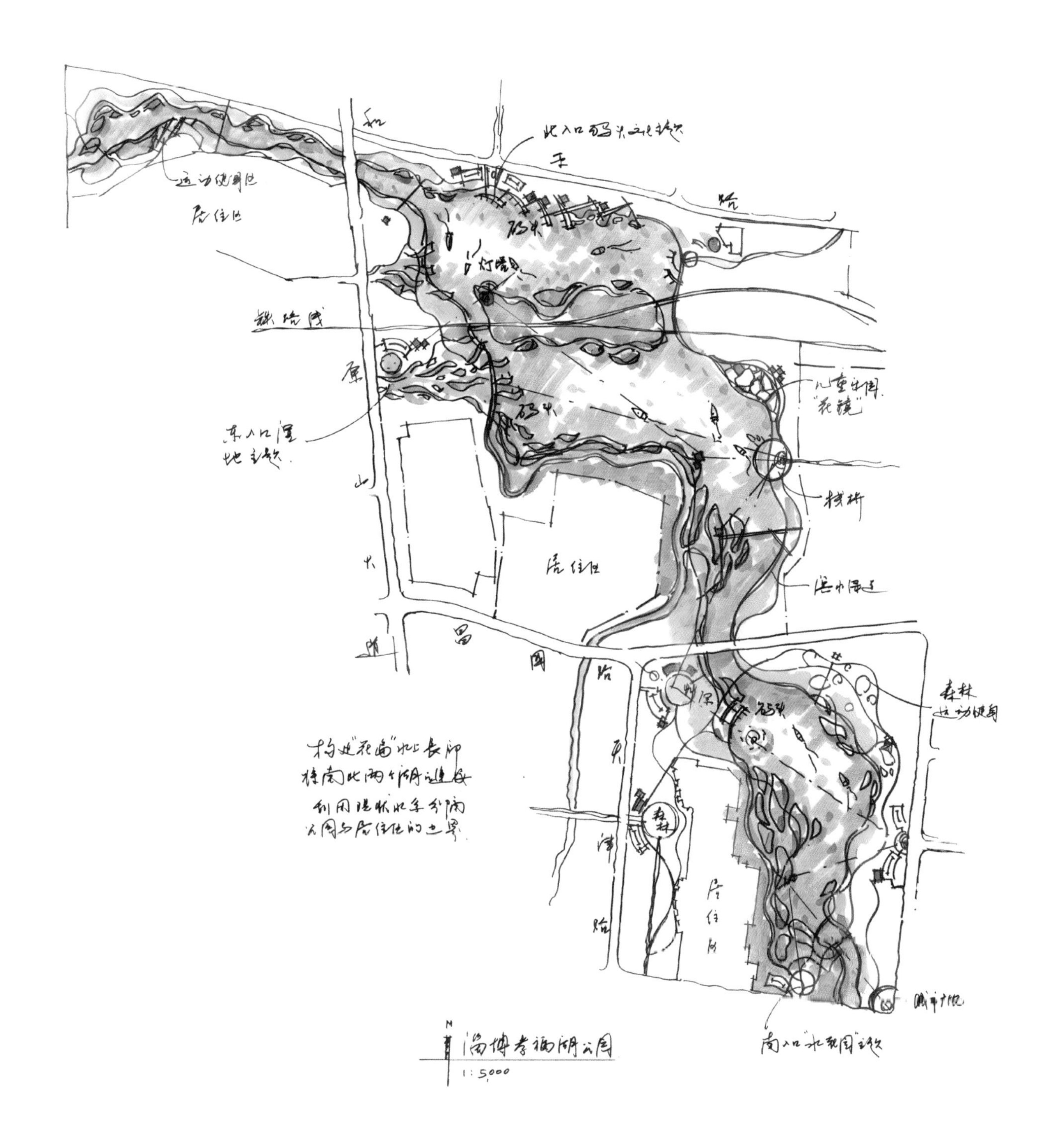
和
平
路
运动健身区
居住区
码头
灯塔
铁路线
原
山
大
街
东入口湿地主入口
儿童乐园
"花镜"
栈桥
居住区
昌
国
路
码头
森林
运动健身园
森林
东
津
路
居
住
区
南入口水景园主入口
构建"花廊"水上长卷
接南北两个湖之连接
利用湿地水系分隔
公园与居住区的边界
N
淄博孝福湖公园
1:5,000

孝福湖景观平面图

山东潍坊滨海行政中心

项目位置：山东潍坊
项目面积：13.15公顷
设计时间：2013年
委托单位：山东潍坊滨海经济开发区规划局

设计理念

项目地处山东省潍坊市滨海经济开发区中央商务区的核心区域，临近北海路、白浪河，地理位置和自然资源比较优越。距离白浪河约530米。场地北侧为行政中心大楼、露天剧场，南侧为中央公园，使其功能定位更为重要，既要满足行政办公的便利，又需提供市民舒适、人性的休闲空间，较为开阔的硬质铺装为市民活动和商业活动提供场所，所以此项目从区位及功能划分中，更趋向城市中央商务广场的设计。

新区政务广场：定位为展示区域形象，为市民聚会、休闲、交流的中心广场，城市门户形象。设计概念继承了白浪河的历史、现在、未来的时间长廊，此处是潍坊走向世界，走向未来的窗口。

景观设计以地球经纬肌理为骨架，以隐喻世纪之光的“中央大客厅”为亮点，吸引人们使用城市客厅剧场，分享城市中心。在这里感受白浪河源远流长及中央公园的清新博大气势，体验滨海新区的热情与关怀。

→ 经纬

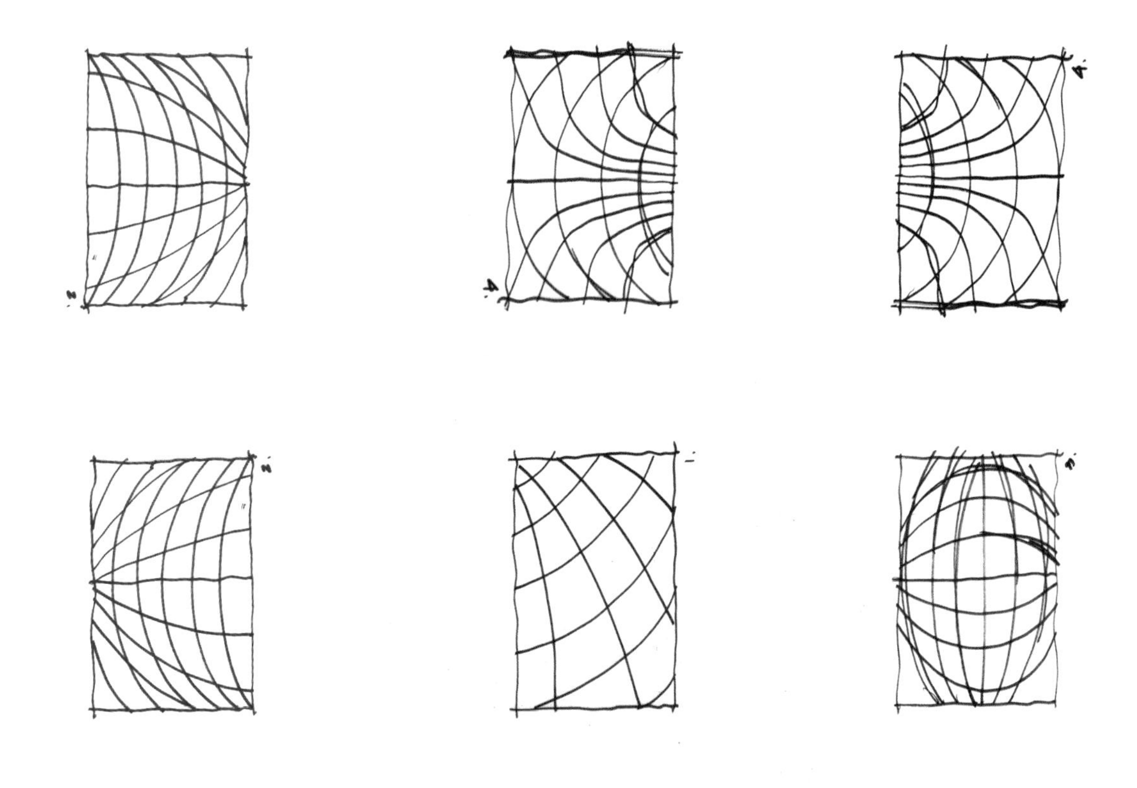

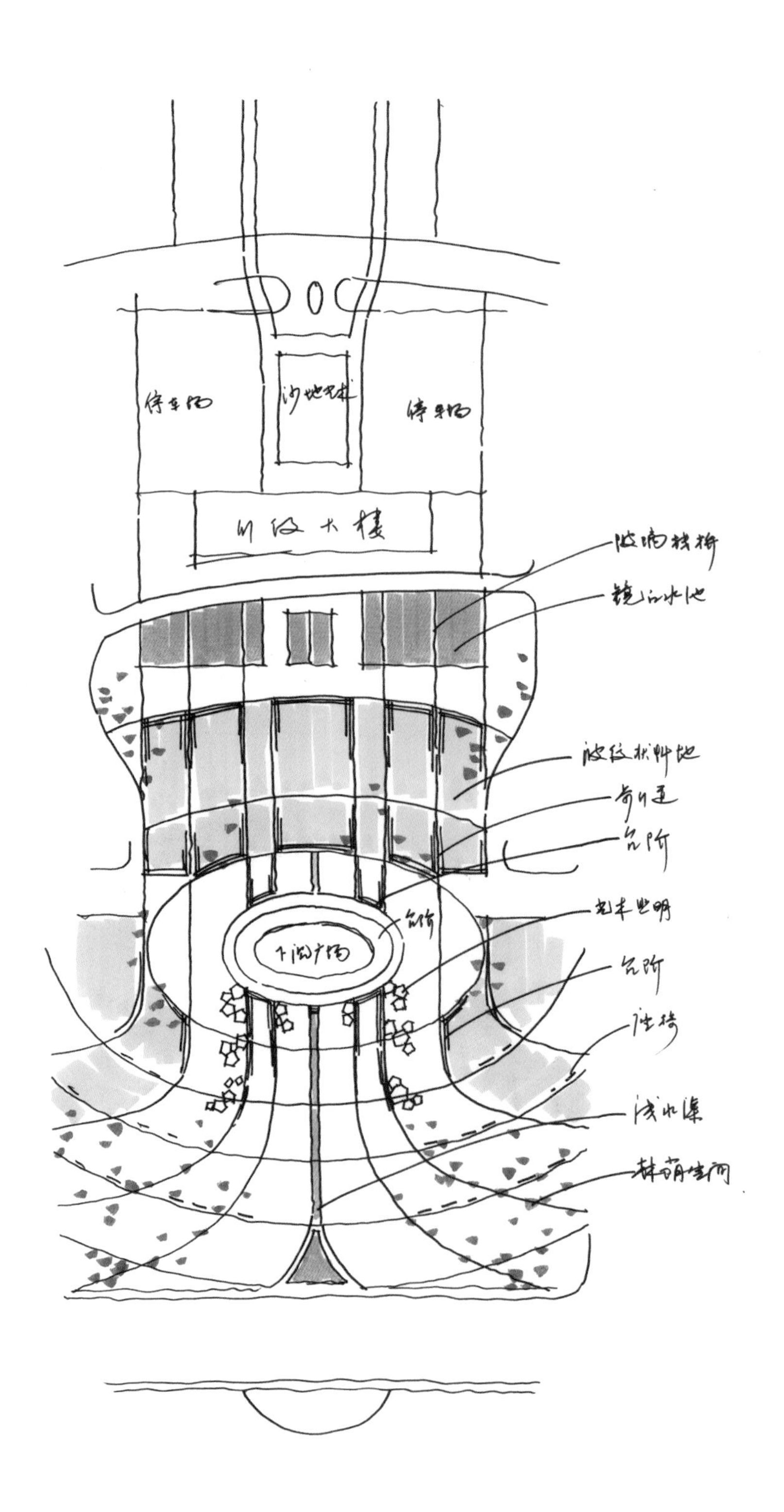

↑ 潍坊未来广场

→ 未来大厦及其周边地块

商务办公
务办公
商务办公
20F/80m
4F/24m
N
0 5 10 20 40 80m

↑ ↗ 鸟瞰图

→ 广场夜景效果图

孝感中央公园

项目位置：湖北省孝感市
项目面积：60公顷
设计时间：2012年6月
委托单位：孝感市临空经济区管委会

↑ 概念图
→ 第二轮草图

设计理念

“流动的星河”

立足孝感临空经济区悠久的历史文化，面向城市充满活力的未来，通过岸线的重塑，功能空间的组织以及城市特色景观的打造，重现白水湖畔“日有千人拱手、夜有万盏明灯”的繁华景象。

西岸“沉积岩”形式的岸线贯穿场地，在解决河岸高差的同时，形成流畅而丰富的景观边界。“星座岛”的设计，新颖而别致，成为场地中另一个独具特色的景观元素。

东岸的自然湿地的岸线贯穿南北，尽可能多地保留原生植被和地形的自然生态特色，与对岸的“沉淀岩”城市岸线形成强烈的对比，给岸边居住的人们带来一个安静优雅的滨水公园。

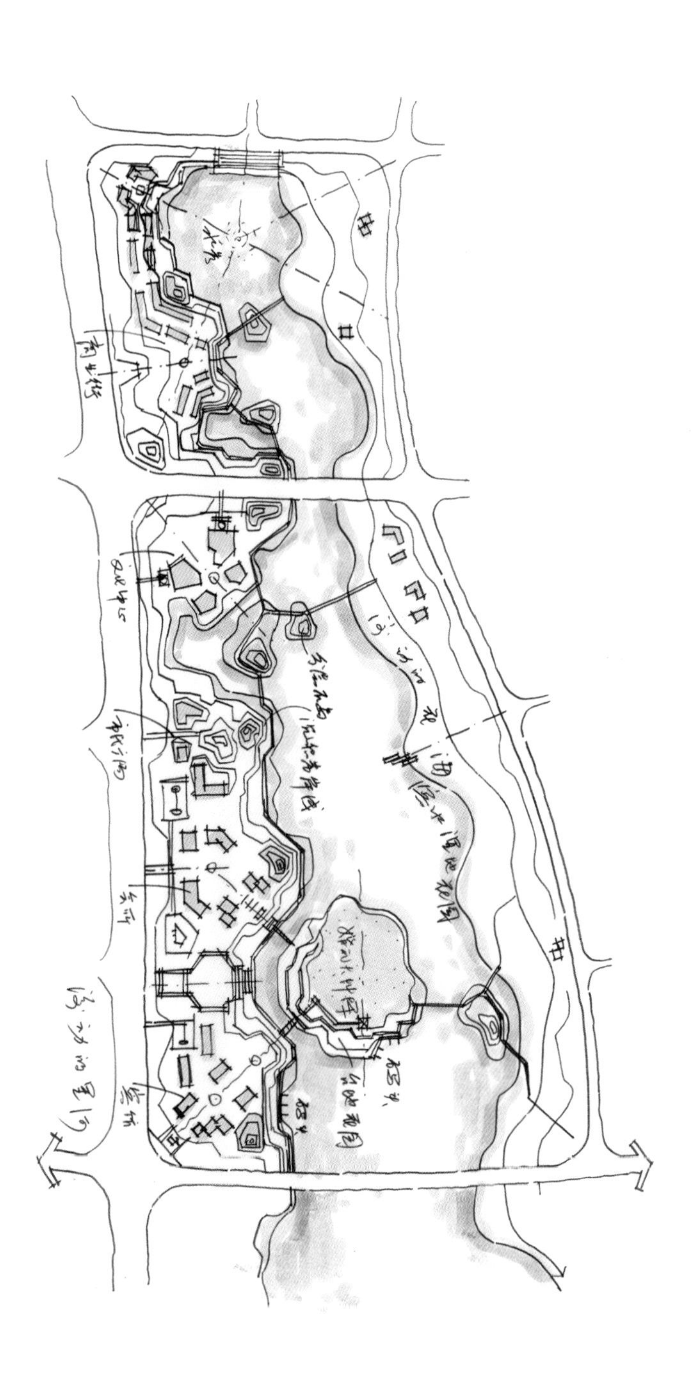

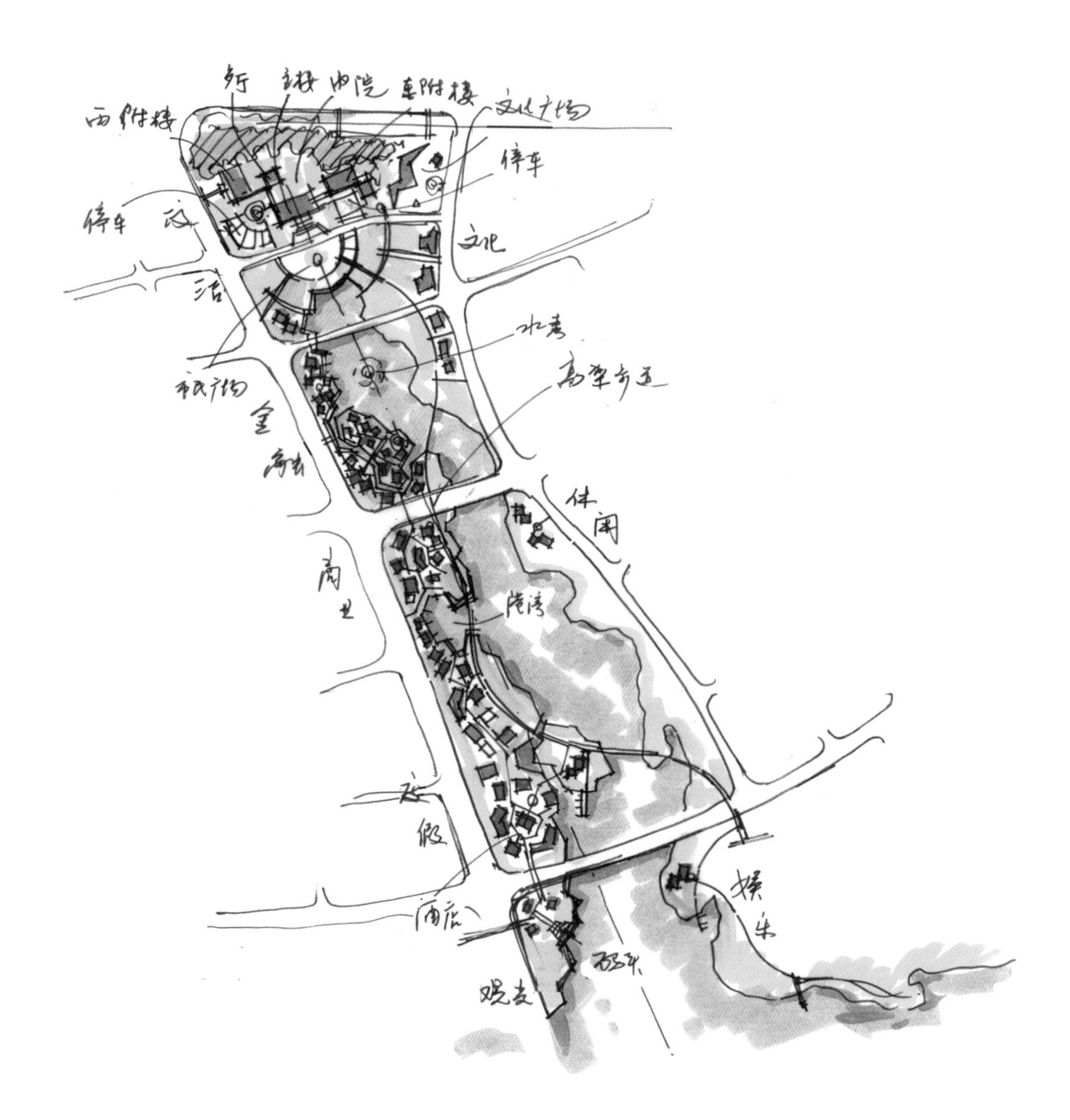

主楼
中院
东附楼
文化广场
西附楼
停车
停车
文化
水景
高架步道
市民广场
金融
休闲
港湾
商业
度假
酒店
娱乐
码头
观景

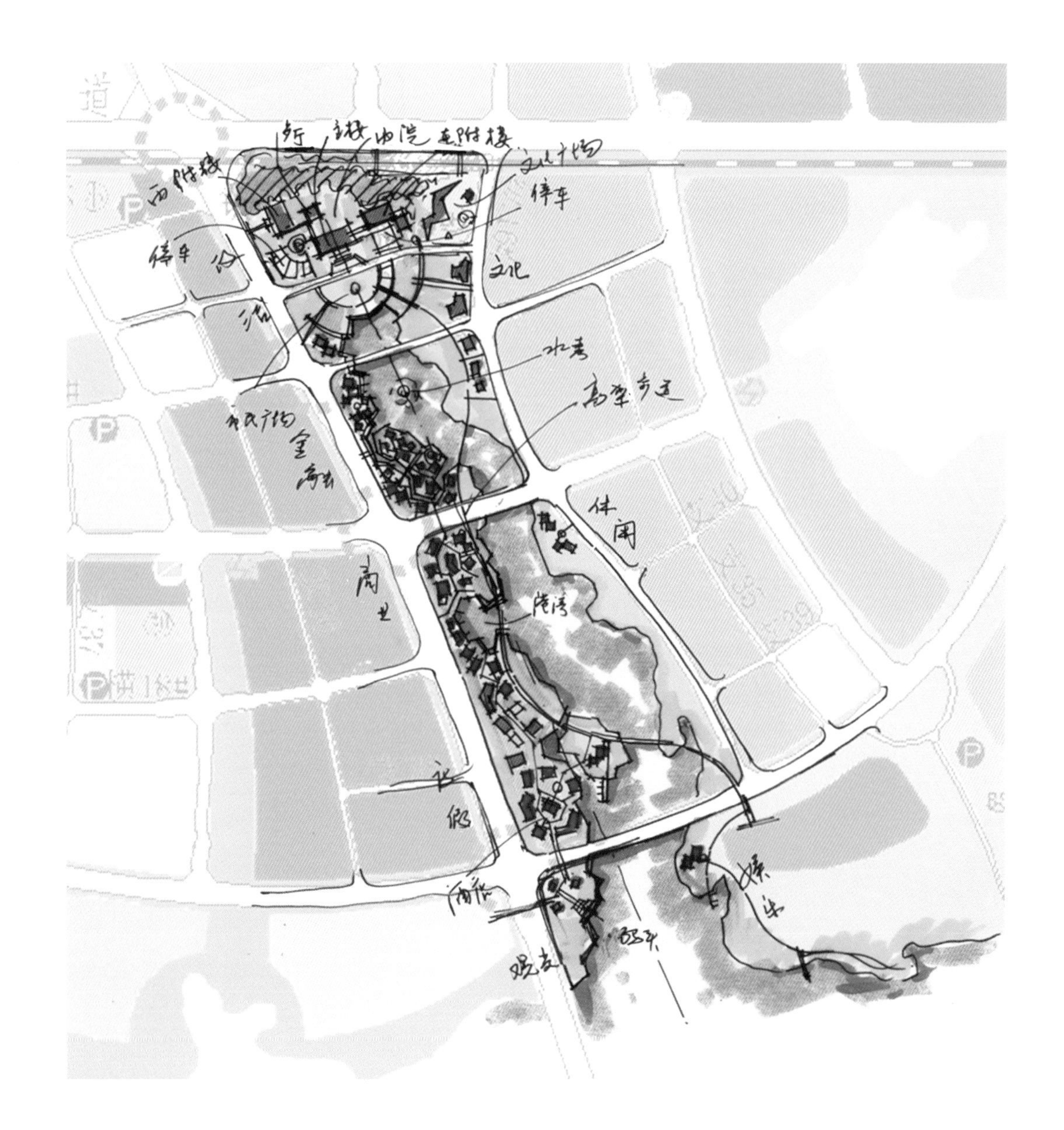

↑ 方案合图

← 第一轮草图

→ 后期总平面图

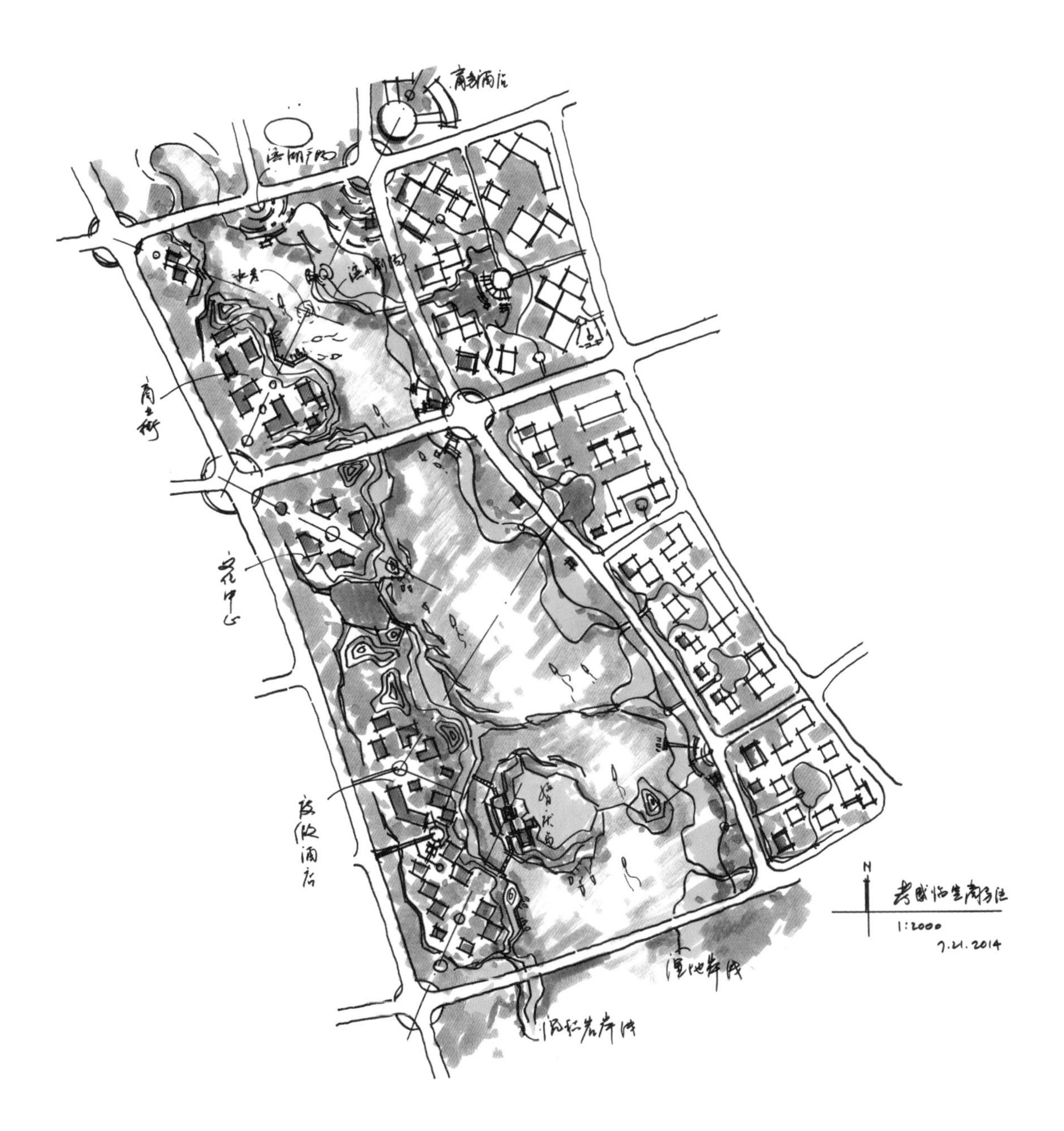
商务酒店
滨湖广场
滨水剧场
水景
商业街
文化中心
度假酒店
湿地岸线
N
1:2000
7.21.2014

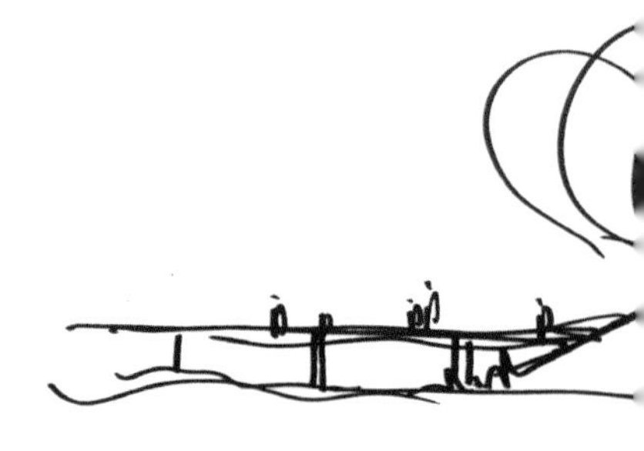

栈桥

广场

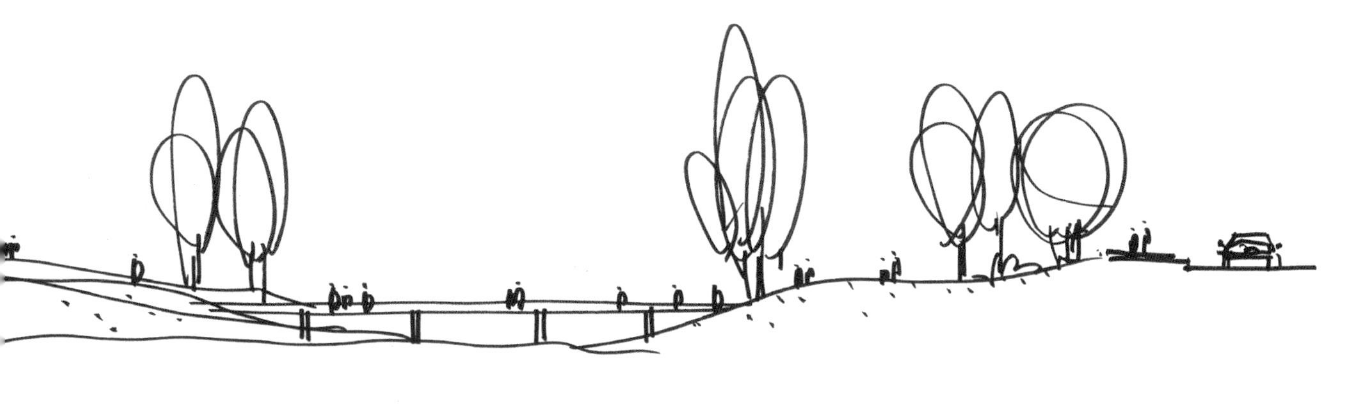
岛
栈桥
行人、市政道路

注意空间疏密关系
滨水设计的对比关系
平直的水岸与起伏的地形
台地花园
婚礼堂
草地
草坡入水
湖岸。

兴山昭君文化园

项目位置：湖北省兴山县
项目面积：40公顷
设计时间：2013年
委托单位：湖北兴发集团有限公司

设计理念

湖北兴山县具有悠久的历史，民俗旅游资源较为丰富。首先，非物质文化遗产较多，其中四项为国家级非物质文化遗产，分别为兴山民歌、兴山蒿草锣鼓、兴山围鼓等还有多项省级与市级的非物质文化遗产。其次，节庆旅游资源丰富，昭君文化节、山歌会、青年艺术节等民间节庆活动多样。兴山民俗丰富，样式多样，代代相传；昭君村地处兴山民俗文化的发源核心，天时地利人和。

昭君村地处兴山县古夫镇以南，位于古夫镇去往南阳与神农架风景区的必经之路上，周边旅游资源丰富，风景秀丽，昭君村紧邻209国道，具有得天独厚的便利交通。游客可从神农架及三峡等国家级旅游目的地直达昭君村。

昭君文化园改造共分为五大片区分别为，成长历程片区、民俗体验片区、丽人回眸片区、水岸花田片区及滨水综合服务片区。几大片区相互关联又各自强调主题不同，成长历程片区以展示为主，民俗体验片区以民俗体验为主，丽人回眸以表演及服务为主，水岸花田为亲水漫步景观带，滨水综合服务区以对外综合服务，同时做为景区的入口具有管理与接待功能。

本设计主要依原有地势，进行改造，部分区域，例如河道等地进行人为修饰，使高差变化更加丰富多样，满足不同游客的观感，同时对部分原有裸露与不适宜建设的用地进行改造，以满足整个景区品质提升的需要。

我们将打造一个有乡土气息的新昭君村，成为湖北西部新的文化旅游（5A）景区，共同打造湖北独特的具有浓厚民族文化的古村镇！

→ 兴山昭君文化园

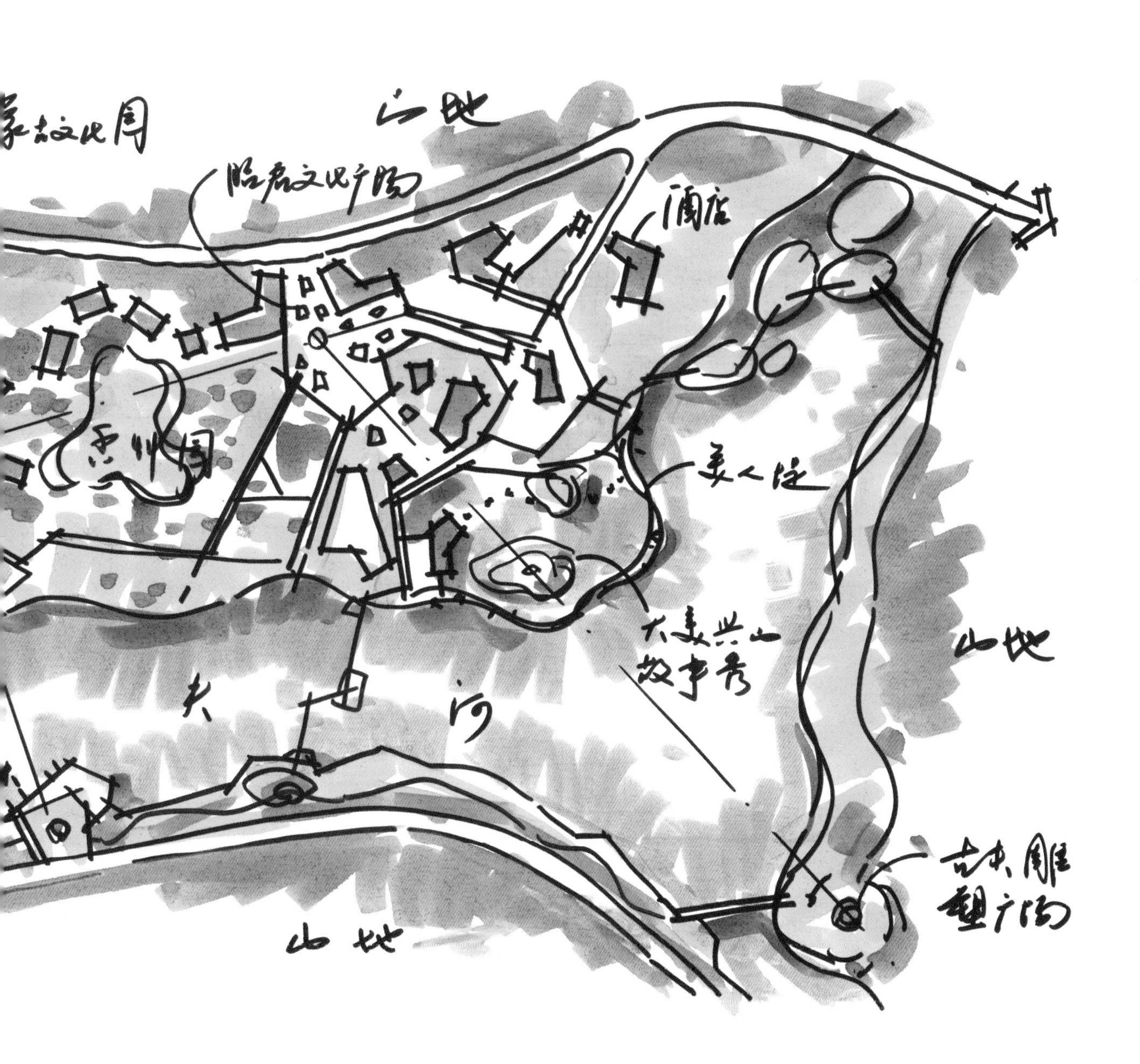

景故文化园
山地
昭君文化广场
酒店
美人径
大美兴山
故事秀
山地
大河
古典雕
塑广场
山地

↑ 滨河景观

← 文化园总平面图

雁栖湖高尔夫

项目位置：北京市怀柔区
项目面积：18洞
设计时间：2013年
委托单位：北京控股集团有限公司

设计理念

APEC雁栖湖高尔夫球场，设计与生态的完美融合。

2014年11月5日至11日的北京APEC会议主会场雁西湖景区集合了“会议核心岛、日出东方酒店、高尔夫球场与会所”三大核心项目，东方园林承接了APEC三大核心项目之一的高尔夫球场，包括球场和会所。也是东方园林继奥森公园后又一经典景观项目力作。

整体设计与景观呈现，体现了自然生态与建筑设计的完美和谐，共体现为8大设计亮点。

亮点1：水景丰富，以湖为主要景观，自然景观、森林景观与人文景观、建筑物的整体设计融合。

亮点2：注重实用与观赏体验，精心设计了从入口到会所、练习场、球道等动线，注重功能区分、线路组织、景观特色主题设计。

亮点3：现代感强烈的水上芙蓉花会所设计。贯彻建筑与景观相融合的东方园林理念，景观配合建筑设计，从色彩设计、空间布置、场景打造等多方面彰显欣欣向荣气质。

亮点4：融入美国Gary player公司高尔夫乡野风格，使每条球道都呈现大气且不同的景观。

亮点5：和谐生态，球场内水域设置了净化系统，所有球道雨水都不会直接流到湖里造成污染，而是通过净化处理后再回归自然。

亮点6：水生态保护细节处理，球场与水面连接处都做了实地处理，使湖水水质能够得到保障。

亮点7：东方园林摒弃传统小景观设计思路，采用纯粹朴实的生态大地整体景观设计，将桥梁、水系与景观进行整体设计，完美统一。

亮点8：放弃华而不实的外来植物，景观植物选用的当地物种，令当地自然景色与乡土风情得到最大的彰显。

→ 雁栖湖总平图

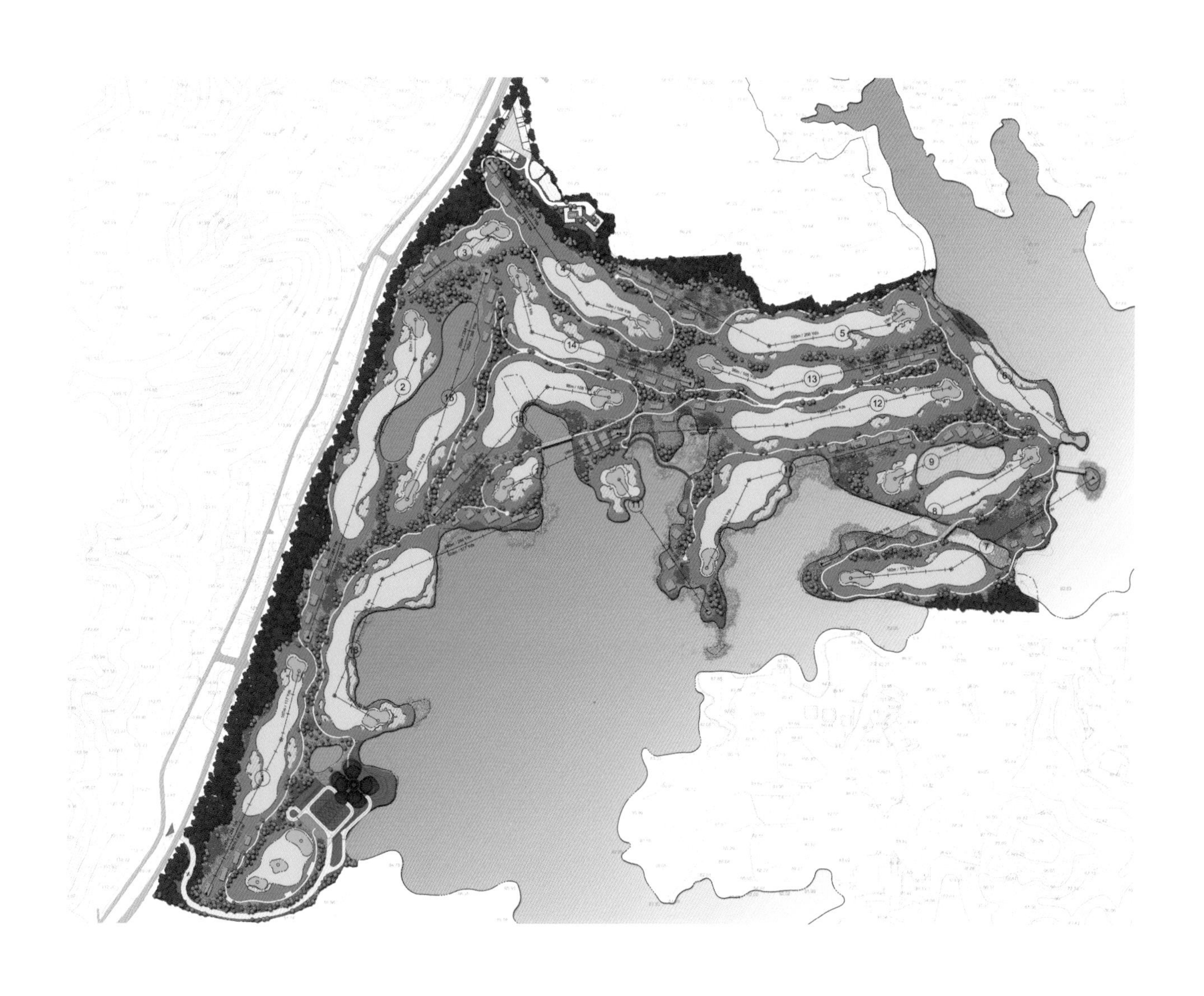

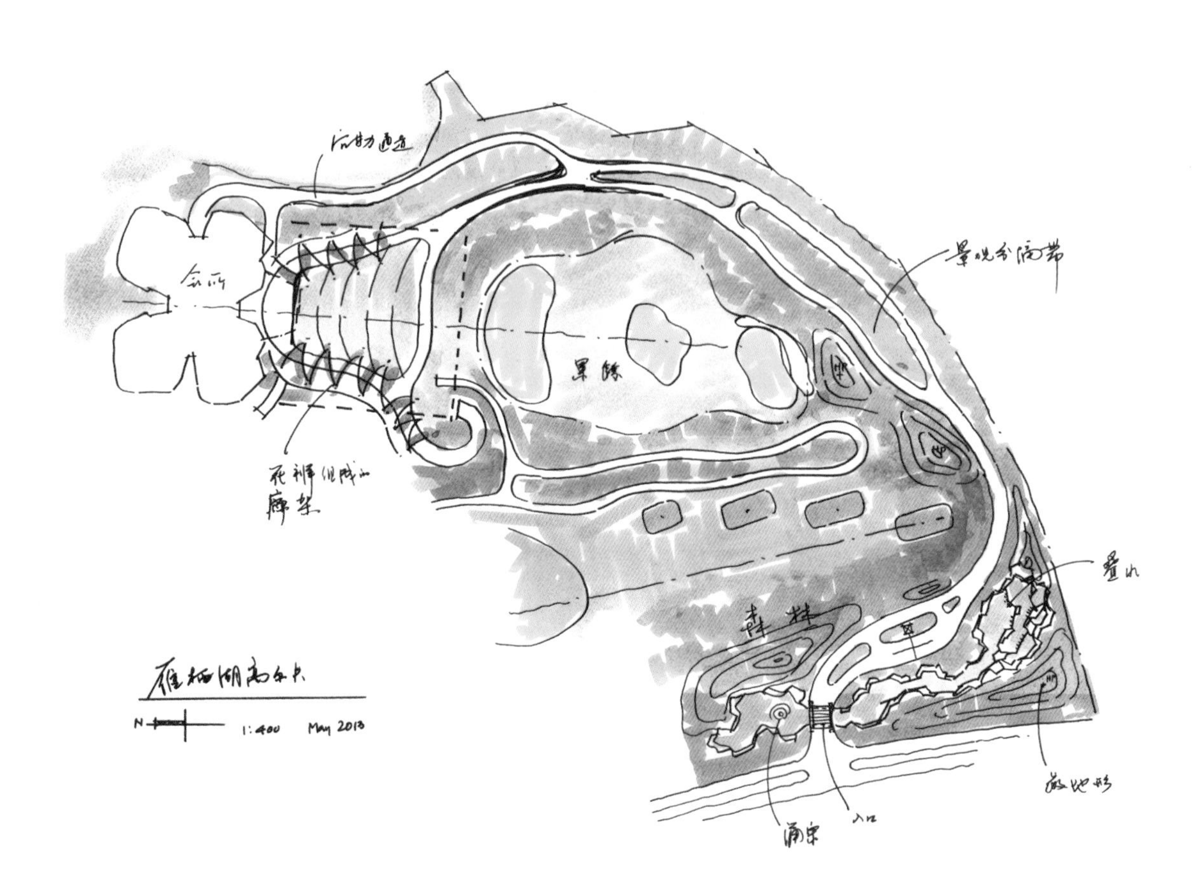

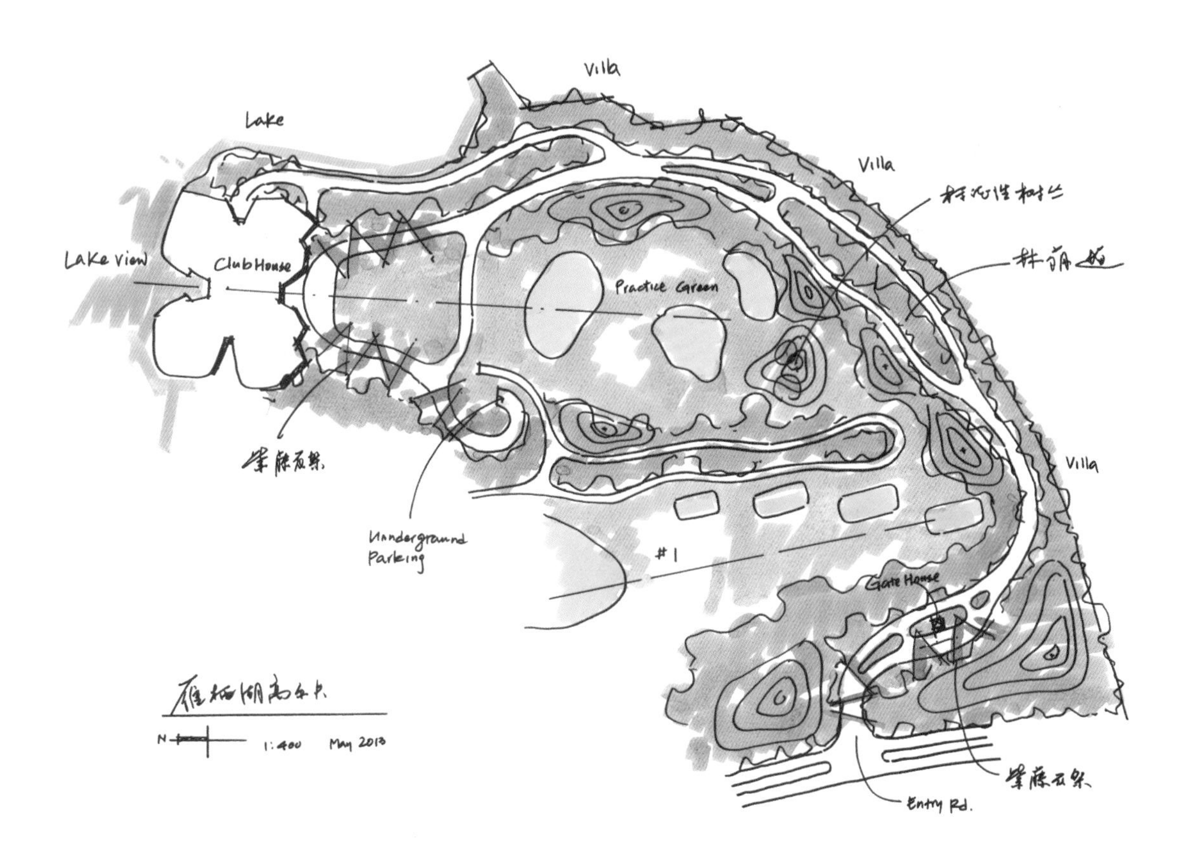
Villa
Lake
Villa
Lake view
Club House
Practice Green
林荫道
紫藤花架
Villa
Underground Parking
#1
Gate House
紫藤花架
Entry Rd.
雁栖湖高尔夫
N
1:400
May 2013

保留堤状大杨树

深色树林
远山

← 植物配置

↓ 球道实景图

神农广场及神农湖

项目位置：湖南省株洲市
项目面积：总面积67公顷；
水面14.5公顷；
景观工程52.5 公顷
设计时间：2010年8月
委托单位：神农城项目建设指挥部

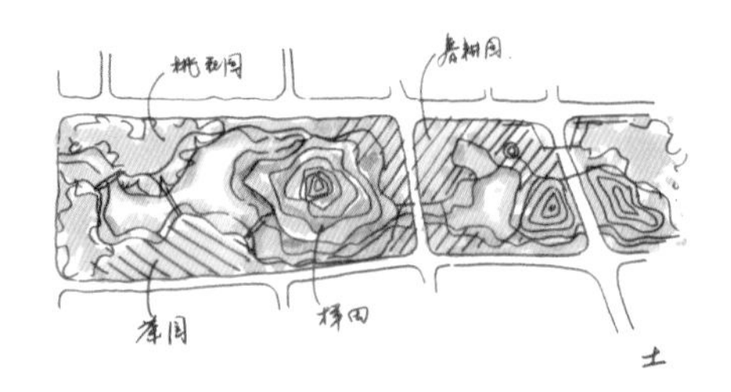

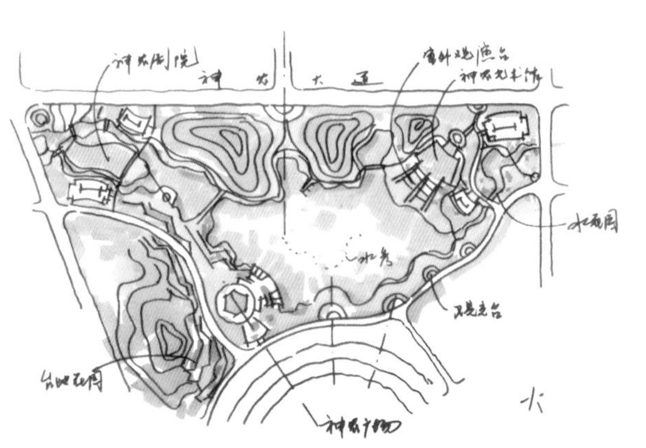

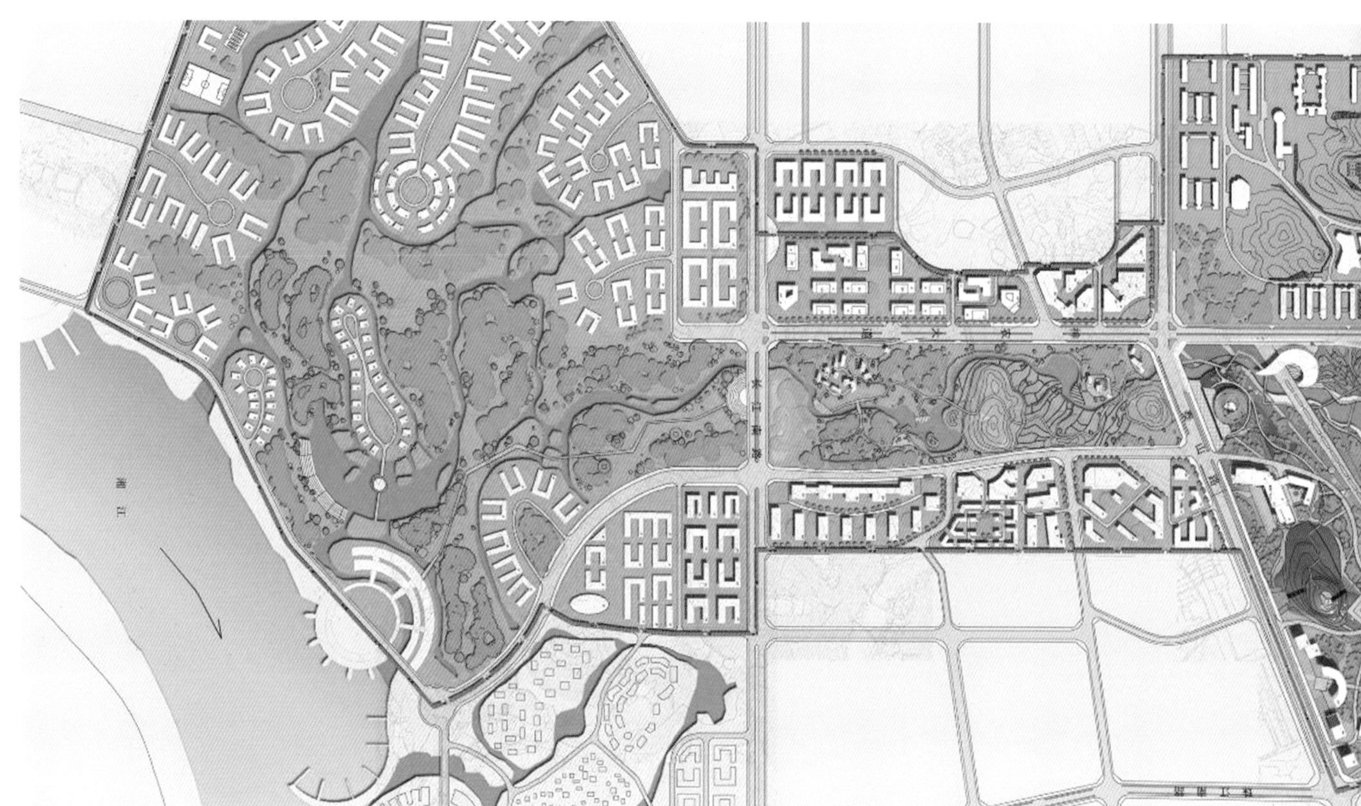

设计理念

神农广场是株洲跨江东西轴线与河西区南北生态廊道的交汇点。广场的树根的概念将现有神农雕像与周边的场地连接起来。围绕着神农雕像是一片抬高的地形和“森林”植被。广场中间旱喷供市民们与之互动。从广场到商业圈的几条廊道是分别以神农的五大功绩，如农耕、医药 、纺织、陶艺和集市等为主题进行布置。

神农湖以自然生态为核心理念，将自然山体与湖区通过台地连接，台地自然也成为观赏湖区水景的最佳场所。湖区北面是生态休闲带，起伏的地形环湖而筑，与东面的自然山体遥相呼应。东边的神农故里和神农博物馆以艺术、历史教育为主题。南部利用水流的高差设计了雨水花园，与穿过湖区西部的神农剧院形成对景。

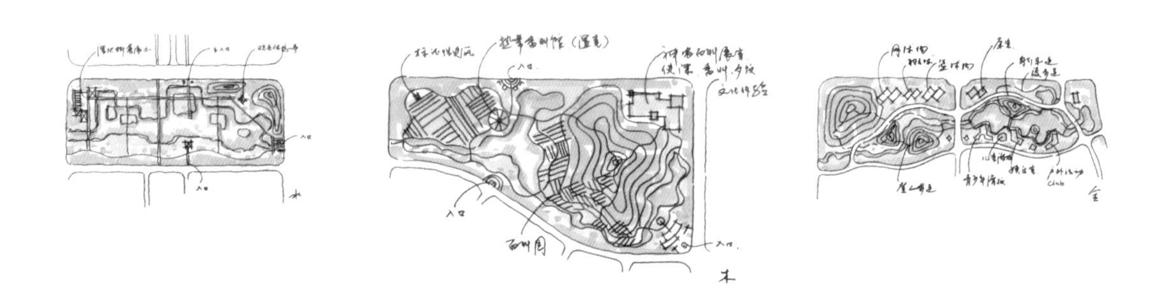

神农城景观轴五行组合

↑ 神农广场概念图-根

→ 神农广场总平面图

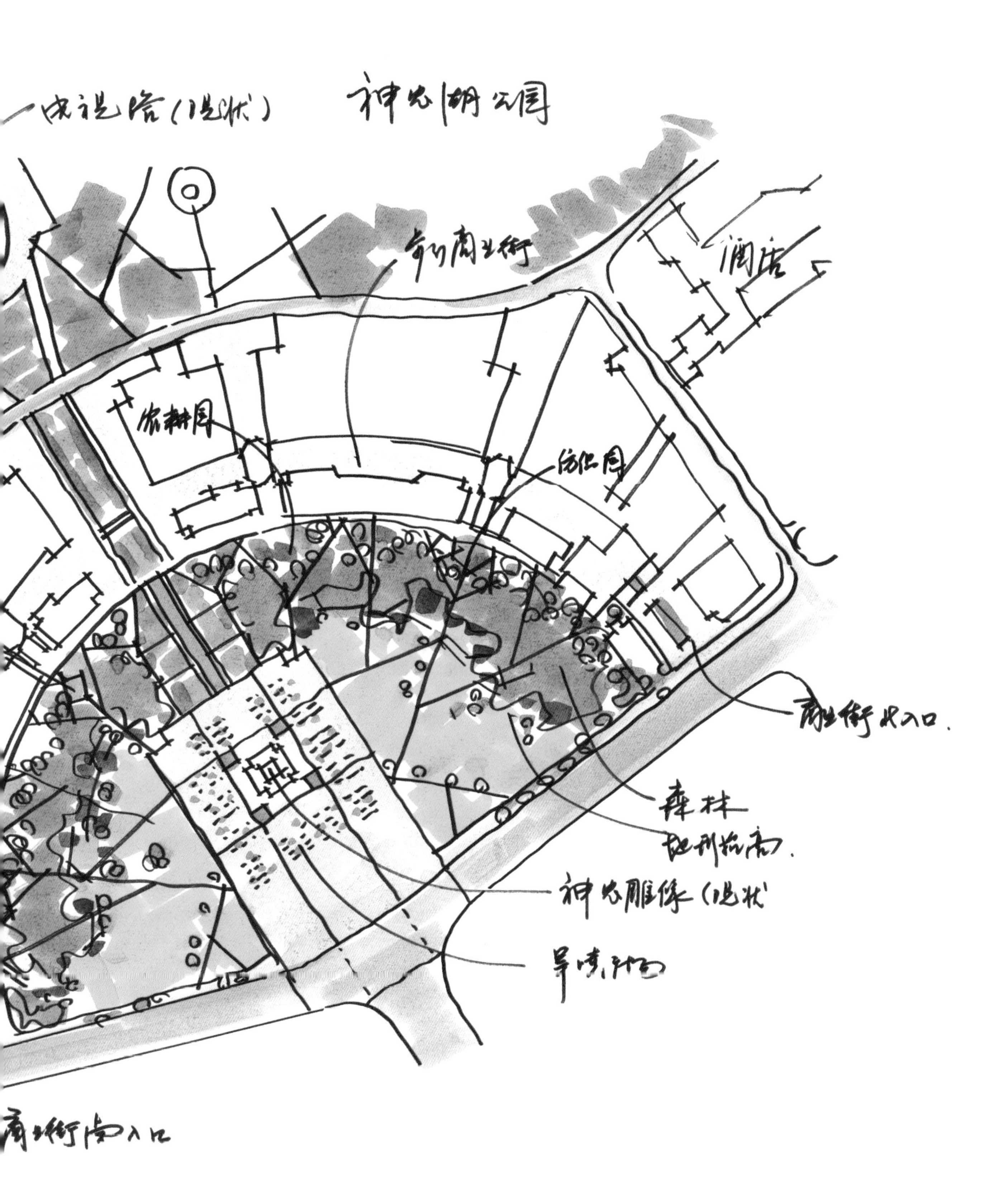
神农湖公园
步行商业街
酒店
农耕园
商业街北入口
森林
地形抬高
神农雕像(现状
商业街南入口

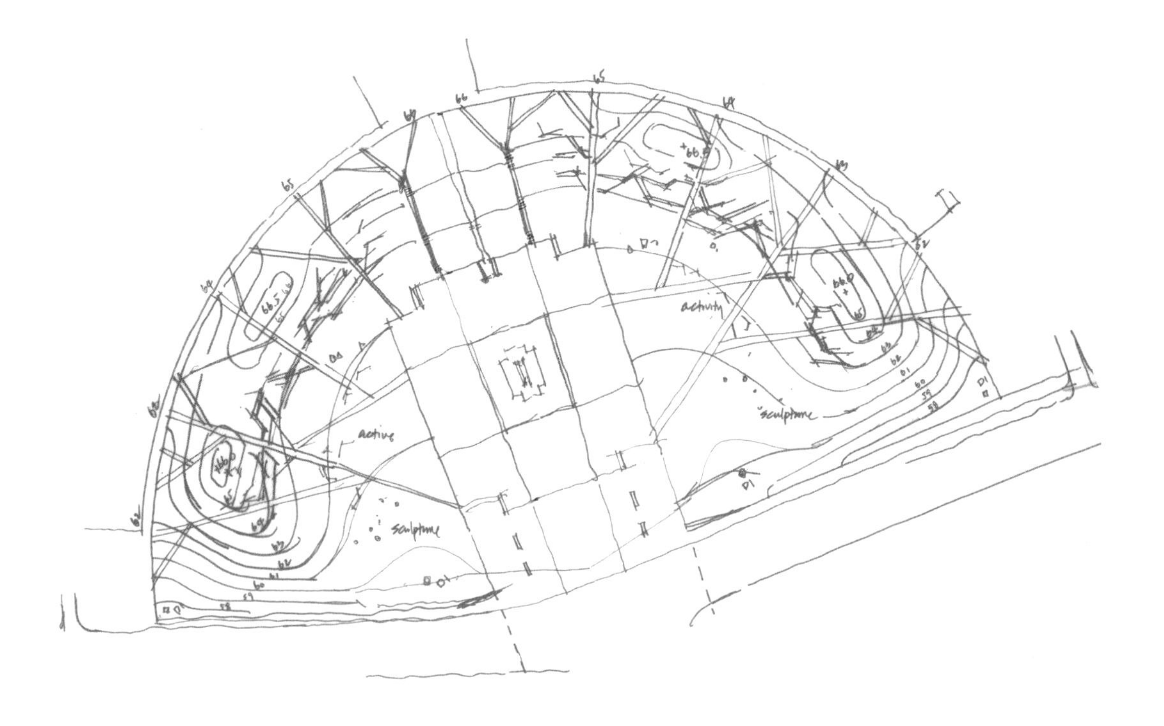

↑ 神农广场竖向图

→ 神农广场景观结构图

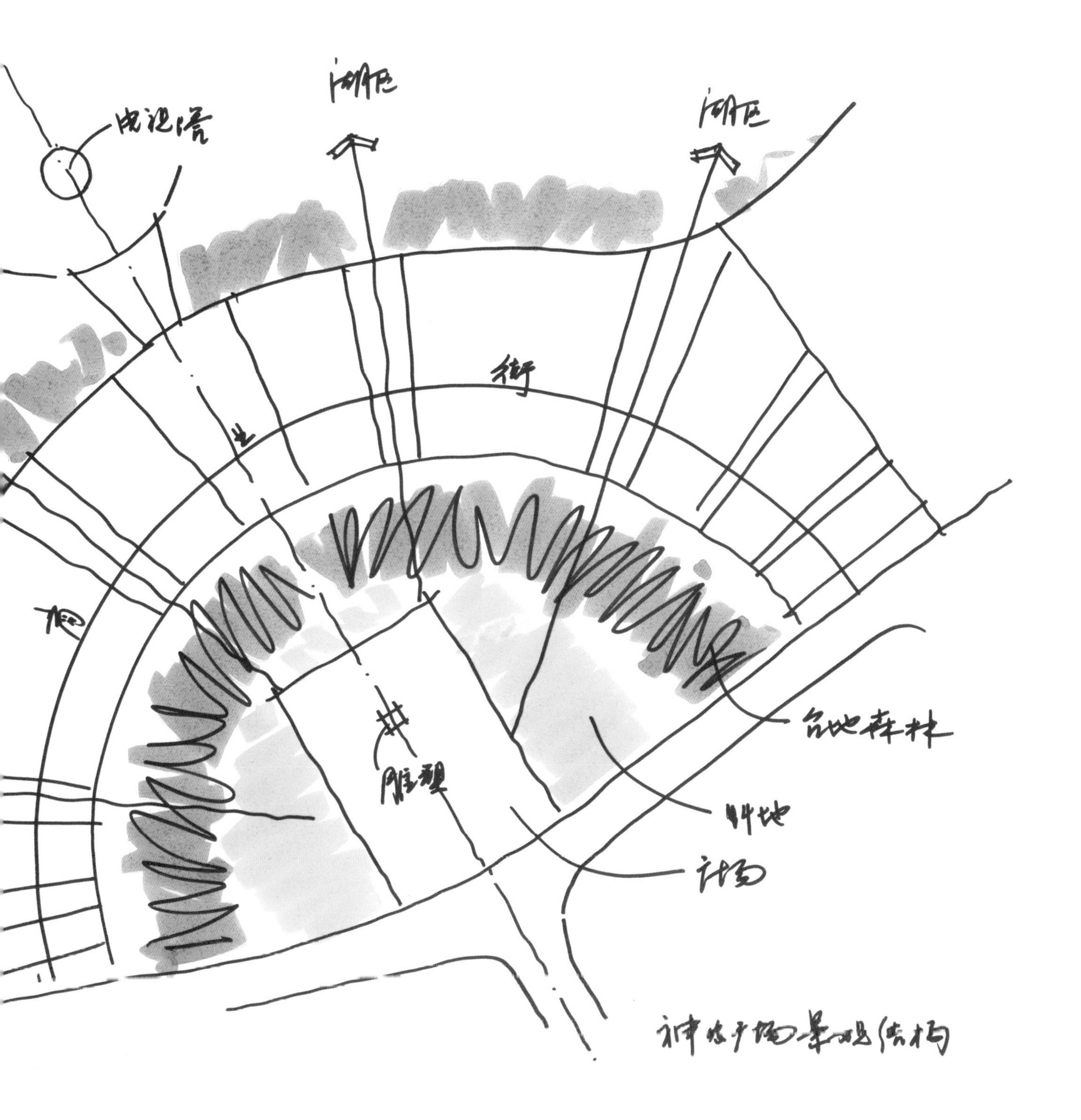
湖区
湖区
街
雕塑
台地森林
草地
广场
神农广场景观结构

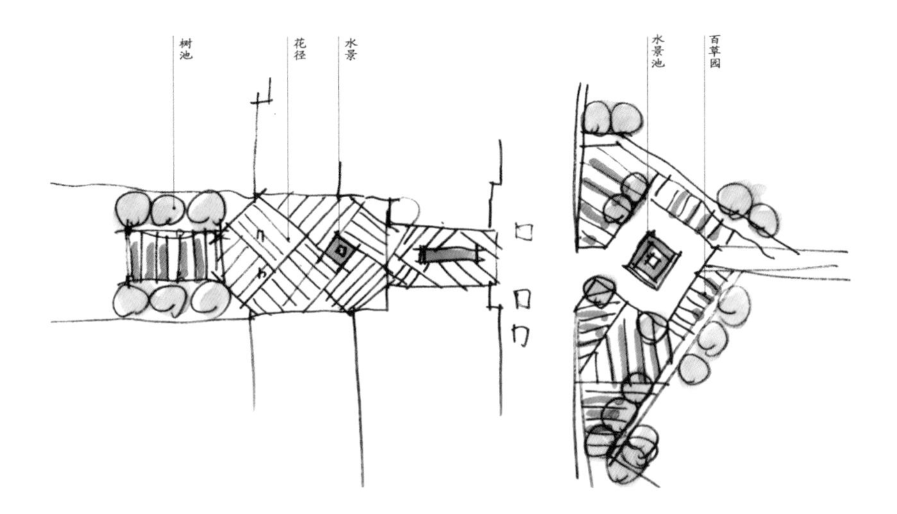

↑ 百草园

↓ 纺织园

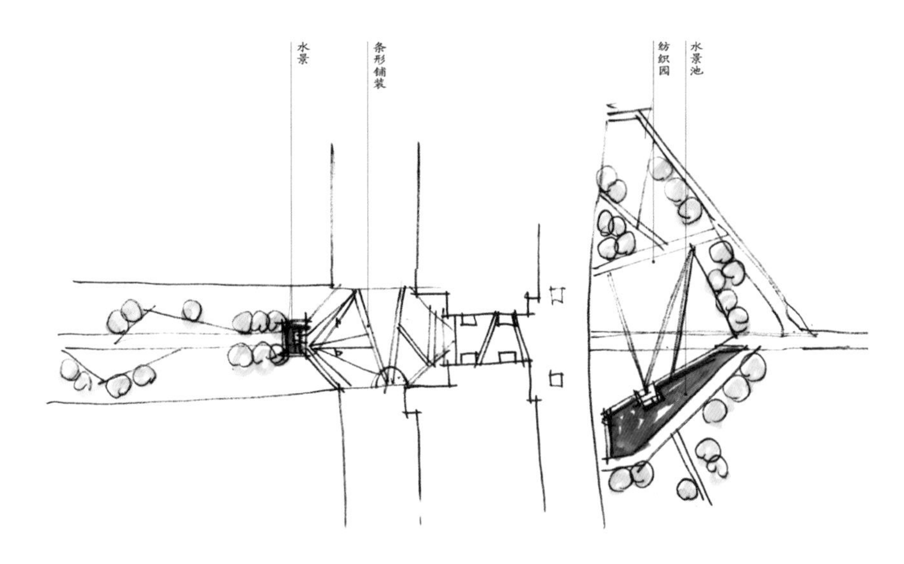

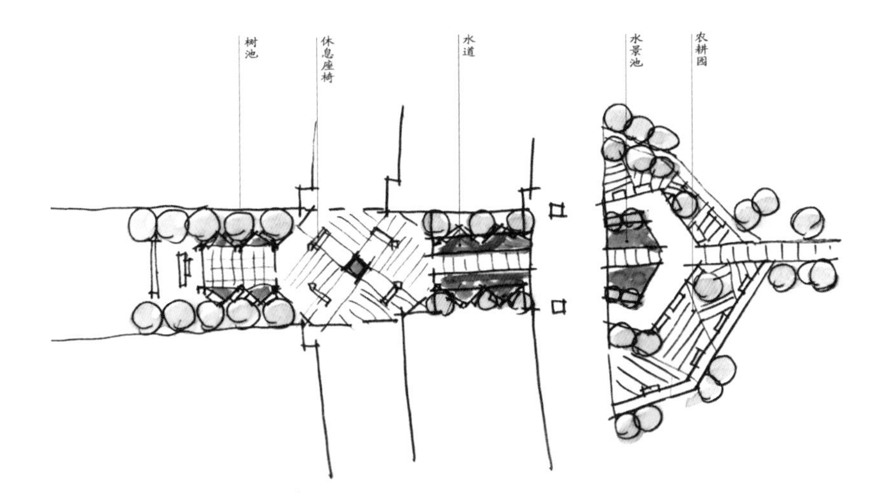

↑ 农具园

↓ 陶艺园

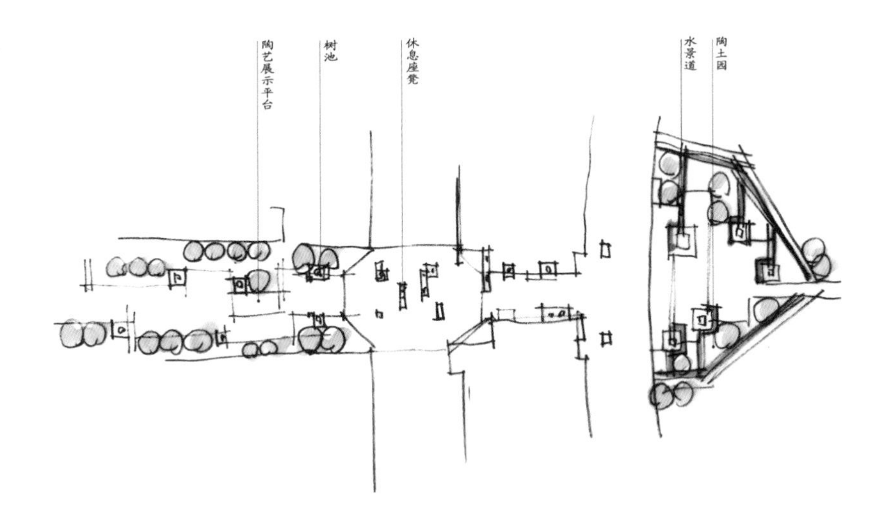

↑ 神农城广场鸟瞰

神农城广场鸟瞰夜景1

→ 神农城广场鸟瞰夜景2

神农城核心区二期景观

项目位置：湖南省株洲市
项目面积：67.38公顷
设计时间：2010年8月
委托单位：神农城项目建设指挥部

设计理念

一个主题——绿色森林，自然印象。

两条廊道：一条开放的自然体验廊道，一条滨水步行湿地景观体验廊道，穿起十个节点——鱼鸟虫蛙，自然生灵，尽在其中。

株洲拥有丰富的自然资源，以大片的良田、绿地、自然山水作为永久的绿色空间，形成田园山水环抱、人文景观与自然景观和谐交融的城市。

株洲新城建设以打造“两型社会”为理念，积极构建城市绿色空间，体现“城在园中，园在城中”的特色，为城市生态环境及城市的永续发展贡献力量。充分尊重“田园城市”的核心精神，即尊重自然生态、尊重历史文化；重视现代科技、运用环境美学（整体美、特色美、意境美）；面向市民大众、面向未来发展。

→ 神农湖总平图

↓ 神农湖西边山体

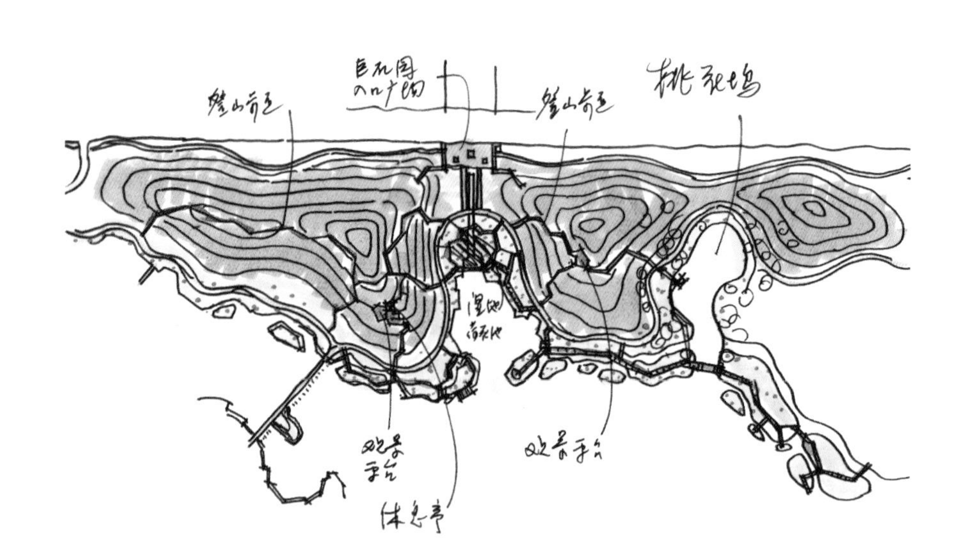

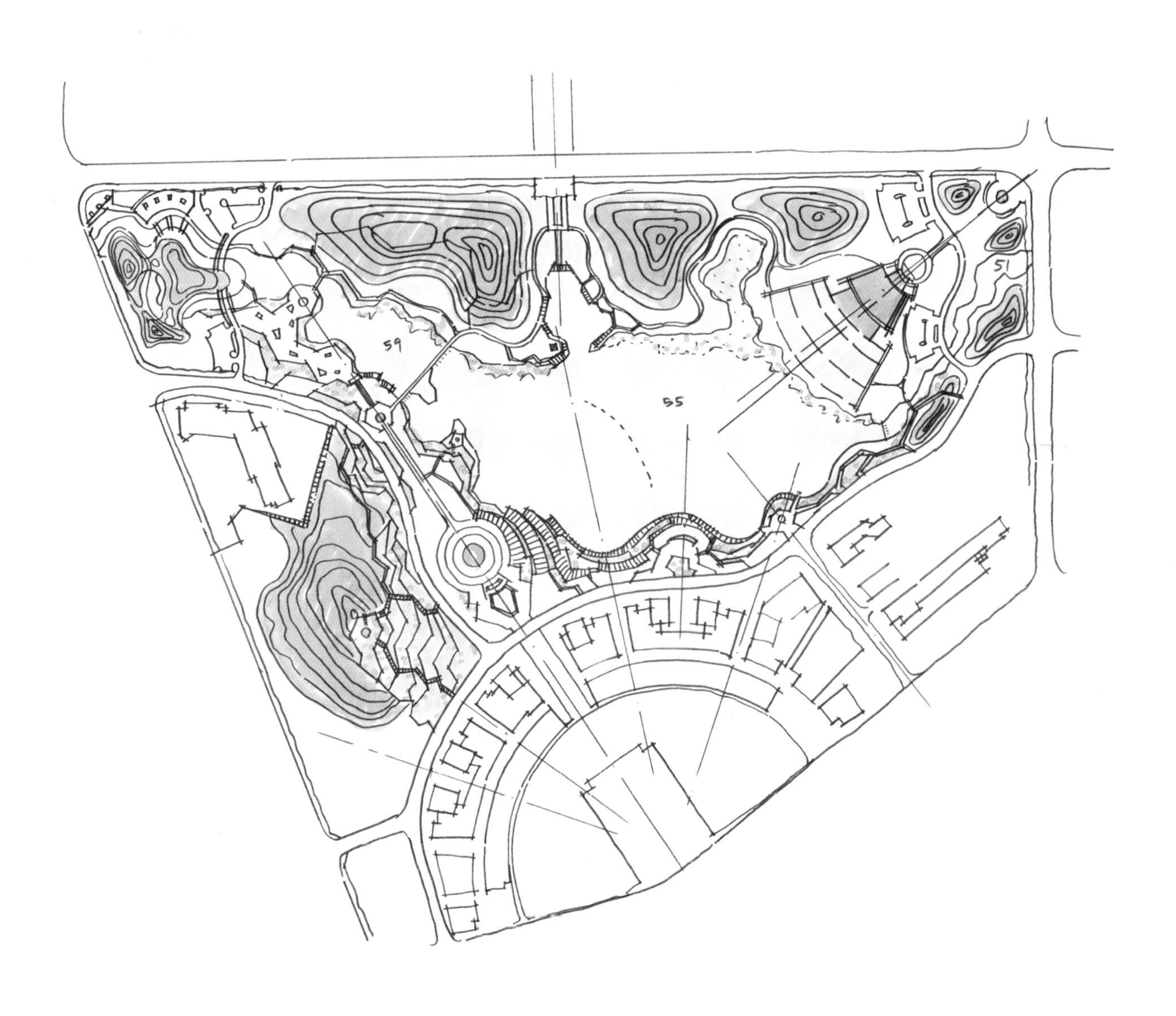

59
55
51

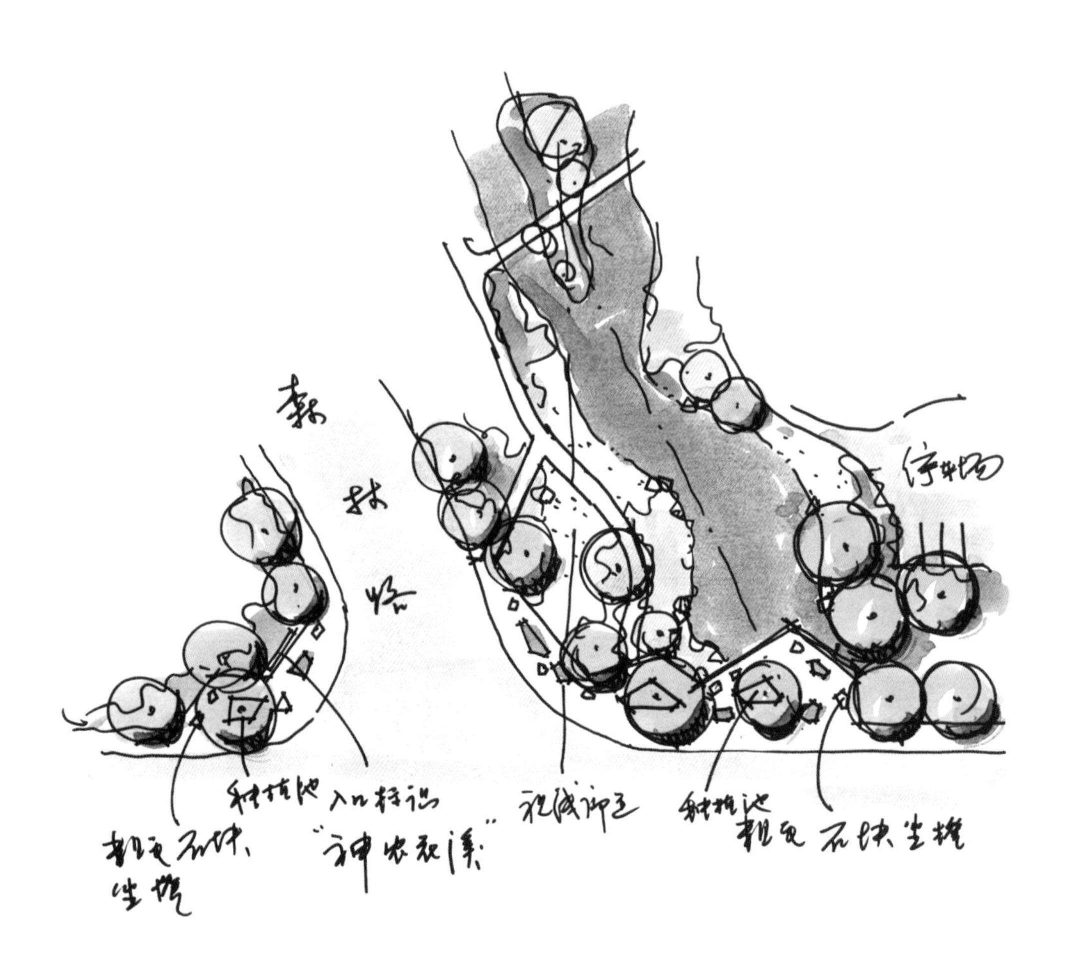

神农湖北面

神农湖北面水花田

神农湖鸟瞰

第　四　部　分

生态及湿地景观

被误导的湿地

在中国几乎每个景观设计师都从事过造河流，造湿地的项目。

我在做这些项目的时候非常郁闷，因为这些年，我们不但没有把河流做好，也没有把湿地做好，反而是破坏了很多的河流和湿地。从长江、珠江、到浑河、松花江没有一条河流没修拦河坝，没有一条河流现在还顺畅，没有一条河流还真正有完整的生态。所以谈起河流，湿地的话题心里就非常沉重。

我前不久去了一趟旧金山，旧金山北面有一个非常著名的红杉林自然公园，树林中间有溪流穿过，非常美。这种情况如果拿到中国来肯定又做拦河坝了。有设计师说我们要做很多设施，因为这样看起来我们才做了很多工作。其实面对自然的东西，是做得越少越好，而不是越多越好。我们必须反思一下，做这些东西是给谁看？给谁用？干什么用？如果不进行反思的话对于自然的破坏就会更加的强烈，我们的国家都会毁在我们手里了。这就是我为什么要提出这样一个题目。

什么是湿地?

湿地是什么？它的作用是什么？为什么要有湿地？很多人都会有这样的疑问。我们来看看美国的陆军工程兵团对于湿地的定义：那些地域被表面和地下水浸泡或覆盖有足够的时间和频率来支持植物和生物生息的饱和状态的土壤。因为土壤被水浸泡以后变成了嫌气性土壤，只有在嫌气性土壤中某些细菌和小动物才能生存，他们共同构筑了一个湿地的生态系统。同时湿地不要以为一年四季必须有水才叫湿地，有时候可以没水。湿地的水可以季节性的，关键的问题是场地有支持湿地植物和生物生息的土壤。

湿地定义非常重要，根据这样一个定义能够指导我们今后要做的很多工作，包括河流、湿地的设计，都要根据这个定义来，这个定义我认为是有科技含量的。我学过生态学，学过微生物学、土壤学、地理学和地质学。我知道在这样一个大的环境里面必须以土壤为核心，才能构筑一个包括植物、动物、所有地下水、大气循环为一体的生态环境。这里的核心内容就是土壤。

湿地的核心是土壤

我跟大家讲另外一个故事，十年前我在美国工作的时候，和一位同事一起做迪斯尼的项目，在这个项目里面有一片湿地不能动，因为美国的湿地保护非常严格。你动一点点都要经过美国各个部门的审批。因此我们去现场看，研究那个湿地究竟应该怎么保护，怎么规避政策的风险。结果到现场后，根本看不到湿地，那地方基本上是一片稍微低洼一点的土地，地里面长满各种杂草，一点水也没有。我说这个湿地也要保护吗？这也算湿地吗？我同事跟我说的一句话让我至今记忆犹新，这是我在概念上受到的一次震撼。他说湿地不是由水界定的，也不是由湿地植物界定的，湿地是由土壤界定的。那又为什么被土壤给界定了？他说什么样的土壤才会长什么样的湿地植物，什么样土壤里面才会有什么样的微生物，这些一起才能构建一个湿地的生态系统。抓住了问题的核心就是土壤。

首先我们为了造湿地，建橡胶坝，这种拦河坝首先阻隔了鱼的交流，因为鱼不可能逾越橡胶坝从下游到上游。这个坝也阻碍了水流，很多时候水坝的下游是干枯的。

还有做防渗膜，因为把水蓄到城市不容易，就做防渗膜来防止它渗漏出去。去神农架的时候，我看到河流都干枯了，因为神农架里面修了很多水电站，这些水电站建成以后那个河基本上就没水了。防渗膜、橡胶坝给我们带来是什么？水不能跟土壤交流。如果水和土壤不能交流那还能叫湿地吗？完完全全不是了，因为里面整个湿地的环境完全被打乱割断了。我们做的所谓的湿地基本上跟游泳池是一个性质的。没有土壤，湿地和地下水没法交流，没有土壤，里面的微生物就没有办法生存。我们是如何种植湿地植物的？在混凝土河床，在防渗膜做好后，取那么一点点水面，摆几个盆栽就叫湿地！

湿地不是污染净化器

同时也有很多人一直以来对湿地的概念存在着一些错误的认识，认为湿地就是用来处理污水的，我们看到的很多的设计项目都是通过将雨水进行收集，甚至将生活中的污水等引入湿地当中，通过湿地进行净化，以为这就是湿地的功能，这是一种对湿地非常错误的认识。其实，湿地是一个非常脆弱的生态系统，它的主要目的是用来保护清洁水的，包括城市的地下水、城市的饮用水及生物所需要的水源，都是通过湿地的保护来为城市的生态系统服务。如果将这些污水都引入到我们的湿地当中，将是对生态系统造成很大的威胁，它会破坏我们的湿地。当污染物进入湿地后，将被湿地中的植物吸收，也有一部分污染物被鱼、虾等吃掉，昆虫及这些鱼虾等又吃掉那些湿地植物。而污染物在生物体中是可富集的，而且一个层级比一个层级更厉害，通过湿地中的昆虫、鱼、虾、水生植物等生物连作用，会使这样大量的污染最终还是回到了我们的生活当中。实际上，这种循环最终还是没有真正被改变。我们不要错误地认为，湿地植物看上去能够抵抗污染，就认为它喜欢这种污染物，实际上这也是一种错误认识，而这种错误的导向，使很多设计项目都将污染物引入到湿地当中去，造成了很多湿地的污染。植物可以吸收氨氮，因为那对他们是肥料。可是很多的工业污染靠湿地植物是解决不了的。

湿地立法迫在眉睫

湿地抗污染的能力是非常强的，但如果我们把湿地破坏了，我们的大气污染、表土污染、水污染问题就没有办法解决。光靠工业措施和这些人工设计去解决都是不行的，因为湿地的尺度太大了。湿地有很多功能，有很多形态。这里我强调一点是什么？就是我们嘴巴上面说怎么保护湿地，说起来很容易，但里面最关键的是什么？我提出一个国家战略，首先搞清楚湿地在哪，湿地是什么东西？如果说我们连这个都不知道，怎么去保护湿地？全国960万平方公里，这么大的面积下我们国家做了两次土壤普查，这两次土壤普查一个在50年代一个在70年代，只不过都做得非常粗浅，只是把大面积土壤的类型给分出来，没有能力做到更细致。我们想把每一块湿地分门别类用图纸表现出来，通过立法固定下来，这一点还做不到。如果没有做到这一点，那么哪里是湿地，光靠肉眼是看不出来的，你也定义不了，所以全国土壤普查非常重要。如果这个工作不做好，对我们的城镇化建设将又是一个灾难。按照目前三年五年建一个城市速度，如果我们连湿地的具体位置都没有搞清楚，那么这些湿地将在建设的大风潮之中很快消失。如果不把土壤普查搞清楚，不把湿地立法马上确定下来，不解决湿地问题，我们的城镇化就没有前途。资源破坏以后你是永远找不回来的，这是第一个问题。还有一个问题就是要搞清楚什么叫湿地，定义一定要搞清楚，一定要有我们自己的定义。找到这些湿地在什么地方，然后在图纸上固定下来，让每一个人，每一个开发商，每一座城市都知道哪些地方是湿地，要通过国家立法保护下来，不能随便搞建设，这是一个非常关键的问题。

真正的湿地是多么重要的东西，我没办法用语言来形容。人类所需的淡水资源靠的就是湿地。没有湿地我们整个国土的淡水资源就会消失殆尽，问题就是如此严重。为什么湿地受重视？就因为它是我们赖以生存的重要基础，没有湿地我们就没有清洁的淡水资源，人类就会遭到自然报复，我们就会得癌症，甚至面临死亡。湿地是非常有意义，非常重要的资源，我们一定要好好保护。如果大家还稀里糊涂的破坏湿地，做那么多的拦河坝、防渗膜、打那么多的混凝土，使许多湿地都变成了看起来像湿地的假湿地，这样我们就会灭亡，事情就是这么简单。

襄阳市月亮湾湿地公园

项目位置：湖北省襄阳市樊城区
项目面积：110公顷
设计时间：2012年5月
委托单位：襄阳市政府投资工程建设管理中心

设计理念

月亮湾公园位于樊城区的西郊，北接汉江大堤，东起热电厂，西至市郊汉北轴承厂，南邻汉水，依江而建。公园是一块东西长近3000米，南北宽800米，占地110公顷的月牙形的江滩。公园植被面积全市最大，水鸟种类多，原有自然景观已是打造特色湿地公园的一大优势。

半城市化、半湿地化的设计定位，不仅是对自然环境的保护，也是对城市人群生活品质的提高。月亮湾的形成源于汉江对其千百万年的冲刷，是历史的痕迹。保留历史的痕迹，顺应自然，“流水的痕迹”这个概念孕育而生，还原历史的痕迹是我们尊重自然的体现。创造今天的印记，是我们留给后人的财富。

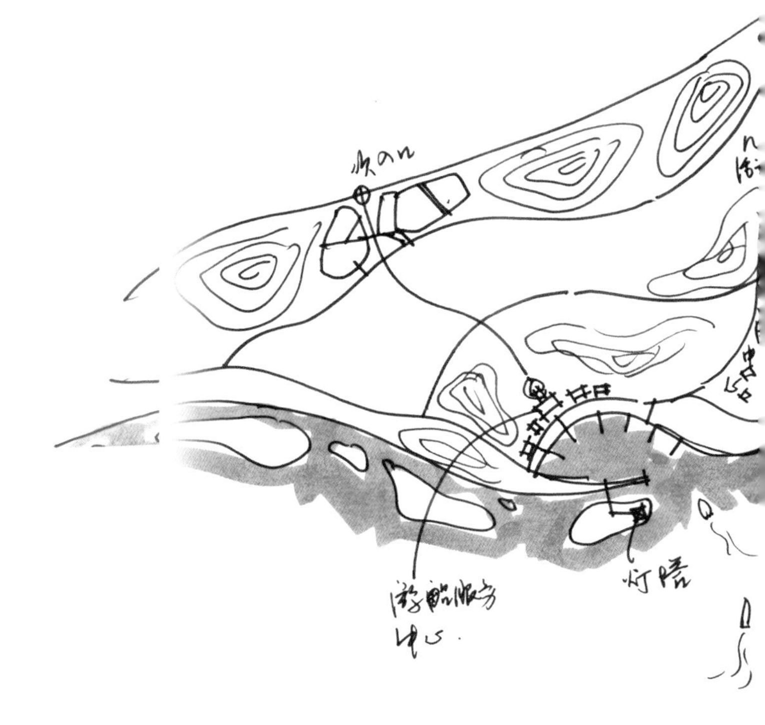

→ 月亮湾湿地公园简图

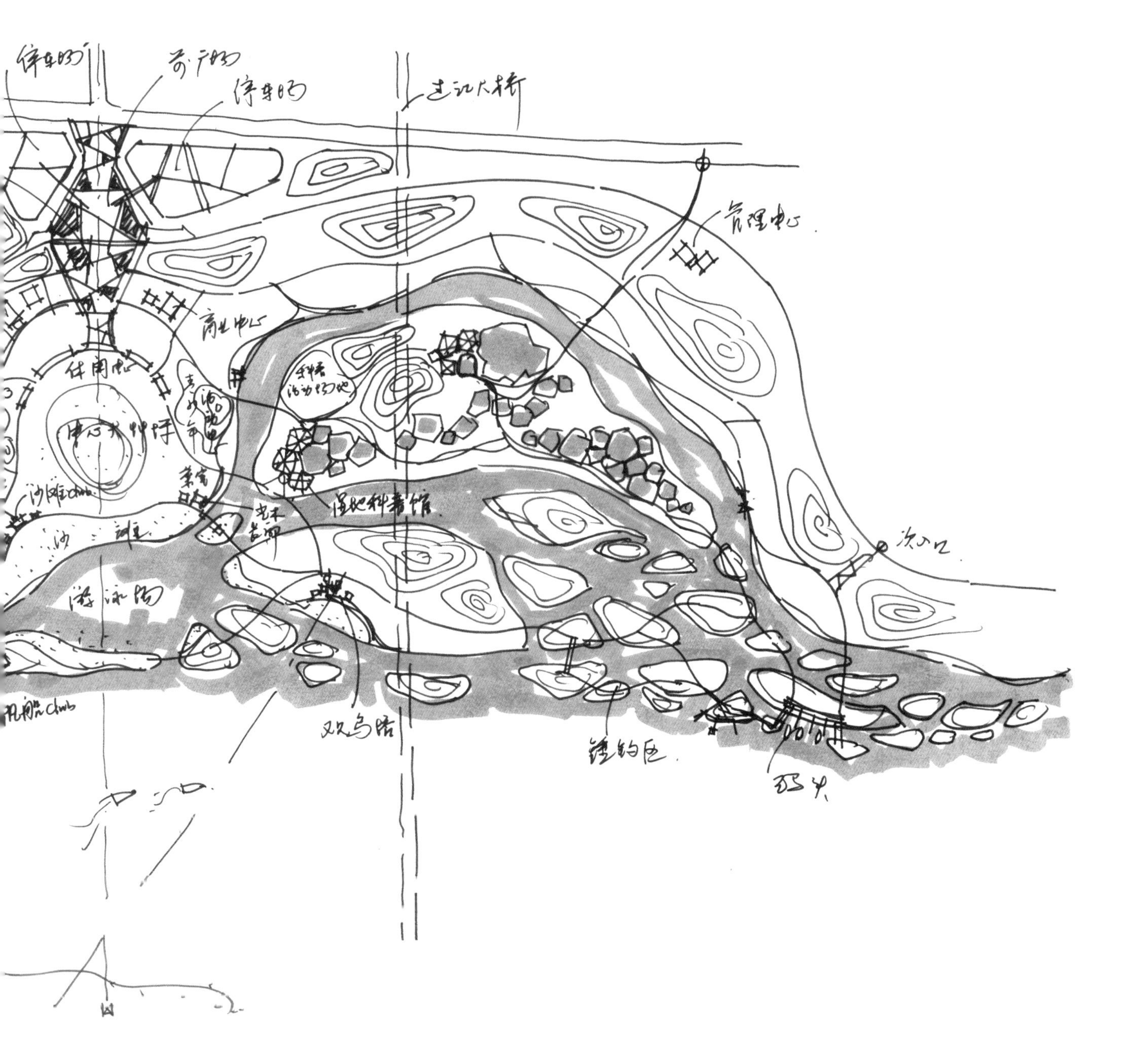

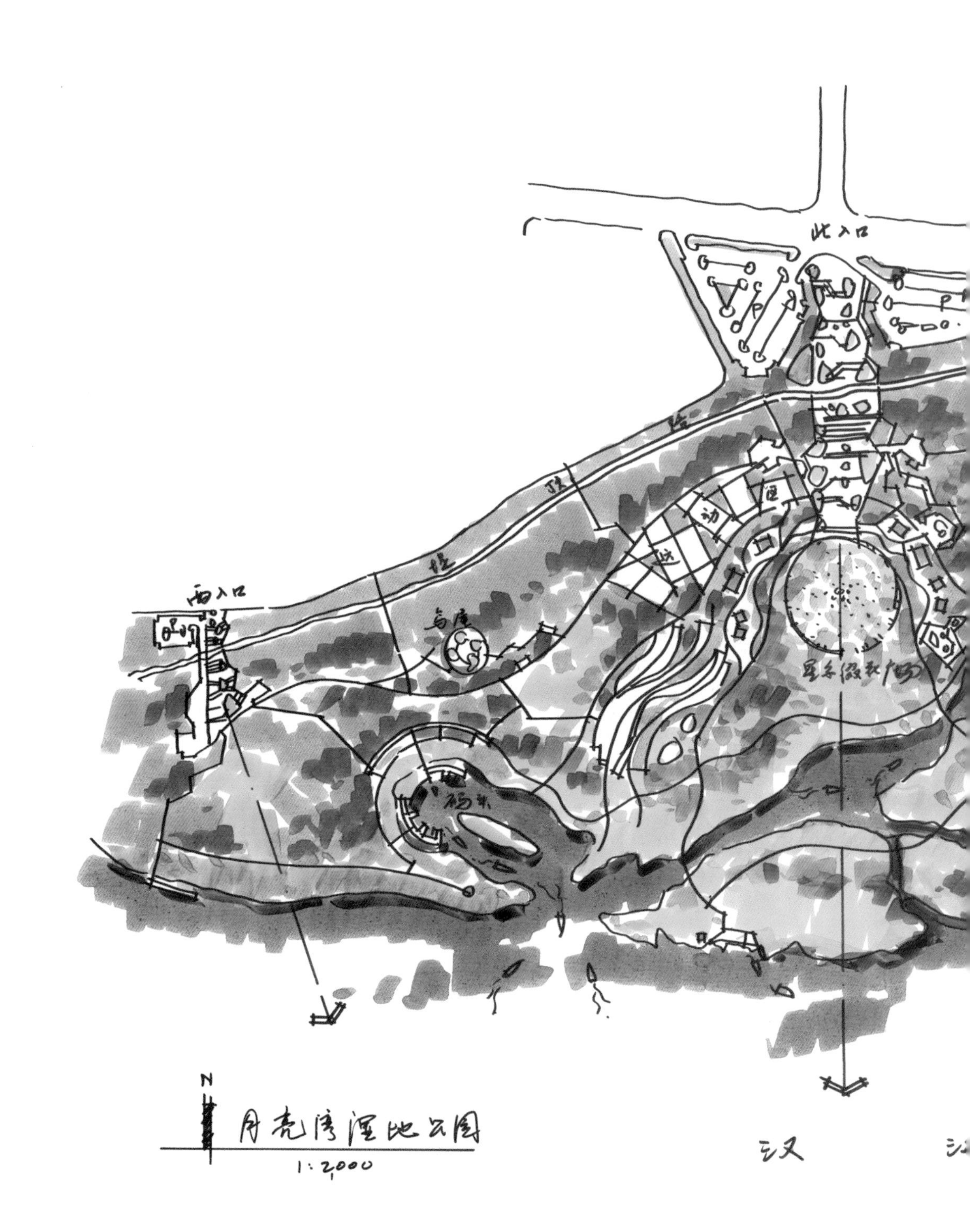
北入口
西入口
N
月亮湾湿地公园
1:2000
汉
江

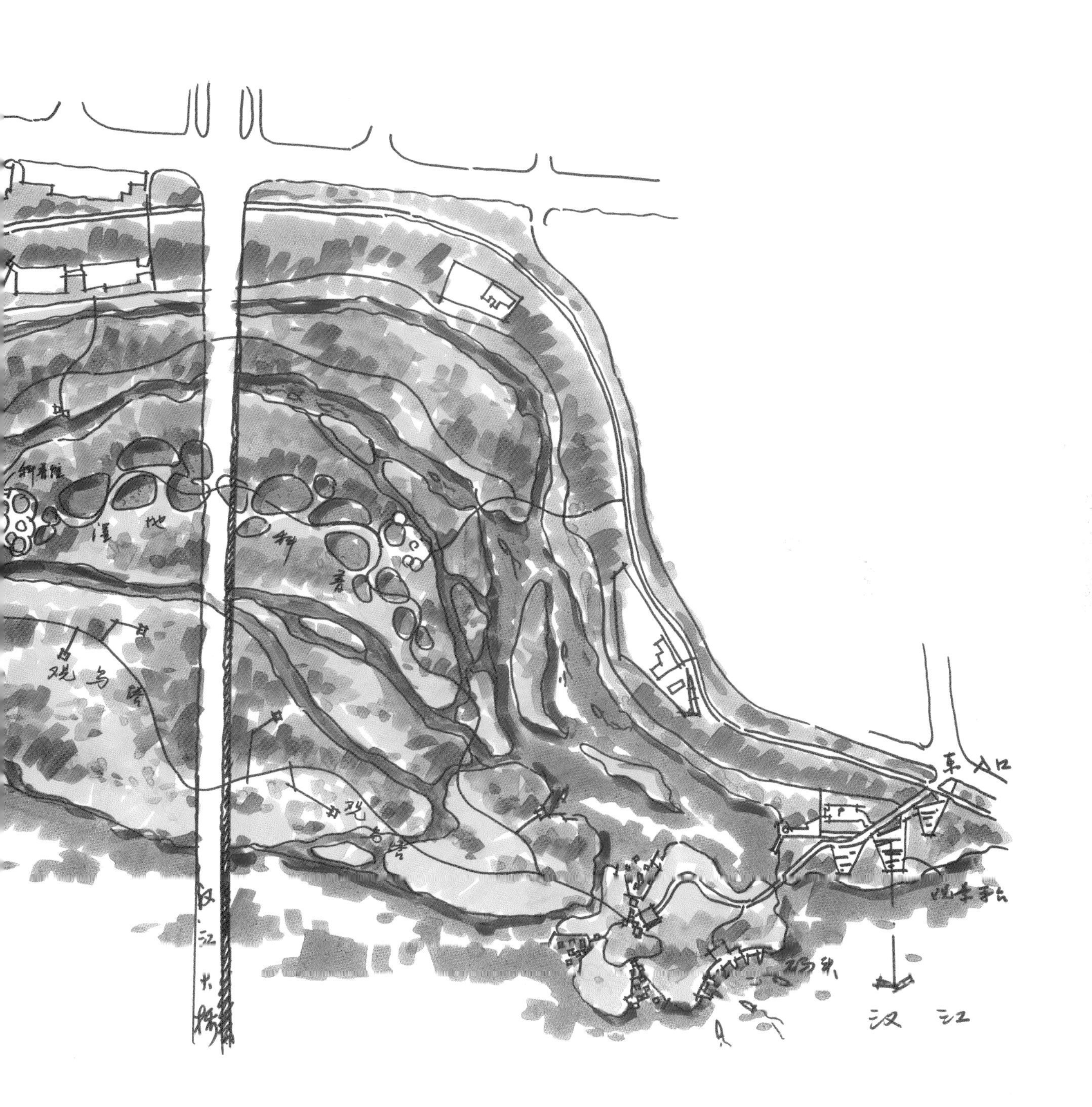
湿地
观鸟塔
观鸟塔
汉江大桥
东入口
码头
汉江

彩色总平图

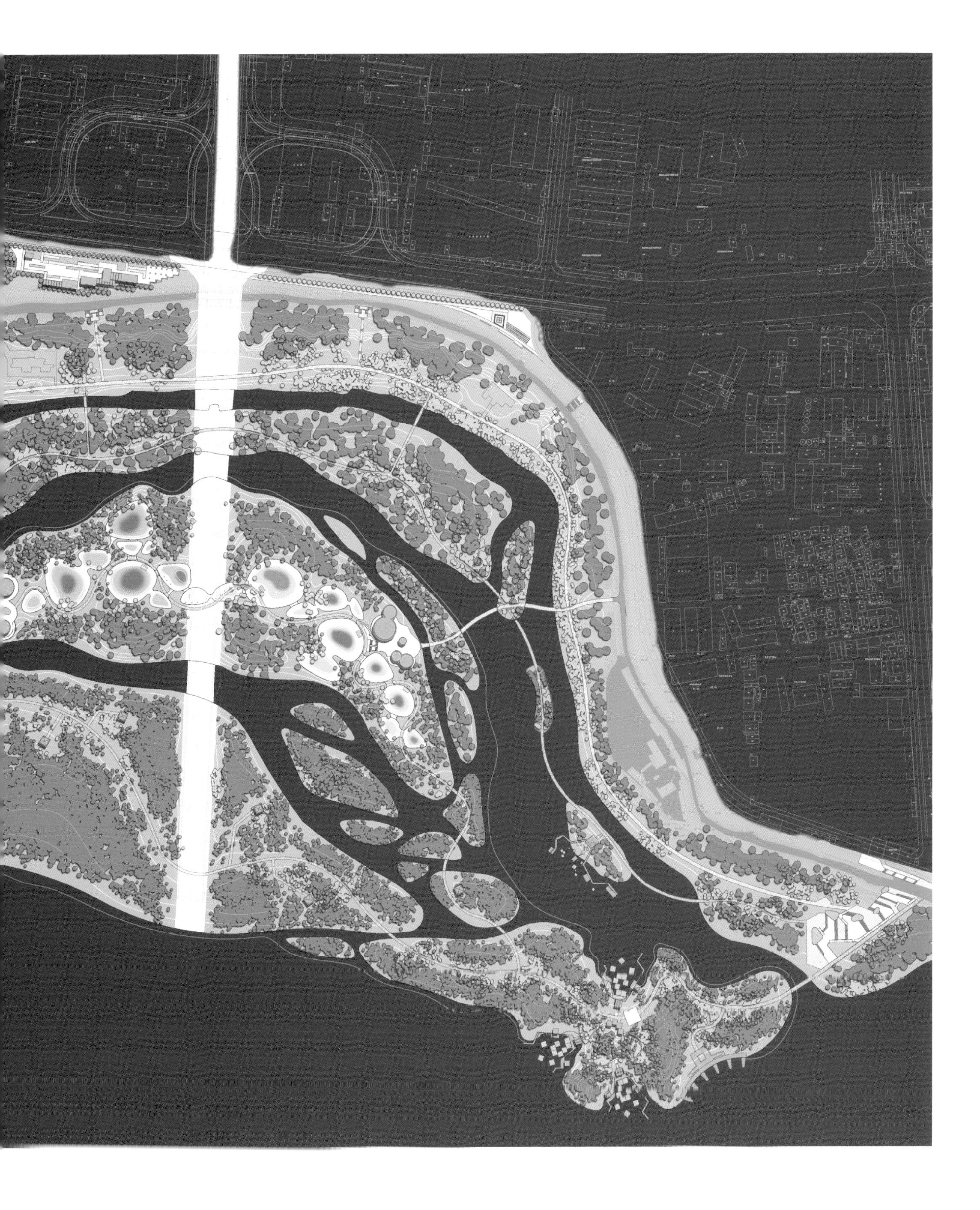

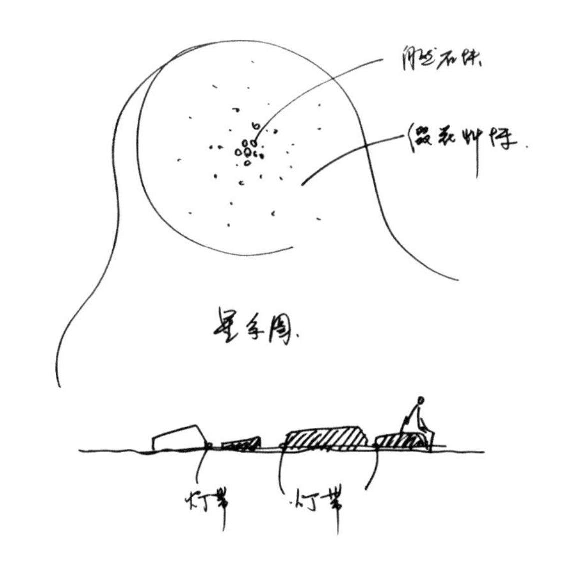

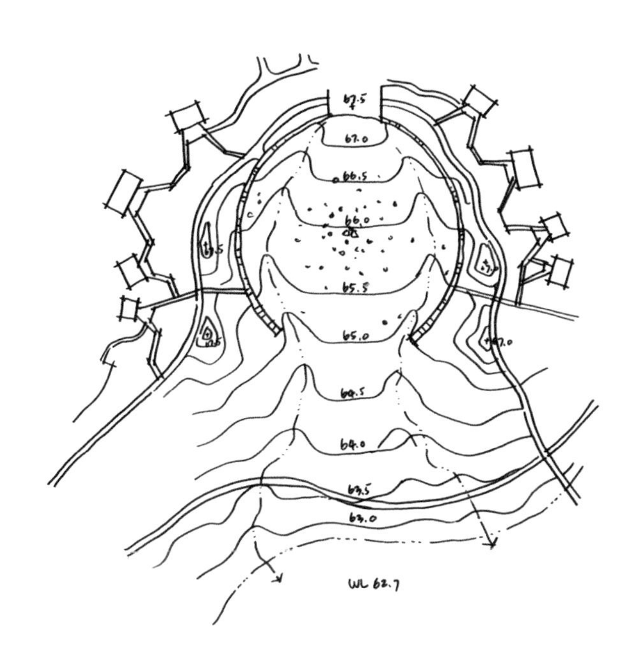

↑ 阳光草坪星系示意

月亮湾竖向

→ 月亮湾北入口

星斗石阵
logo
标志性树木
北入口
1:800
N

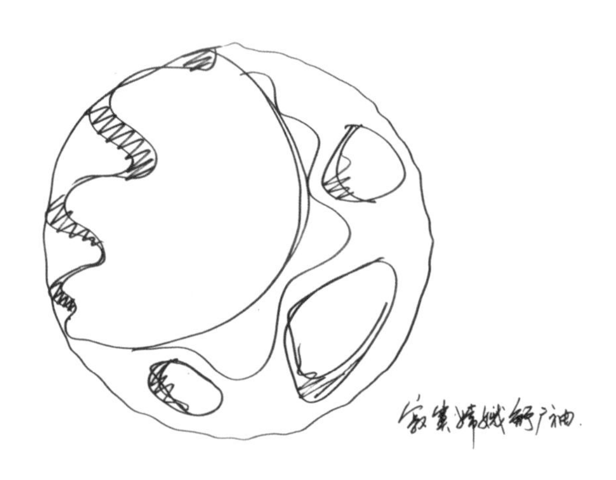

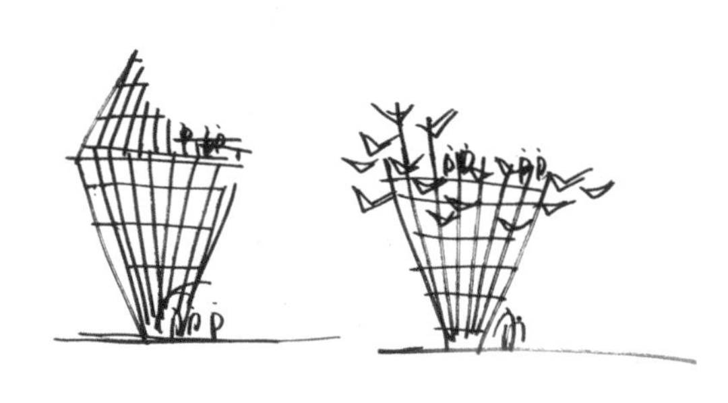

月亮雕塑

观鸟塔

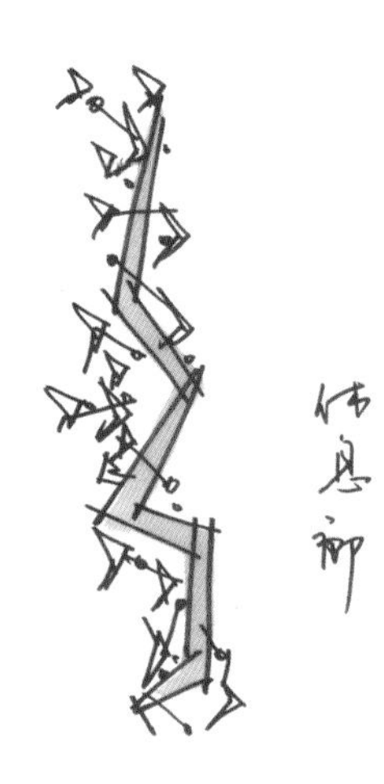

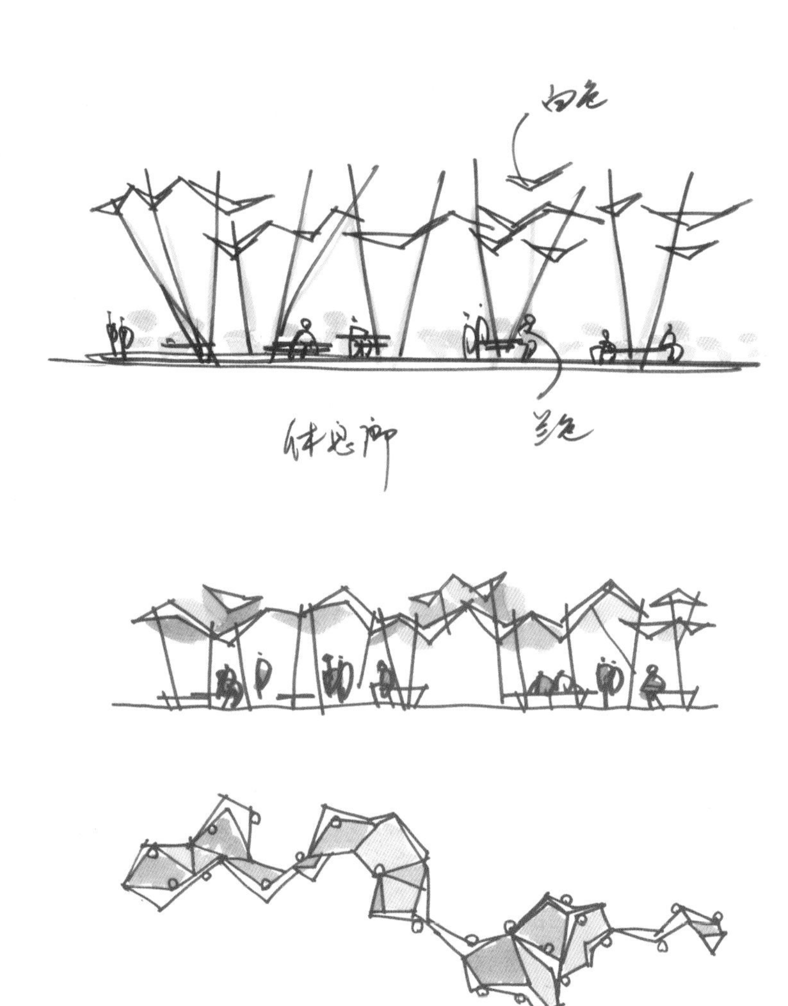

↑ 休息廊平面

→ 休息廊立面

休闲长廊

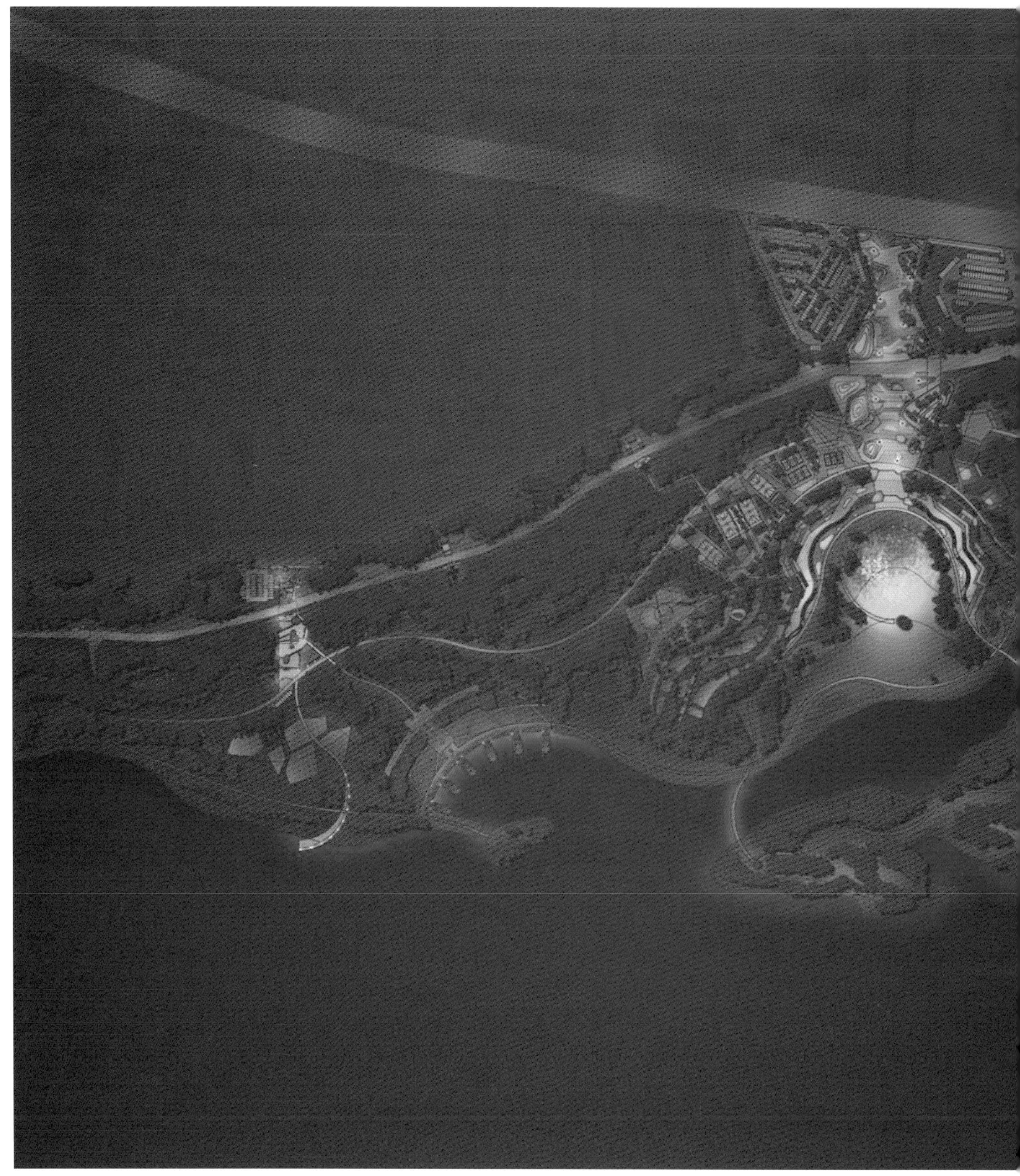

照明设计

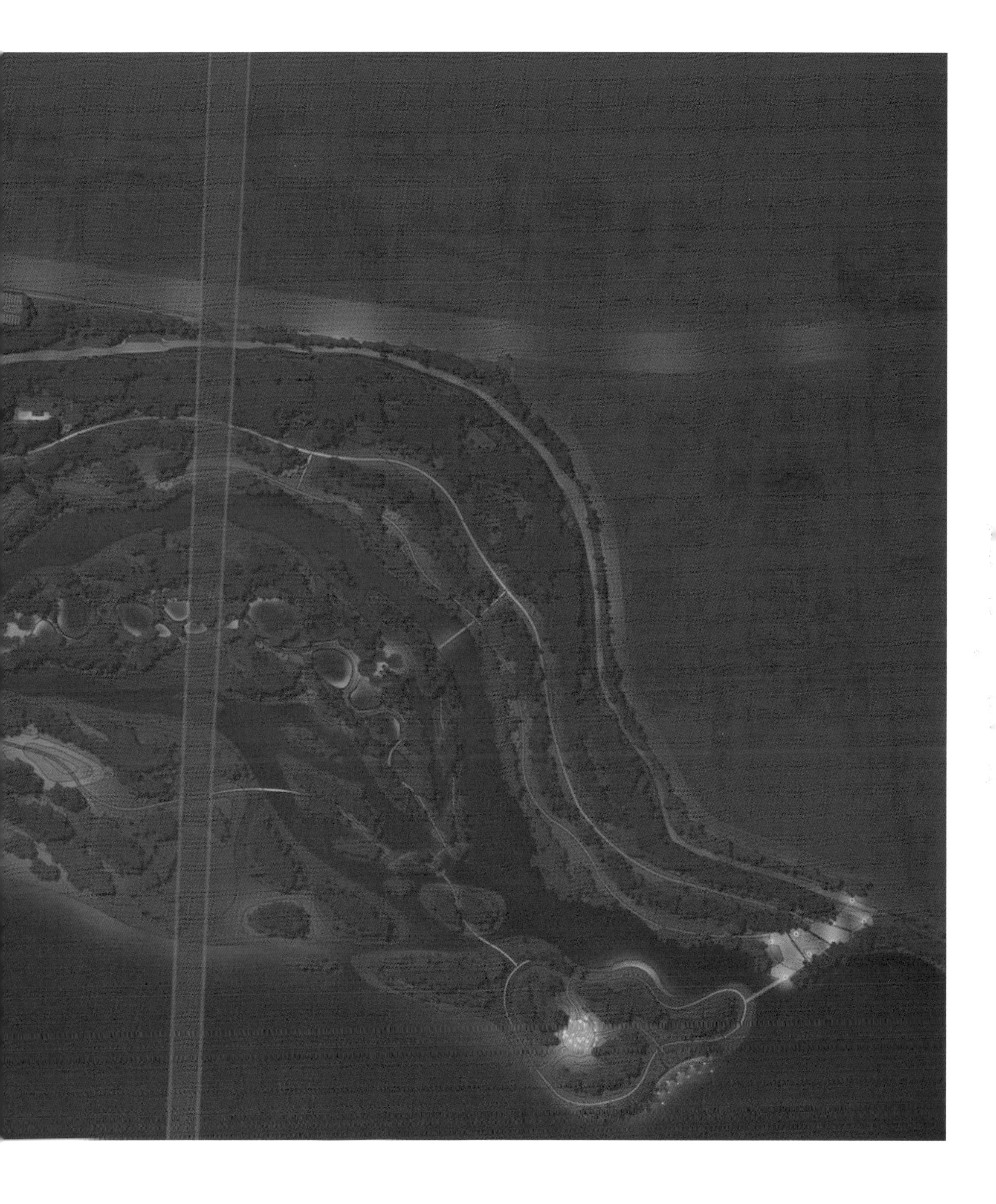

↑ 大草坪鸟瞰图

→ 休闲中心效果图

科普馆效果图1、2

月亮湾鸟瞰图

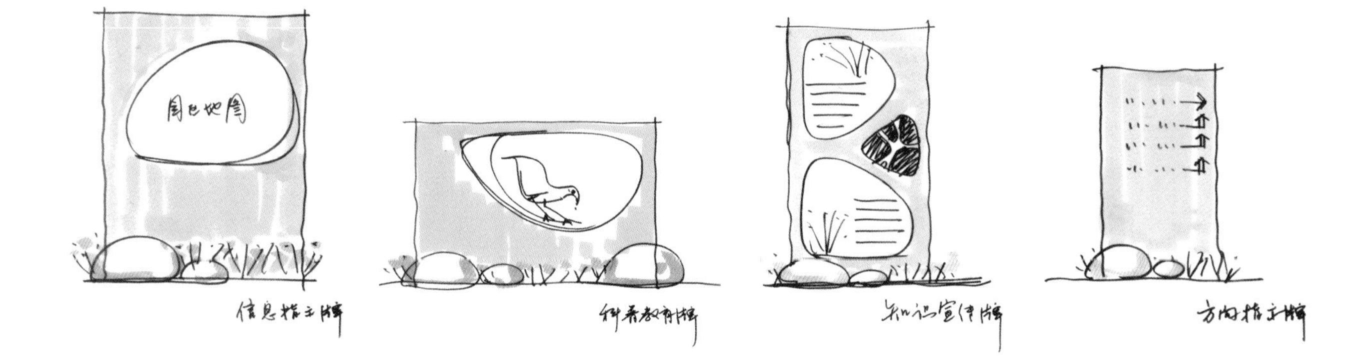
周边地图
信息指示牌
科普教育牌
知识宣传牌
方向指示牌

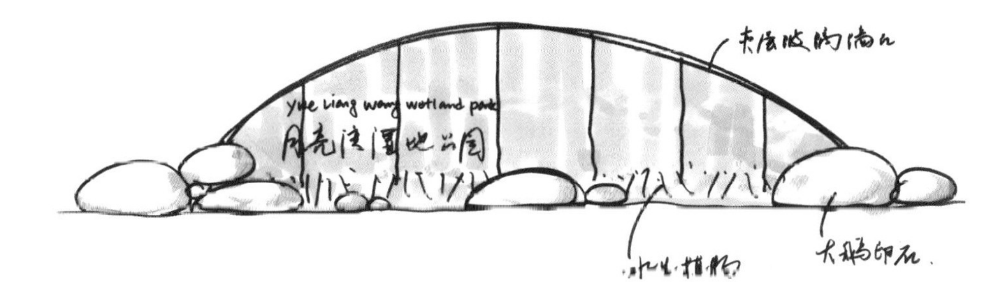

Yue Liang wang wetland park
月亮湾湿地公园
水生植物
大鹅卵石

长沙先导区洋湖垸湿地公园三期

项目位置：湖南长沙大河西先导区
项目面积：485公顷
设计时间：2012年
委托单位：长沙先导洋湖建设投资有限公司

设计理念

设计贯彻总体规划“生态洋湖、文化洋湖、休闲洋湖、教育洋湖”的理念，把握湿地公园景观整体性与差异性，三期景观形成以湿地生态体验区、湿地休闲游览运动区、运动俱乐部营区、保留水渠农耕文化体验区、湿地稻田酒店区、湿地休闲商业区为主体的六大景观区域。在把握总体格局的同时，三期景观设计重点突出场地与北面上体的视觉联系，将主要的空间轴线从东南向转化为南北向，强调了园区的整体景观关系。在内部功能设计上，挖掘场地特征，强化区块特色，以保留农耕文化水渠为核心，以现有围堤和塘基为基础，形成洋湖湿地公园最大的湖面水域。使三期成为生态建设与生态体验功能紧密结合的纽带区域，将人们的生活融汇入公园、积聚人气活力，为人们创造“风景中的城市、公园中的生活”的洋湖垸都市田园。

→ 概念草图

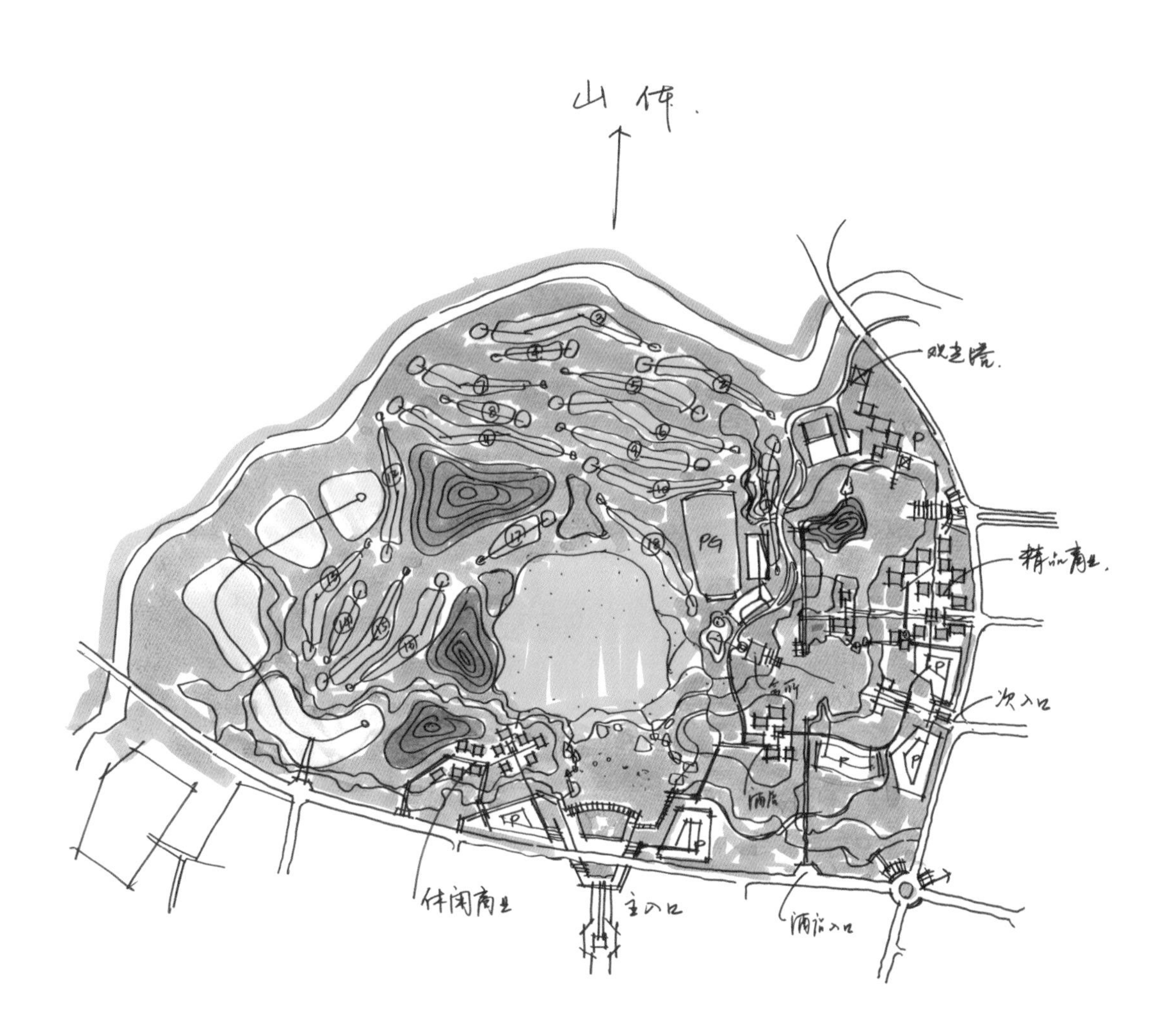
山体
观光塔
精品商业
次入口
会所
酒店
休闲商业
主入口
酒店入口
PG
P

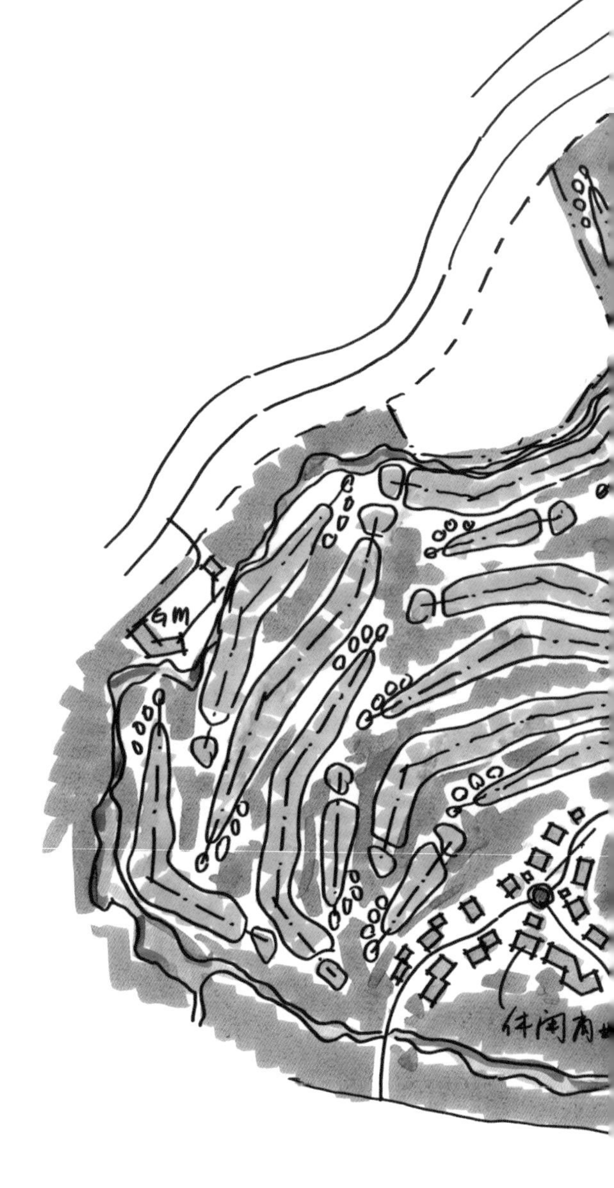

↑洋湖垸方案平面

→ 概念草图最终

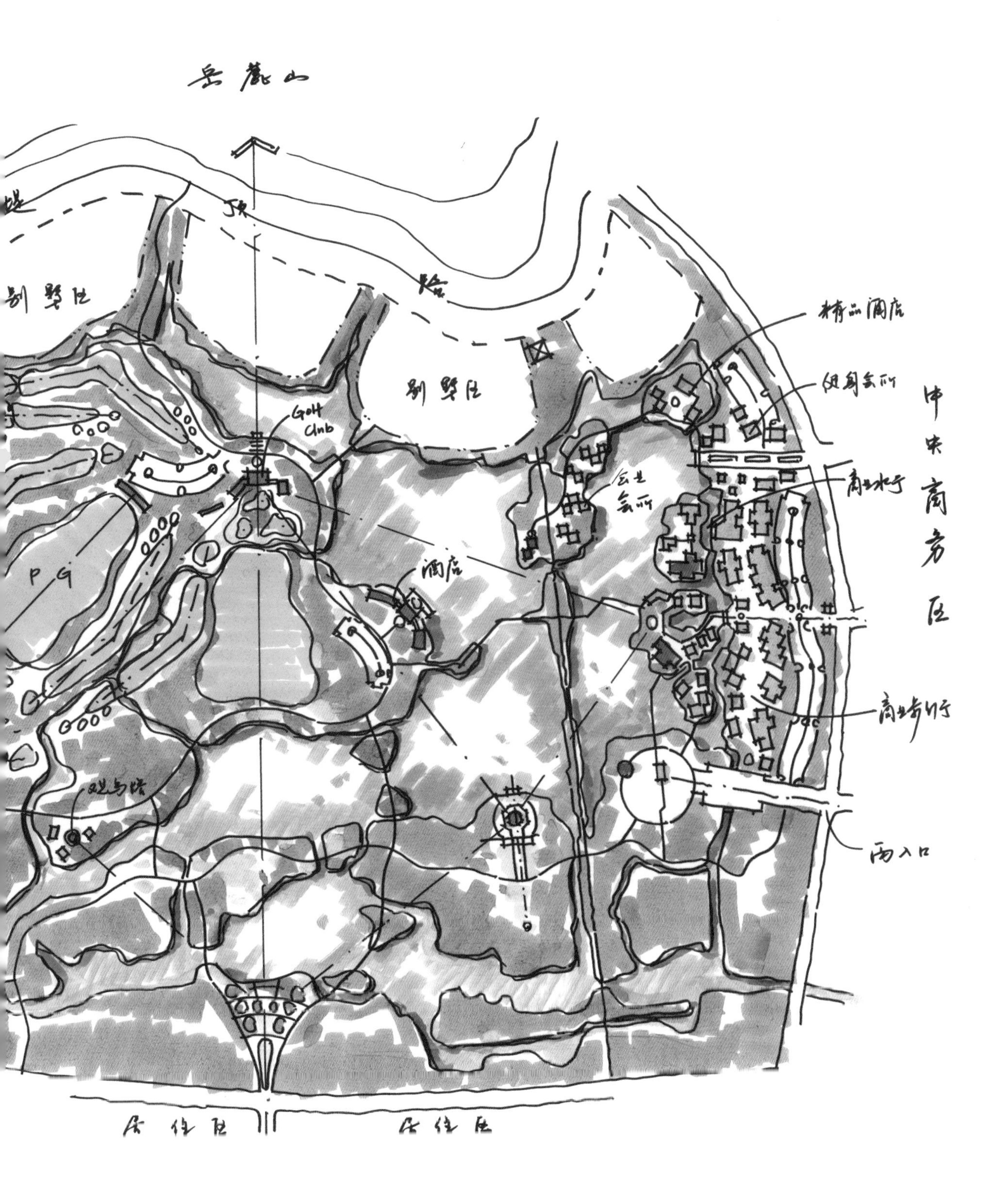
岳麓山
别墅区
别墅区
Golf Club
精品酒店
健身会所
中央商务区
酒店
P G
西入口
居住区
居住区

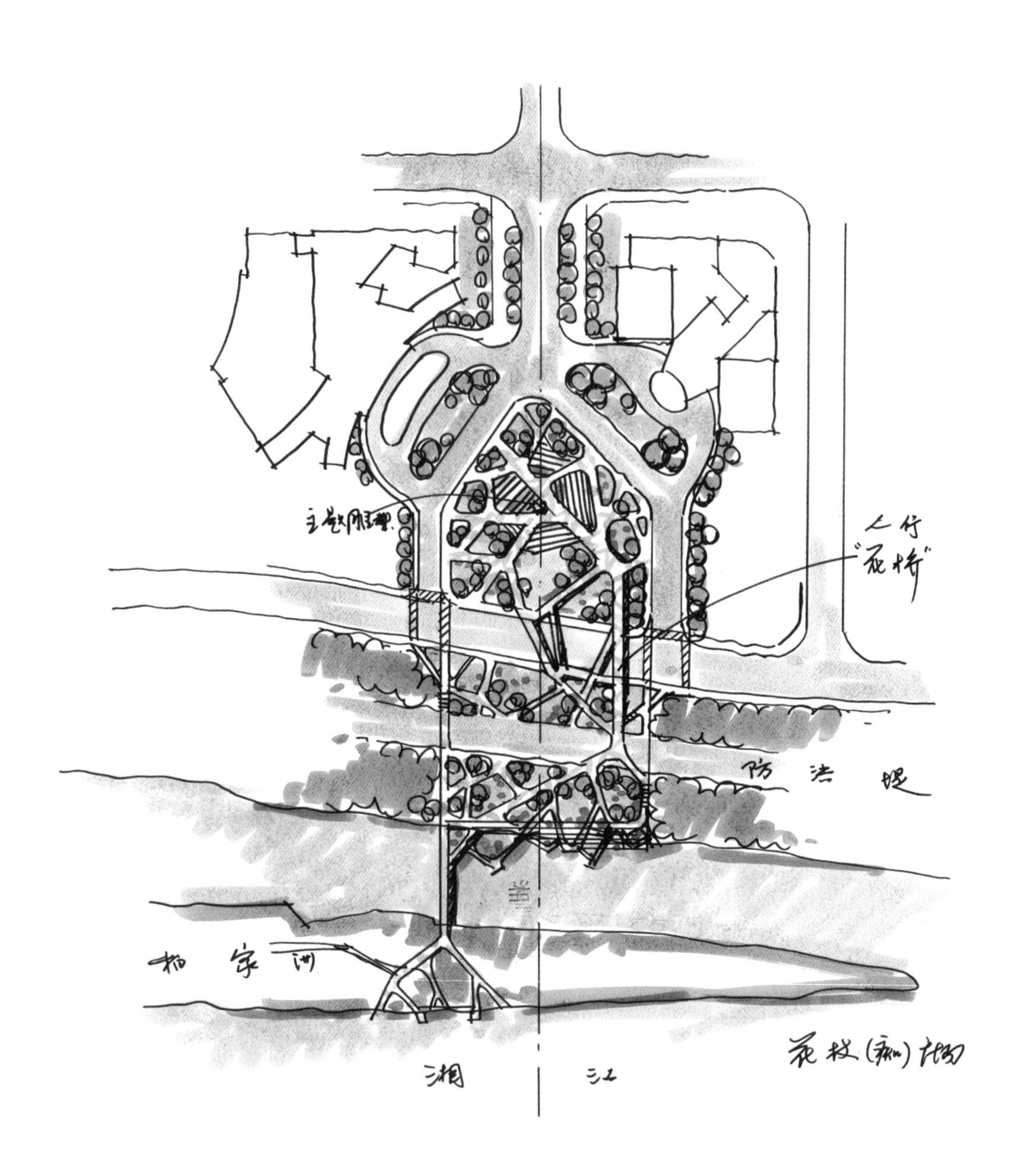

主题雕塑
人行
"花桥"
防洪堤
柏家洲
湘江

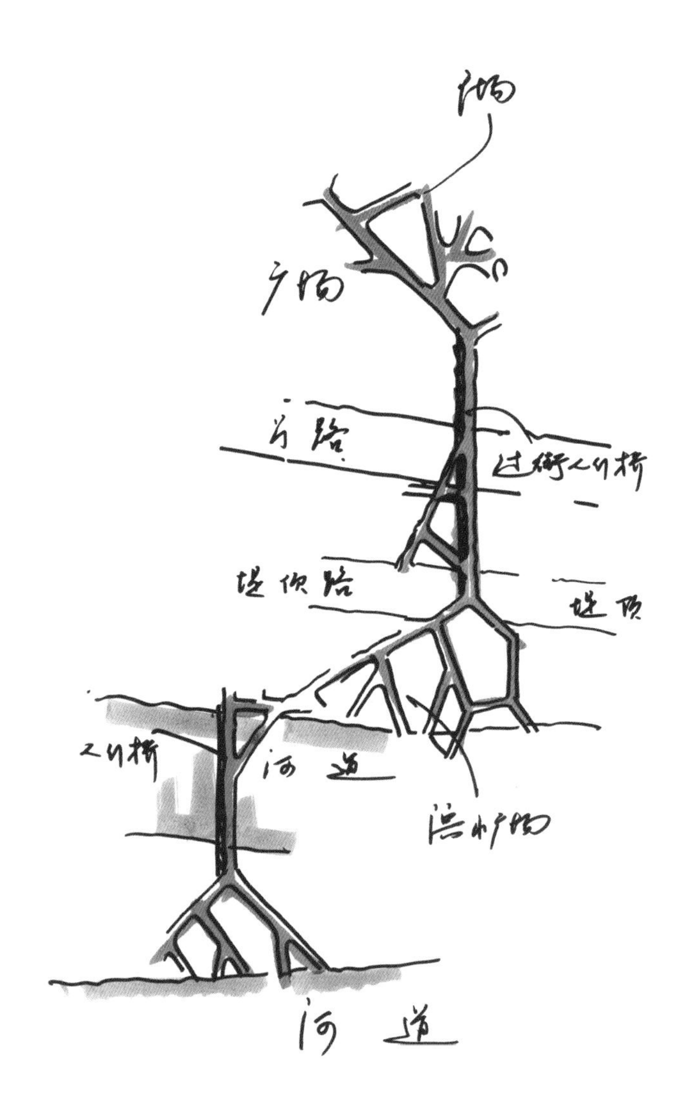

↑ 洋湖垸滨江广场花枝桥

← 洋湖垸滨江广场

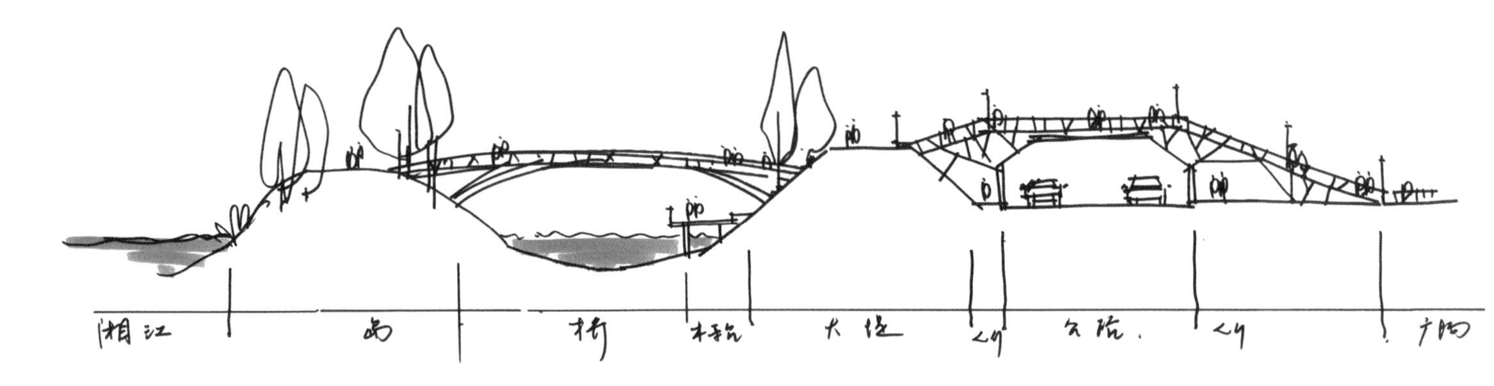
湘江
岛
桥
木栈
大堤
人行
公路
人行
广场

← 花枝桥剖面图

↓ 广场入口效果图

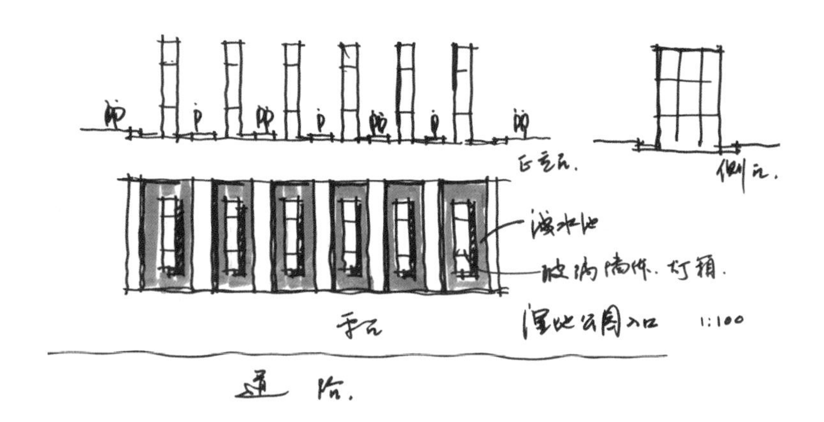

内蒙古乌海龙游湾国家湿地公园

项目位置：位于内蒙古自治区乌海市
项目面积：1100公顷
设计时间：2013年9月
委托单位：乌海市滨河新区管理委员会

设计理念

乌海市龙游湾生态湿地公园位于乌海市下海勃湾王元地黄河岸边，占地1100公顷。

龙游湾湿地东侧群山环绕，每年冰川融水与全年雨水，每遇泄洪必经此地。西临黄河，河水涨落常年侧渗形成了这片色彩斑斓的芦苇湿地，隔黄河可远观大漠风光。项目地处大山、大河与大漠间，地理位置得天独厚。

政府为了更好地保护这片湿地，将王元村庄从湿地中迁出。设计师在充分考察现场后，结合湿地天然优越的地理条件，本着尽量减少对原生地貌及动植物群落生境破坏的原则，决定在王元村旧址处设置公园主入口及游客服务中心，利用原有黄河大坝及废弃小路做路径串联整个公园场地，整个交通系统通过栈道架空的方式通行。必要处设观鸟塔及游客停留空间，便于游客在不惊扰鸟落得情况下观鸟、摄影、休闲。

主入口广场设计是该项目设计的一个亮点，用“水流冲积出的大地艺术”为概念，把远山、湿地、黄河联系到了一起。远山之水汇集于此，流经湿地，汇入黄河。景观有机结合，一气呵成，大气磅礴。主入口景观成为大山、大河、大漠与湿地的纽带。

主入口广场设计摈弃传统广场设计手法，采用新颖的大地艺术的设计理念。一个个大小不一，看似无规则，但又相互联系的种植池，精心排列组合，围合出既私密又开放的活动空间。像是一个个冲积岛在这边村庄旧址上流淌开来，与周围的湿地融为一体。

芦苇湿地每个季节都给人们呈现出不同色系的油彩画面，主入口的大地艺术效果想要完美的与芦苇湿地融为一体，选材就成为了关键。广场的铺装为了呈现完整统一的效果，放弃了常规石材，选用大面积的露骨料来做基底，露骨料的粗糙感与整个场地广袤气质相吻合。露骨料常规横平竖直的伸缩缝处理很影响整体效果，我们把曲线的铺装分割和伸缩缝巧妙地结合到了一起，场地整体看起来完整统一。种植池壁选用白色的胶粘石，细腻的胶粘石勾勒出了各个岛屿柔美的线条。所有广场铺装采用钢板收边，使整个大地艺术能完美呈现。

↑ 概念图

→ 龙游湾一期总平面

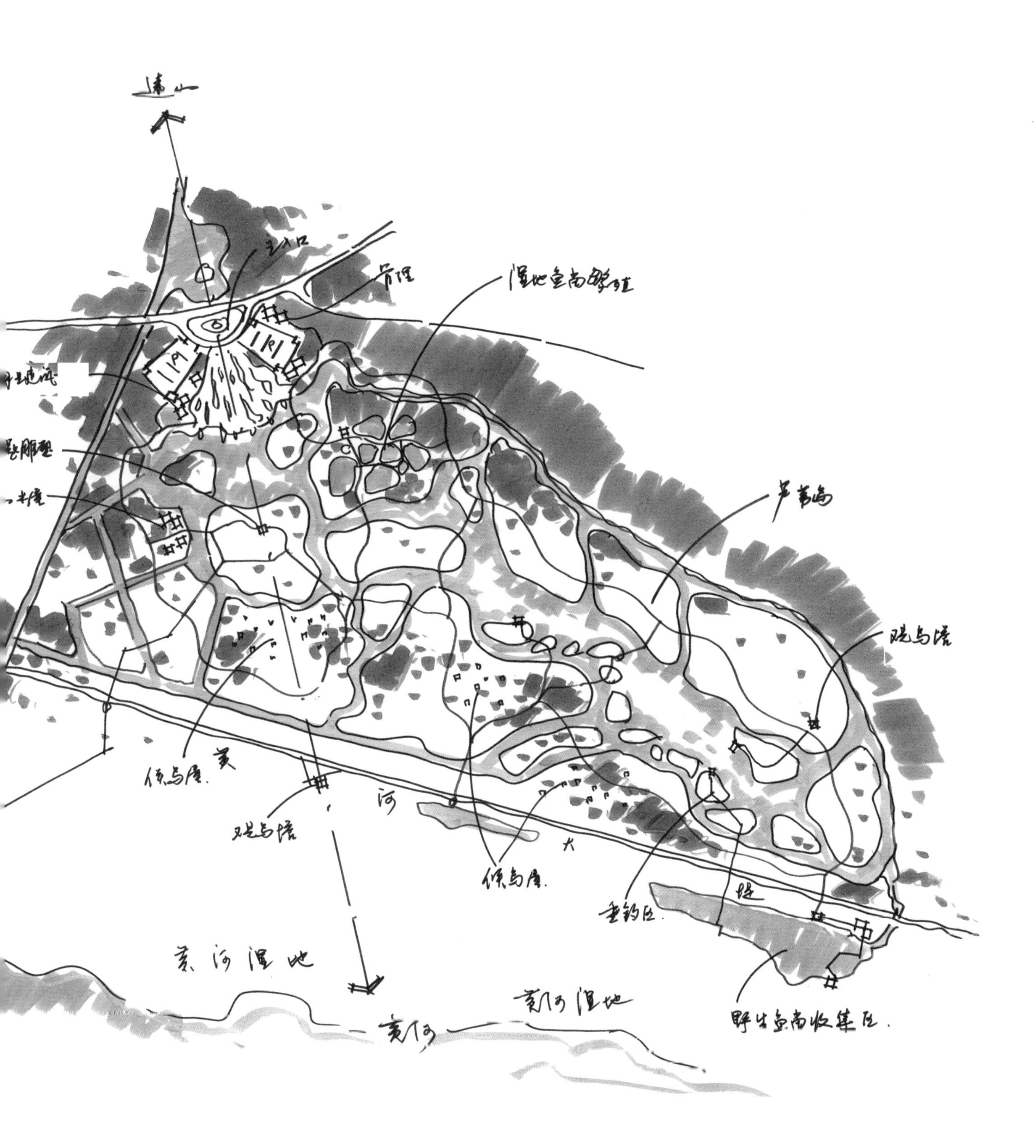远山
主入口
管理
湿地鱼禽繁殖
芦苇岛
观鸟塔
候鸟屋
观鸟塔
候鸟屋
垂钓区
野生鱼禽收集区
黄河湿地
黄河湿地
黄河

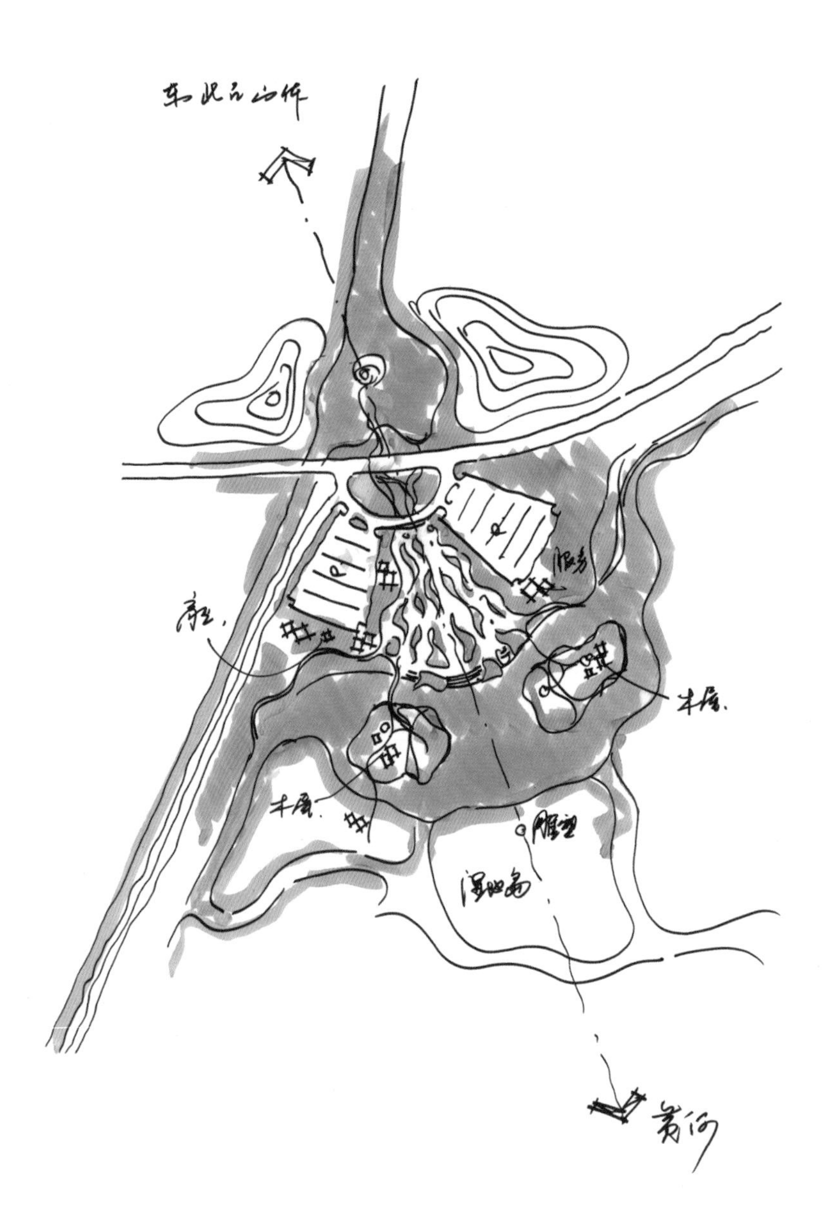

木屋
木屋
雕塑
湿地岛
黄河

← 一期入口广场

一期效果图

鱼梁洲环岛景观带及启动区
汉水文化广场

项目位置：湖北襄阳鱼梁州
项目面积：1755公顷
设计时间：2013年
委托单位：湖北省襄阳市鱼梁州管委会

设计理念

襄阳位居汉水中游，历史悠久，是国家历史文化名城。襄阳“四城一心”的城市格局使得鱼梁洲成为襄阳生态的“都市绿心”。洲体面积17.55平方公里，是一个天然条件得天独厚，开发利用极具潜质的江心洲。

鱼梁洲设计构思基于它的环境特性，打造成“生态、文化、运动、休闲、浪漫”之洲。首先，通过大地形的整理塑造，洲岛中心结合山地高尔夫场地，改变岛内一马平川的地势，营造丰富的地形空间的同时提高洲岛的环境品质；其次，鱼梁洲有深厚的文化背景，旅游、休闲、度假都是文化内涵非常丰富的产业，利用自身的文化资源提供一个浪漫的环境和场所。通过文化创业产业的引入激活洲岛的经济；第三，打造鱼梁洲环岛绿带，设置环岛慢行系统、水上交通系统等，面对老城区一侧打造滨江公园带，襄阳古城与规划汉水文化商业广场及山地高尔夫形成中心轴线，利用鱼梁洲独特的环境规划游客中心及码头，专题策划开展水上运动，天上运动，洲上运动，以此来丰富的市民及游人生活。

汉水文化商业广场位于中心轴线上面向汉江。其优越的地理位置成为城市聚焦点。在汉水文化广场规划中以汉水文化为背景依托，结合休闲度假、旅游建设、商业开发，形成以文化、旅游、商业为一体的景观综合体。

设计以“汉水之花、灼灼其华”的理念，以简单的形象融合多样性，体现包容性，象征具有浪漫特质的汉水文化，寓意汉文化之花。

汉水文化广场以时间、空间两条轴线支撑起整个设计骨架。空间轴线贯穿起汉水流域的地域文化结合自然景观营造最具当地特色的滨江景观带；时间轴线以农耕文明的源起、工业文明的开拓、科技文明的发展、生态文明的建设，分别依托文化故事中的有型的产物——火种、车轮、空间、水景、主题雕塑来诠释汉水文化脉络。广场设计依托森林背景、湖水环抱、汉文化核心体验、中央演艺舞台、欢乐江岸休闲娱乐、滨江休闲漫步走廊、特色休闲度假，时空轴线交汇，浇灌出璀璨的汉水文化之花，面向汉江绚丽绽放。

水是生命之源，河流是文明之源，汉水文化广场则是这汉江上一朵最绚丽的花朵，汉水文化广场融入多样性与多层次的文化体验、休闲娱乐、风情度假于一体，打造具有时代性和未来性的文化场所，成为展示当地最具艺术的文化平台。

启动区：位于汉文化主题片区，主入口集散广场与中心汉水文化广场之间。 设计打造集运动、休闲、生态于一体的具有鱼梁洲特色渔民文化的滨水景观带，满足人们的活动需求，丰富人们的户外生活。

→ 鱼梁州总平面

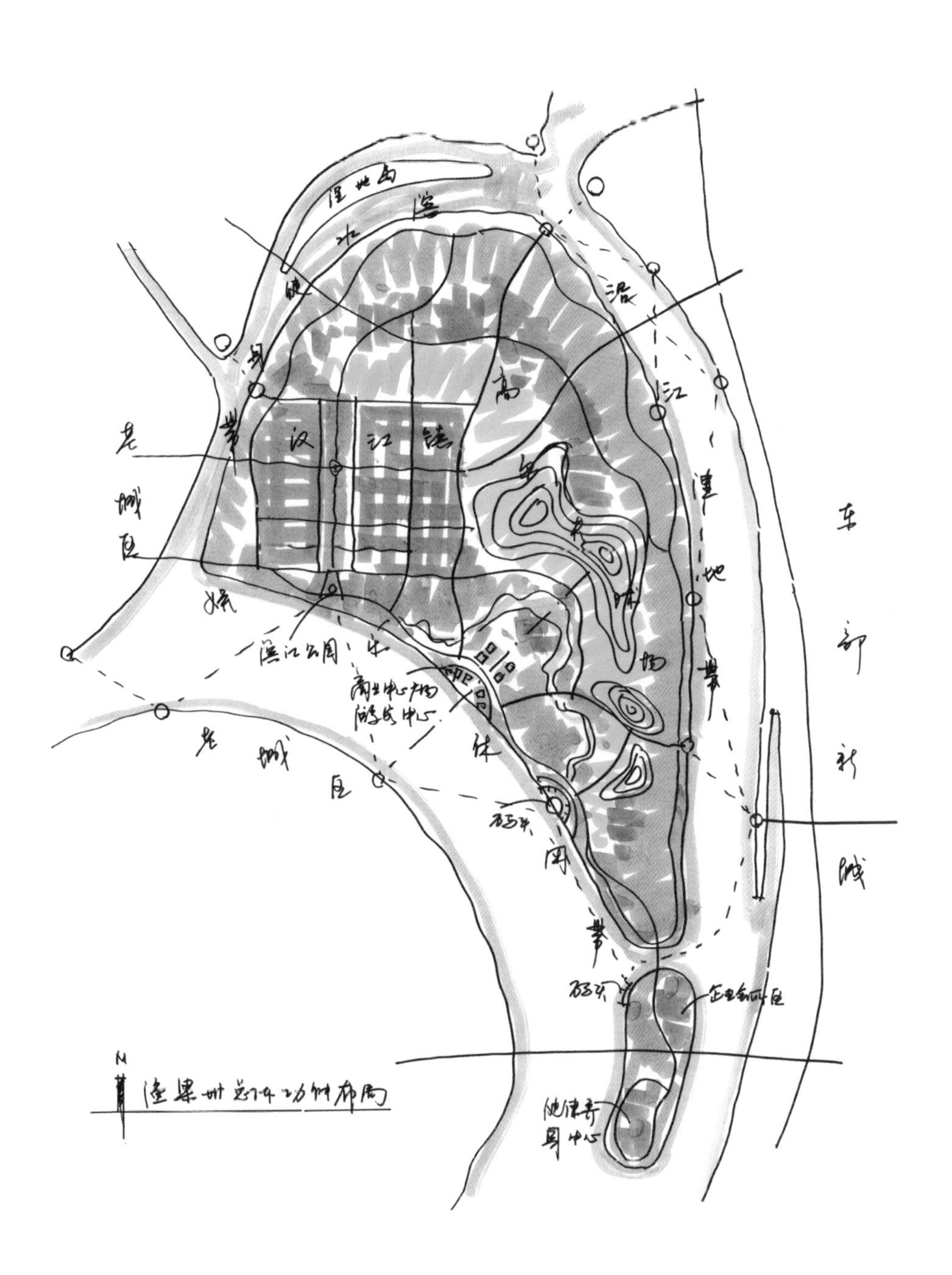

老城区
东部新城
滨江公园
商业中心广场
游客中心
码头
码头
企业会所区

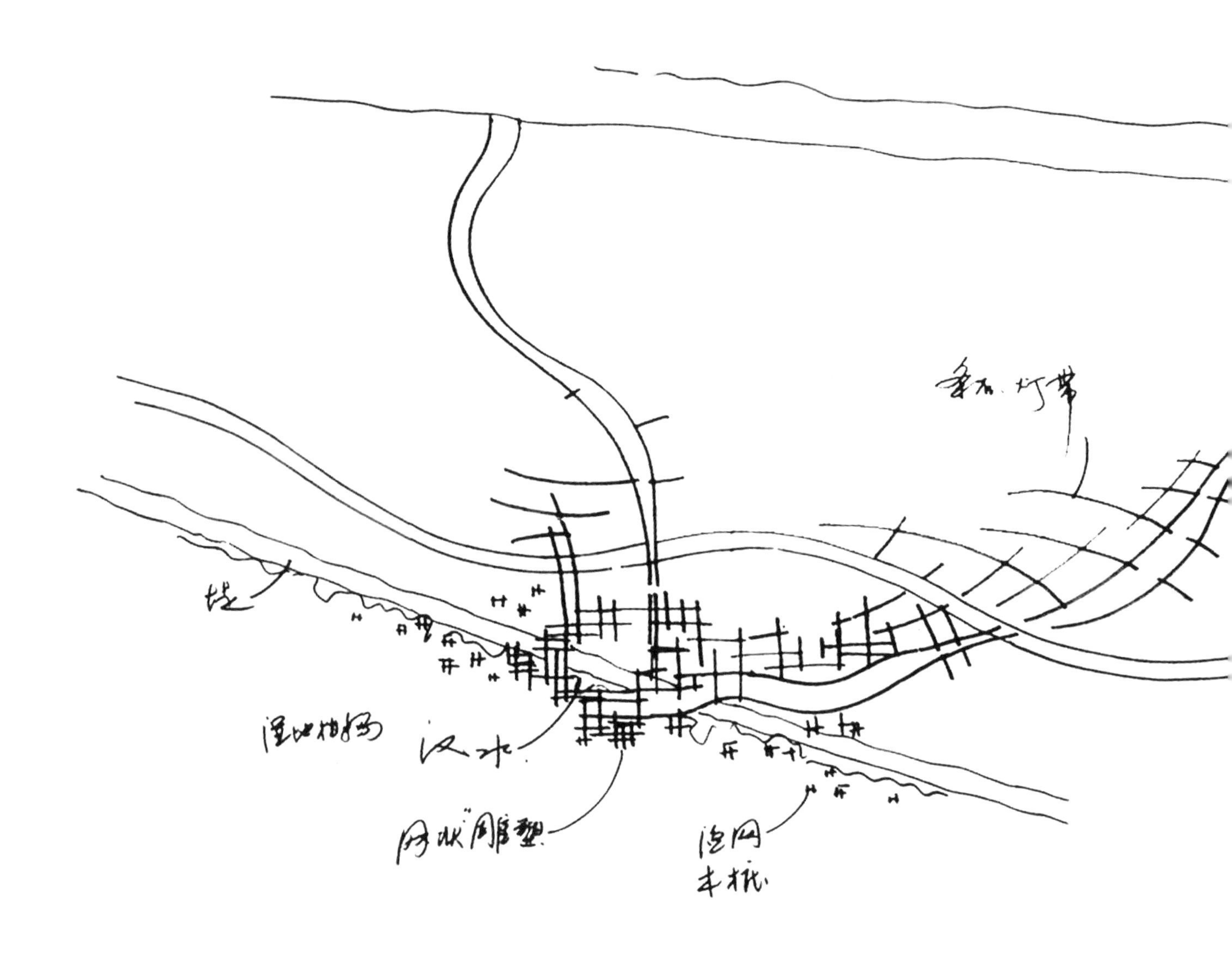

堤
湿地植物
汉水
网状雕塑
渔网
木桩

设计概念——“凭江倚翠，网织鱼梁”，本次设计的灵感源自于渔民的生活。用设计的手法讲述一个快乐渔民的生活场景。

迎着清晨第一缕阳光，小渔船缓缓驶入，划破了江面的平静，撒出的渔网划出优美的弧线，成为这江面上一道美丽的风景，每一次的撒网、收网，带来的将是无尽的希望和喜悦，阳光普照大地，小渔船满载而归，带着收获的喜悦开始新生活——观光游览、江边垂钓、户外运动、水上游乐。

项目依据场地现状及游人需求，将场地由北至南划分为三个区域，即入口展示区、活动广场区、滨水广场区。分区布局方式形成了一条完整的园区游览线，场地设有一条慢性系统与构建环岛绿道为同一个系统，以国际自行车赛道的水准进行设计。为市民提供举办各种大、小型活动和休闲娱乐的空间。

设计充分考虑鱼梁洲的地域特殊性，地形设计高度满足50年一遇的防洪标准。植物景观营造遵循适地适树原则，以季节变化丰富、自然野趣、抗耐性强的树种为主，根据生境结构，构建稳定的植被群落结构，塑造完整的植被景观界面。

设计以全景式地呈现了鱼梁洲地域风光、城市发展和群众精神面貌。

← 鱼梁洲环岛景观示范段

↓ 鱼梁洲示范段平面

N

鱼梁州核心

鱼梁州核心区

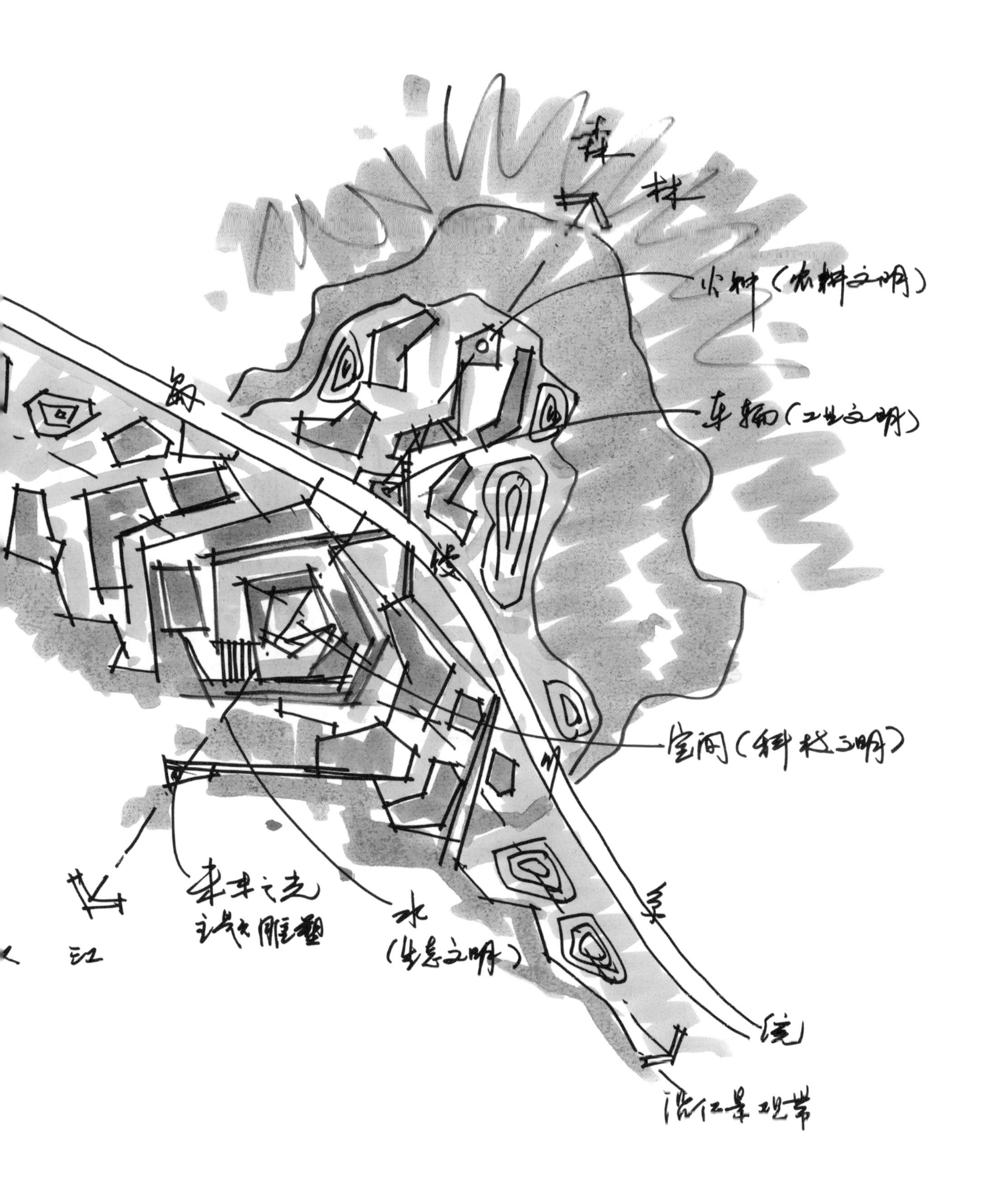

森林
火种（农耕文明）
车轮（工业文明）
空间（科技文明）
未来之光
主题雕塑
水
（生态文明）
沿江景观带

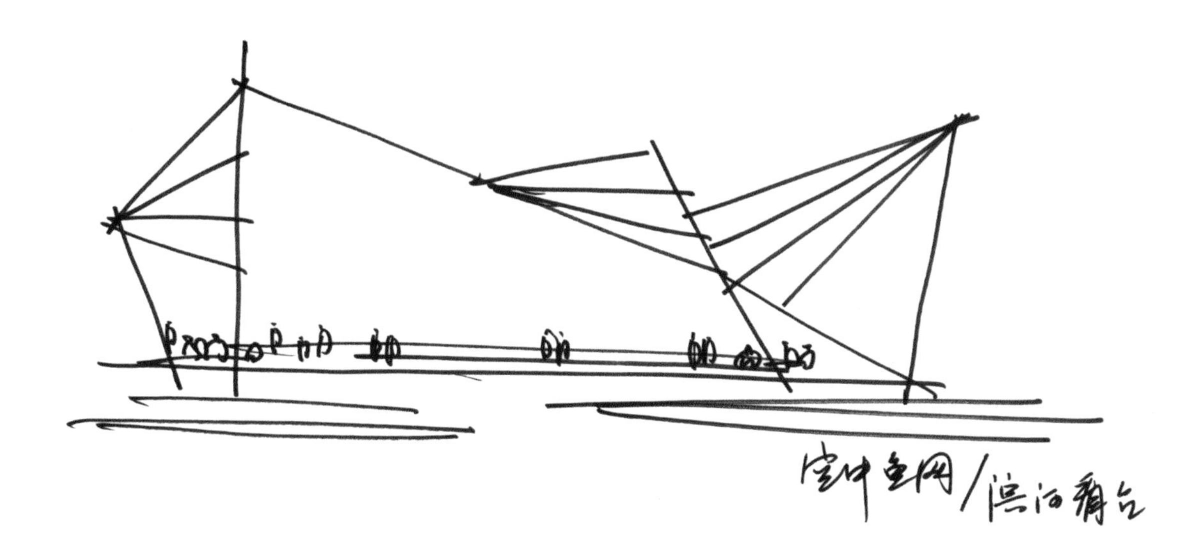
空中鱼网/临河看台

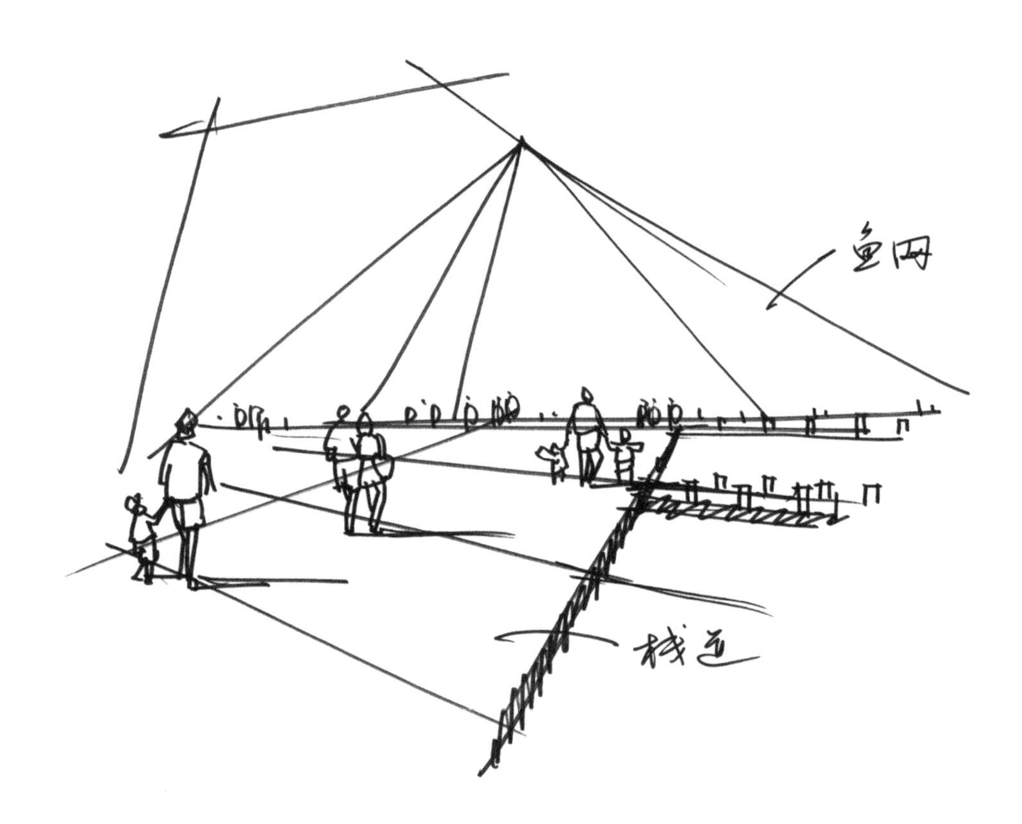

←↑鱼梁洲江边小品

张北风电主题公园

项目位置：河北省张北县
项目面积：300公顷
设计时间：2009年
委托单位：张北县规划局

设计理念

张北风电主题公园位于河北省张北县城西20公里。张北风电基地景观设计范围以现状风电观光塔为中心，向外辐射半径1公里，规划面积3平方公里。

以“风”、“电”概念，诠释自然力是本方案出发点，结合草原特色植被，地貌特点对张北风电基地进行景观设计。在整体规划布局以凸显四大功能区特点；入口区以草原的质朴大气为特色，景观大道以花田草海自然植被的韵律和设施的功能性，风电观光塔是景区的以绽放的“蒲公英”为以景区中心，酒店区造型似草海扬起的风帆，四大景区特色鲜明又相互和谐统一。为张北打造“风（电）光（电）张北，魅力草原”的城市新名片，带动旅游开发和提升城市品质发挥重要作用，推动张北走出中国，走向世界。

现状场地是曾经的火山口，坡上红色的火山岩提供了创作灵感，设计以一幅一幅的火山喷发的花海沿坡地层层展开，逐渐延续到广袤的大草原。

→ 概念草图

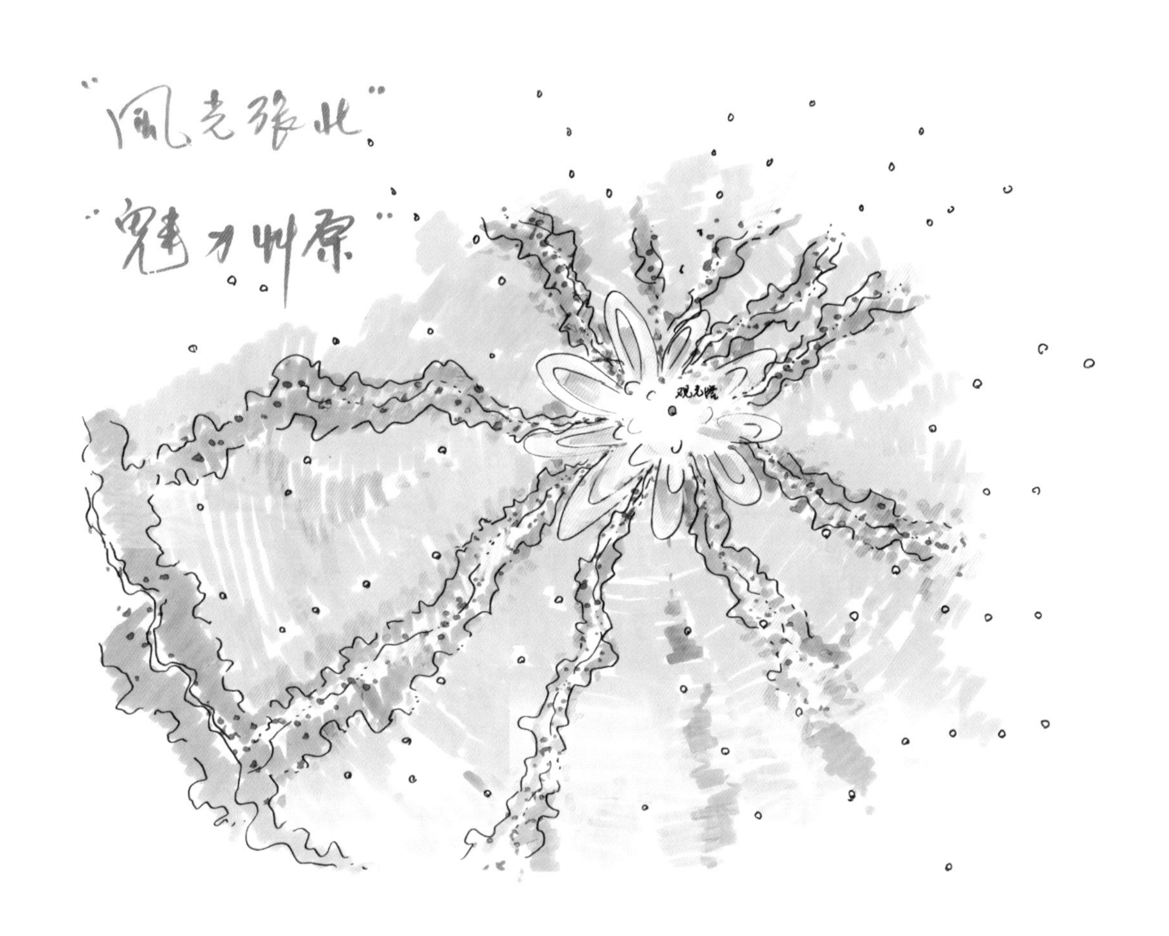
"风光张北"
"魅力草原"
观光塔

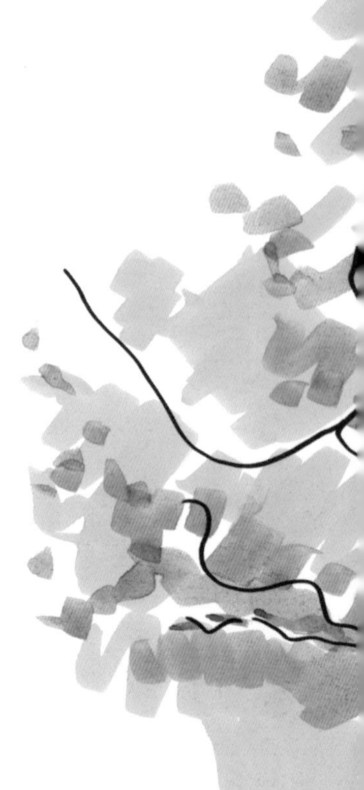

张北风电总平面图

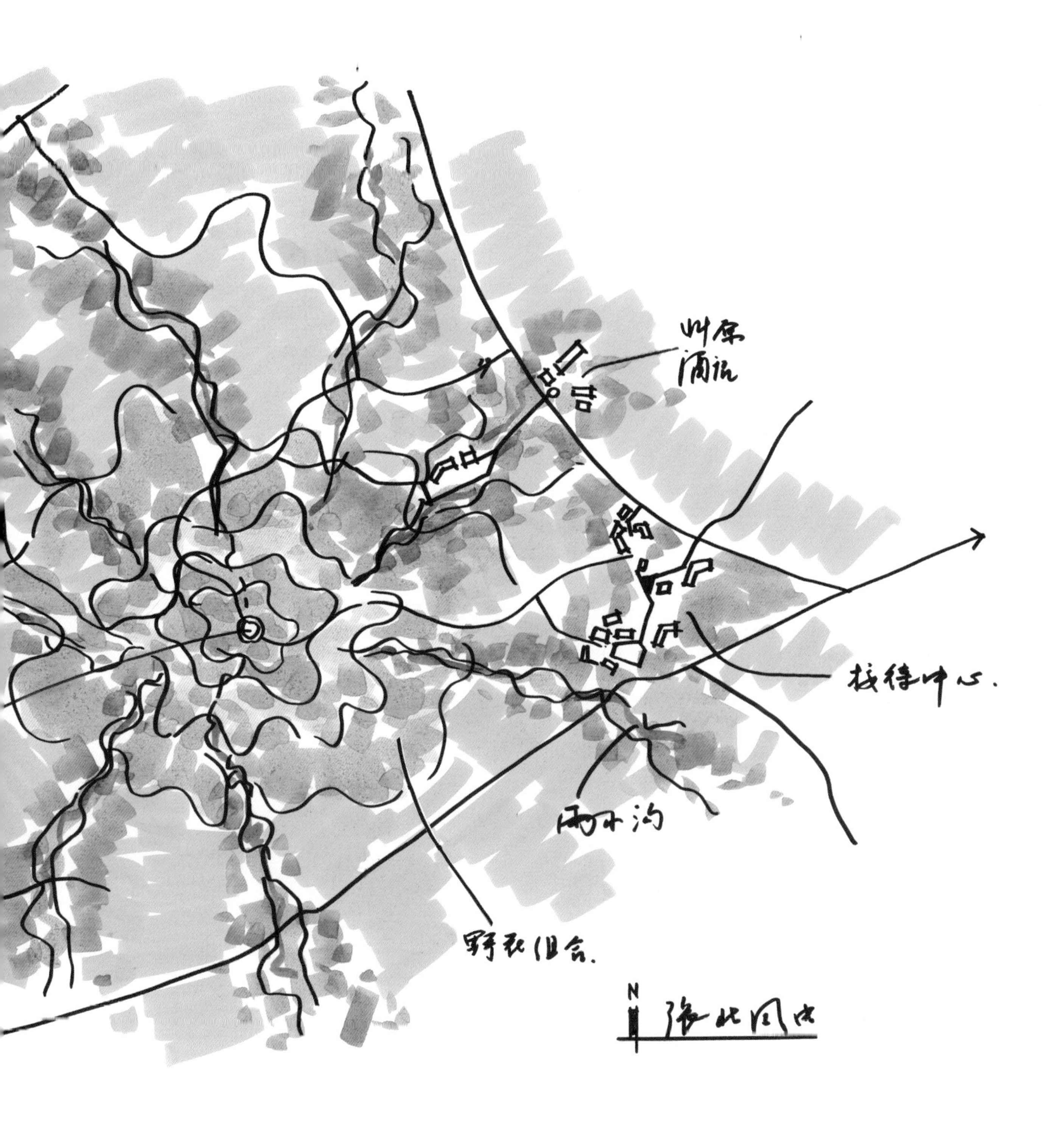
山庄
酒店
接待中心.
雨水沟
野花组合.
N
张北风电

↑→ 张北风电实景图

↓ 张北风电效果图

第　五　部　分

社区及小型城市绿地

地产景观的出路：走出『高端』『豪华』的怪圈

随着社会的发展，城市不断地扩张，资源利用和占有变得越来越快，在人类还没有反应过来的时候，资源消耗殆尽。现今各类居住环境层出不穷，然而人们心中最美丽家园却停留在儿时的记忆中，那种人与自然和谐共处的生活。我小时候生活在长沙市中心地带一个不大为人知的一个小院落，里面居住着十来户人家， 院子中间有两棵青桐树和一棵柚子树，夏天邻居们在树下乘凉、聊天。长沙的天气比较热，几乎每家都有竹板床，到太阳落山后，大家都把自家的竹板床搬到院子中间的青桐树下，躺在上面聊天、喝茶，整个院落仿佛都成了一家人。小时候我们打梧桐籽，爬梧桐树，还同邻居的大哥哥们一起在树下支起一个脸盆，下面放把米粒儿，鸟儿下来吃米，就用绳子一拉支架，盆子就扣下来了，把鸟关在了盆子里，梧桐树带给一个小院的记忆就这样的刻骨铭心。

居住区景观说到底就是给居住在里面的人提供生活的空间和交流的场所。它既是一种生活的载体，也是一种精神领地。所以对于居住环境的设计，第一要有创意，让人能记得住，它才会有精神、有活力。其次要有空间，人才能活动，如果都堆得满满的，还没有人去维护，那就变成大杂院了。现今有很多楼盘就是这样的结果，以大量的景观投入去撑高房地产价格，实际上却是不可持续的。高房价、高物业费，带给普通老百姓的并不是更好的生活，而是实实在在的负担。当然，景观效果的好坏与投资比例有一定的关系，但也并不是投入越多越好。最主要的还是要有创意、有特色，让使用者有归宿感。很多人认为会花钱的人才是设计高手。但那种“大手大脚”花钱的设计，才是真正的浪费，不是诚心诚意的好设计。那些所谓“高端”、“豪华”的景观，仅仅是表面化、虚伪的装饰性景观，注定是不可持续的，终究会走到尽头。

无论是有钱人，还是普通的上班族都希望有一个美好的居住环境，能伴随着一同成长，留下生活的记忆。景观是不动产，不是消耗品。这就要求我们的景观设计和工程是可持续的，而不是拆了建，建了拆。

打造一个优秀的生活空间，始终应该是地产景观的追求，让使用者都找到家的归宿感，孩子们和树木花草一同成长，老年人有一个方便的交流空间，安全舒适、简洁适用，可以满足各类人群的活动要求。地产景观不能搞得太过复杂，成为高额维护管理的景观项目。应因地制宜，做好人工与自然结构之间的平衡，尽可能保护好原生植物、自然水系等，在此基础之上再布置道路及建筑，真正作到人与自然和谐共处，这样可以起到事半功倍的效果。此外，做好雨洪管理设计，保护好居民的生命财产的安全也至关重要！

北京亚运新新家园是个规划得很好的社区，其最大的好处在于保留了过去的一些大树，简简单单的，没有做什么人工修饰。反面其中一些楼间花园则是做了很多人工的水系、石景、花草等等。非常难看，还需要大量的人工维护，给小区物业带来了不小的压力。

今天我倡导“朴实的生活空间”，原因是什么呢？我们现在做景观的都非常的虚伪，非常的浮躁，非常的被视觉主导，而忘掉了我们生活本身最真实的东西，是我们应该触摸的，我们心里面切实感受到的，我们天天使用的这些东西。所以说做景观应该回归到真实的、朴实的生活景观。这是我最近去夏威夷见到的一个非常有意思的中国庭院，这个庭院非常的简单，它使我非常的感动，使人愿意亲近它。中间有一个小小的生态水池，这个水池你可以走到上面去。你随时可以感受到你的脚下就是生态。这些石头没有一个是高起来的，就是铺在平面上的，但是你可以感觉到，那是非常自然的石头，而这个空间也非常的小，质朴的让你放松。所以，这个庭院让我非常的感动。平地上铺出来的石地，对比非常强烈，柔弱的水草和坚硬的石头，两者搓在一起，让你切身感受到，自然在我们生活中间是多么的珍贵。它的铺装就是简单的石头铺装，在水池中间，这些石块都非常简单，但是它又非常现代，不是那种很矫揉造作的，做得很奢华的，变化多端的东西，非常的直白。所以我认为这是最朴实的景观设计。

我们讲最真实的生活空间，首先是空间不要堆砌，要空。在空灵的环境中，你才能够提供活动场地，你才能够组织景观节点，你才能沟通视觉廊道。所以我们的设计中间，往往都有很空的场所，它给一个家庭也好，给一个社区也好，都带来了活动空间，这是另外一个让我感动的景观。我们不要讲欧式、不讲中式，不要讲那些概念和模式。你就讲感觉，景观最重要的是要找到一种感觉，一种灵魂。这种空灵是能感动人的。这个场景里面，那个雕塑，给它创造的环境是很空的，很简洁的围合，旁边有一个很简单的草坪，在这里你就是简单地欣赏这个雕塑，而不是在这里干什么别的事情，在这里给人的是冥想。空间带给人的是精神意念层面的东西，很多东西你不要做堆砌，做很多的装饰。往往最简单的处理，它能够解决最大的问题，带来最好的效果。我们有时候觉得，西方园林说来说去就是草坪，但草坪给你带来的是周边所有的变化，所有的景观，都在草坪周边展开了，而且在草坪中间的主体是人，这就是以人为本的一个核心理念，让人能够在草坪中间活动，让小狗能够在草坪中间奔跑，让小孩子能够在草坪中间打滚。这就是精神。所以说空灵的东西往往是最优雅的东西，最有实际意义的东西。

再一个就是生态。左图是我在西伯利亚拍的一张照片。我觉得西伯利亚大家一定要去，真正感受自然不是在苏州，不是在杭州，甚至不在九寨沟。我觉得你要去那种完全没被人打扮过的，没被人破坏过的场景，真正感受一下自然，那才会使你领会到自然有多大的魅力。人是很渺小的。说白了，人活一辈子，在整个宇宙中间，对宇宙带来的影响，宇宙能记住我们吗？记不住的，也就几十年，一下子就过去了，人在整个宇宙中间是很渺小的一个小东西。所以说，大自然中更多的东西，更博大的东西，需要我们去看待和理解，这样才能把人在这个大自然中的位置找准。

有时候我们谈以人为本，这个词说得也没错，但是提多了也不好。不能任何时候都以人为本。你要考虑到大自然中间生物是很大的群体，你什么东西

都以人为本，什么东西都是以人为中心，这些动物会不高兴的，这些鸟类会不高兴的。我们那么多的植物也不会高兴的。所以说，有时候也换位思考一下，如果说从一个猴子的角度来看待人类，它肯定认为人类是最差的，最残忍的，最不考虑其他生物的种类。我们要更多地考虑和其他的伙伴一起生活、一起发展，这个世界才有救。

当然我们也要考虑功能，这是居住区发展的很重要的东西。设计如果说光追求视觉、光追求理念，没有功能支撑它，你就变成了一个很空虚的东西。一个没有实体的东西，也不可能发展下去，也不可能存在下去。所以一定要有很好的功能，跟我们的创意，跟我们的概念结合到一起，才有实际的生活意义。中国社会今天的居住区对邻里关系方面特别不关注。我们就关注这个房子怎么有卖点。但是我们不关注这里面住的人怎么交往，怎么联系，怎么成为朋友，怎么让社区成为一个有活力的，能够让人在这个社区里面找到自己的一个产品，所以说在这方面，我们要多下点工夫。

另一个就是维护。我觉得对于我们现在的房地产开发，讲究后期维护的设计基本上就没有，因为维护都是交给管理公司了，跟我们的开发商也没关系，跟我们的设计师也没关系，跟施工方也没关系。这是不可持续的。我们房价已经那么贵了，物业费又在不断上涨，因为你要不维护的话，这个社区就逐渐地衰败，现在已经有很多的案例可以证明这一点，大量在10年前，甚至七八年前开发的房地产，现在已经衰败了，原因就是它没有能力，没有资金维护那么多的景观。

下面举两个简单的案例，来说明我们现在有多差。风林绿洲是我在北京居住过的小社区，这是大概10年的一个社区，看看现在已经变成什么样子了！建筑的概念是枫林，建筑基本是橙色，树也是橙色，分不清谁是谁。这个样子，你能分得清建筑在哪儿，树叶在哪儿吗？分不清楚，所以说是被概念给忽悠了。这是社区外围的景观，我们从来没考虑过停车该怎么处理。为什么建筑

边上要搞这么大的柱子，把里面的光全堵住了，谁也看不见谁了。这里每一套房子大概要花700到800万人民币，只有150平方米。这是非常可恨的。700到800万人民币，相当于100多万美元，在美国是可以买一栋很大的豪宅。左图是一条残疾人坡道，给它铺上这种石子，你是让残疾人感到高兴，还是让他感到痛苦？这个台阶不知道用了多少材料，各种不同的处理，为什么要不停的变化？为什么要贴了一块又一块，那么薄的片石贴在上面，狗都可以把它踩踏了。这些材料为什么不能经历很长的时间？因为这个里面是砖头砌的结构，外面是花岗岩板，不到两年全都驳落了。这里有中国传统园林的概念，水上要架桥，那下面全是石子铺出来的，这要非常多的人铺小溪，而这个溪在我住的那两年时间里面从来没有见过水，一点水都没有，上面全是桥，这叫景观吗？这是一条溪流，溪流里面的石子都是工人们一个一个地把它贴出来的，现在全是斑驳得乱七八糟。这是细节。这是水池边上贴的墙面，怎么贴出来的？这么差的工程，这才10年，就完蛋了。然后这是围栏。在“有电危险”的配电箱上面还搞了一个座椅，这是设计师脑子进水了吗？都是完全没有考虑生活需要，没有考虑现实的设计。这个休息亭贴得花里胡哨，这里面有非常多的铺装，都是以为越丰富越好，原因是我们老是强调要步移景异，要丰富多彩。这些玩意全是错的！所有的这些提法全是错的，我们的景观不需要丰富多彩，好的东西你只要给我一个就好了，你不要在这个地方给我50个景观。一个很小的地方，不可能容纳50个景观。这些栏杆斑驳得非常厉害，没有维护，这里面的维护费太高了，你要每个地方都去打点，真是难维护，这是因为想做得丰富，就做成这个样子了，每个地方都裂了，外面停车的地方没有，车都挤到人行道上了。

为了证明我的观点，要做朴实的景观，而朴实的景观，是可以做得非常漂亮的，做得非常让人感动的，我再举一个案例给大家看一下。这是美国夏威夷的议会大厦。大家一听到议会大厦，觉得很不得了，它是一个城市最重要的建筑景观。我在这个议会大厦周边看了一圈，环顾了半天，想知道它有什么特

色，这个建筑80%都是混凝土做的，这个建筑从造型来说，从空间结构来说，从里面的功能来说，都做得非常大气，没有一个人看了这张照片说这不像个议会大厦，像一个农民的小居屋，不会是这样子的，它很气派。但是你们仔细看看它的墙体、柱子，包括它的屋顶，那上面全是混凝土做的。而我们现在做景观，我们做建筑，哪一个建筑不在往建筑上面贴最亮丽的材料，贴最时髦的装饰？而这个建筑特别的低调，这种低调使你感觉到它有自信。它相信自己，用混凝土也可以做得比你漂亮。非常自信的建筑，这是最能够打动人的。非常低调的东西，它才体现真正的奢华。往往我们做很多很豪华的东西，做完三年、五年以后，到处都斑驳了，到处都掉下来了，也不好打理，而且那些东西看起来也没有自信，因为你老是给自己化浓妆，就是因为你自己长得不好，如果你长得很好，是用不着不化妆的，顶多就是稍微修饰一下，她有自信。所以说这种自信在我们的设计中间非常的重要。你们看看这个柱子，它连模板的纹路都可以看出来，就是清水混凝土，侧面的那个斜着的墙也是混凝土的水泥桩贴出来的，没有用瓷砖，也没有用不锈钢，也没有用玻璃。这个大厅非常气派，上上下下都是混凝土，屋顶是混凝土，柱子是混凝土，地面也是混凝土，它就能够自信到这个程度。而且这个建筑已经有几十年了，没有一个地方是驳落了的，因为是混凝土，它是不会驳落的。外面这些凳子、花盆都是混凝土做的。边上的道路也是混凝土做的。我们要是铺这种道路，没有一个地方是不用花岗岩，而且要用不同的大小，不同的颜色，不同的图案。而它就是一个简单的混凝土。这是近景，全是混凝土做的，建成了几十年，一个缺块都没有。

这是另外一个大家都熟悉的，珍珠港的纪念碑，也是全混凝土做的。我看到之后非常激动。一说到朴实，你们真要去看看，木材我怎样把它做好，砖头我怎样把它做好，就是泥土、沙子、麻绳、竹子，把这些东西做好，你就很成功了。这是它的一个最重要的logo墙，都是混凝土做的，只是刷了白色的油漆。整个纪念碑里里外外全是混凝土。

漳州奥体中心

项目位置：福建漳州市圆山新城区
项目面积：3.84公顷
设计时间：2014年
委托单位：漳州圆山新城建设有限公司

设计理念

漳州位于福建省，东濒台湾海峡与台湾省隔海相望，东北与泉州和厦门接壤并一同被称为“闽南金三角”，南部与广东的汕头、潮州毗邻。漳州是国家历史文化名城，素有“海滨邹鲁”美誉。漳州物产富饶，素有“花果之城”、“鱼米之乡”的美称。漳州奥体中心位于漳州圆山新城区，承办省运会的游泳，羽毛球比赛项目，奥体中心北临九龙江，东靠九龙江大桥，向南远眺群山，区域位置优越。

以“场地建筑和远山融入中轴的山水景观”为核心创意，借景场地远处的群山和建筑优美的弧线，通过流线形的道路，花带，林带，水系伸展蔓延，环抱中心湖和湖心岛融入中轴景观，形成山水特色的奥林匹克景观。

场地远方的群山和线条优美的场馆成为设计的灵感和元素，并将它们收入我们的整体景观中，与场地的中心湖描绘成一幅自然山水画卷，贯穿场地南北的景观轴线将分散的场馆串联起来，并将九龙江和远山连接，形成大气的天地景观。以主入口广场为起点向南北流动的园路连接各个运动场地和场馆；入口广场的涌泉雕塑如同中心湖的水源，通过跌水花溪连接源头；流线形的道路，水系，花带以及两侧的高大树林相互交织出中心景观，提供人们运动，休憩的优美环境，打造漳州最具特色的体育景观。

→ 漳州奥体中心景观结构

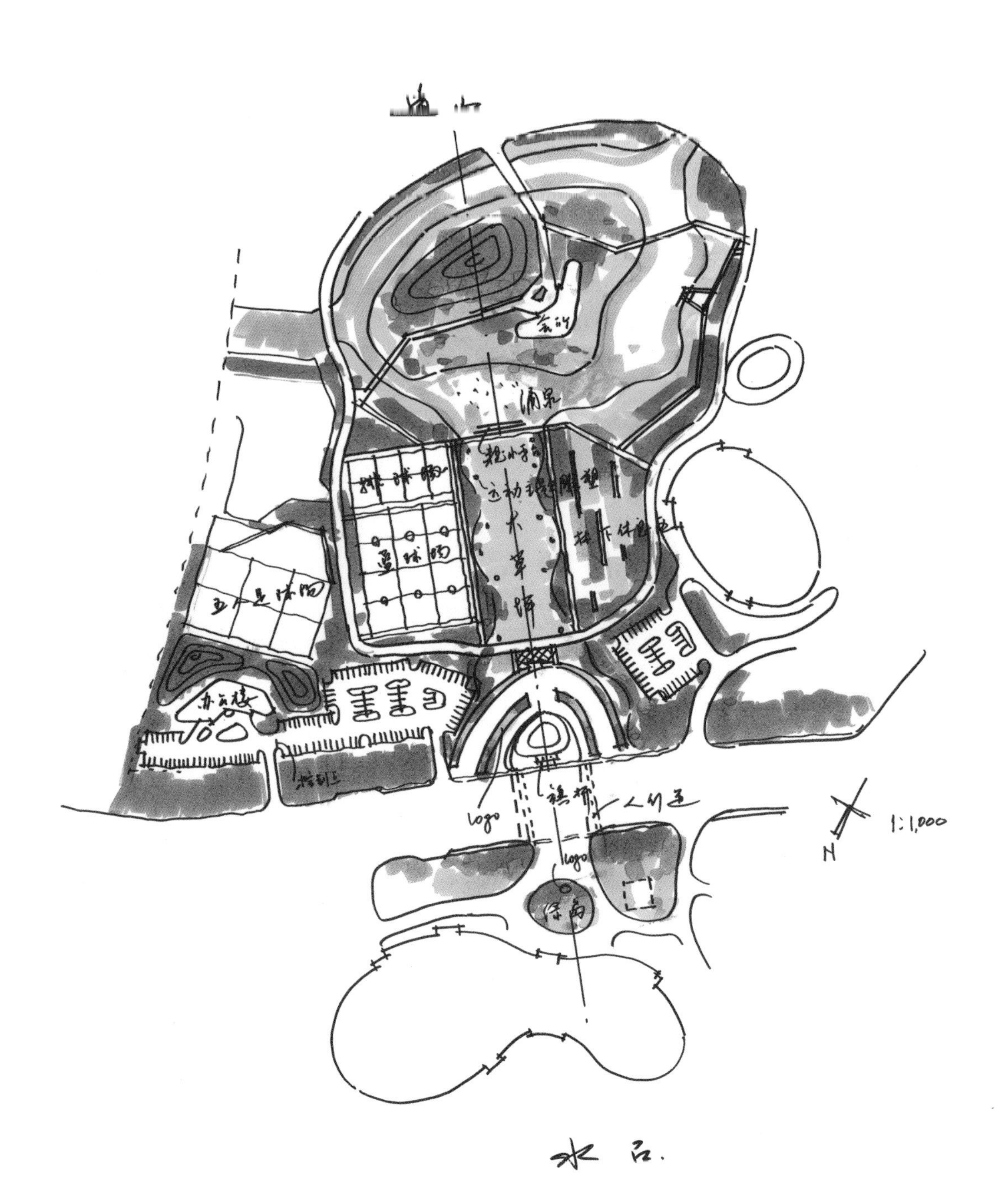

排球场
篮球场
大草坪
五人足球场
人行道
logo
logo
1:1,000
N
水口.

↑ 漳州奥体中心总平面图手稿

→ 漳州奥体中心总平面图

漳州奥体中心鸟瞰图

成都保利198皇冠假日酒店

项目位置：四川省成都市
项目面积：400公顷
设计时间：2009年
委托单位：保利（成都）实业有限公司

设计理念

保利公园198项目位于成都北三环外蜀龙大道西侧，距成都市中心约15公里，距成都中心天府广场车行时间约30分钟，距新都新城区约6公里，交通便捷。项目北临成都市植物园，西南临成都市熊猫生态公园（大熊猫研究基地），西接金牛区天回镇银杏园，属于成都“15平方公里北郊风景区核心区”与“成都198生态走廊”交汇处，项目西南、西北高，是成都平原非常稀缺的山地景观项目。项目总占地约 6000 亩，规划有亚洲最大的2200亩郁金香公园、国际高尔夫生活和五星级酒店，总建筑面积在200万平方米以上。

作为成都城市北部最大的地产项目之一，该项目将依托于项目区域公园众多的优越自然条件和项目自身拥有的超大公园，着力打造城市公园地产的典范，引领蜀龙路片区高尚生态住宅标准，代言城市公园地产发展的方向。

酒店位于整个规划地块的中部，是成都北部新城规划首个五星级酒店。

项目概况：

“保利公园198项目五星级酒店”位于保利公园198社区一期中央景观湖西侧,定位为成都市北部最高端的五星酒店，主要客户为城北旅游、商务会议客户、高尔夫商务客户等。酒店建筑面积约45000平方米，塔楼层数17层，裙楼为4层，配置350个客房及其他高档配套项目，酒店红线内景观面积约40000平方米，整体地块内西南高东北低,高差26米。开阔的草坪、优美的水景、宽广的亲水空间，为酒店营造出颇具现代感的氛围，相辅相成、相得益彰。该项目既融合了丰富的自然、人文资源和山水相映的景观特质，又具有自然、生态与使用功能、建筑形式相匹配的特点。

→ 总平手绘

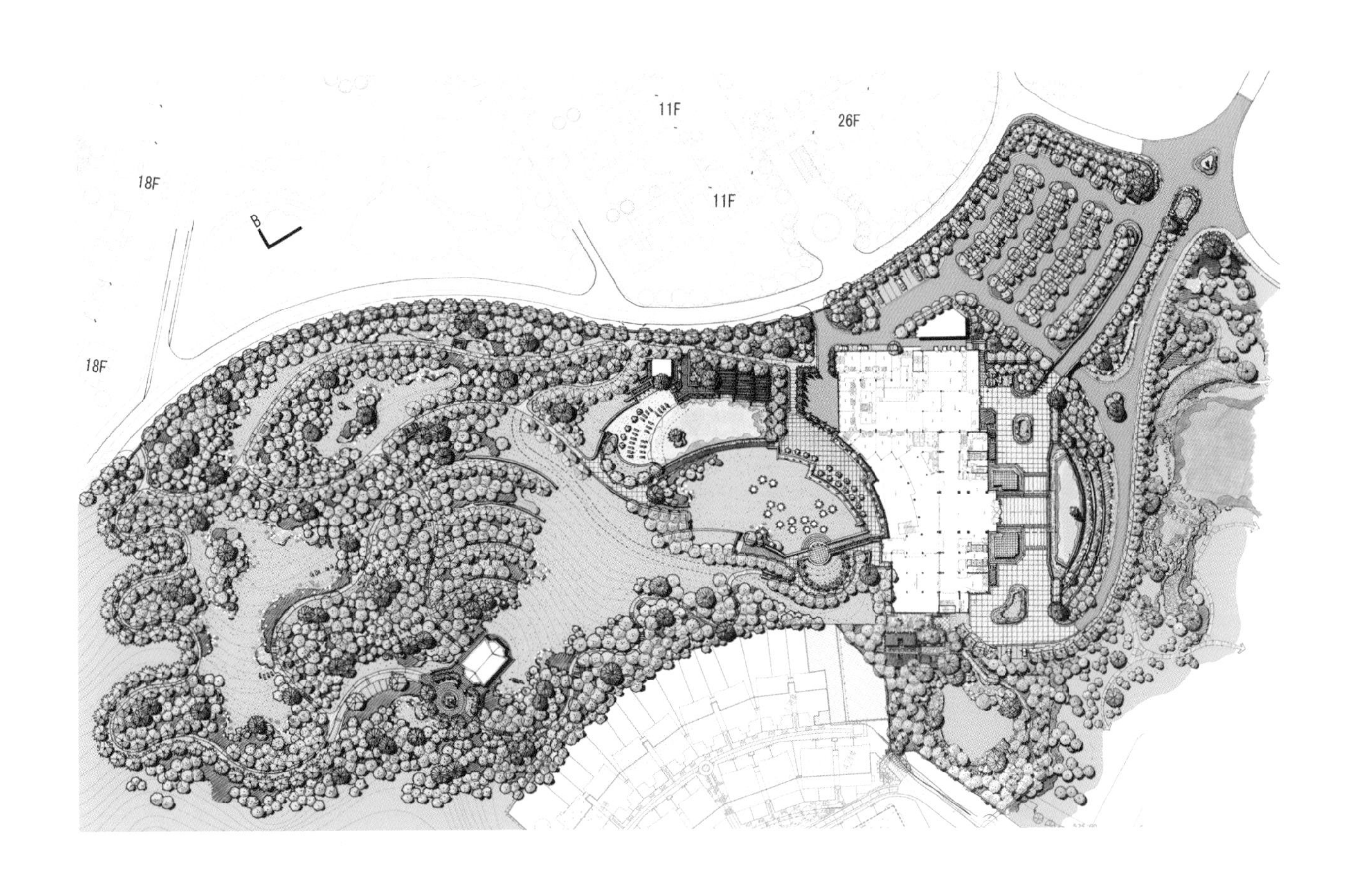
11F
26F
18F
11F
B
18F

简约休闲风格:

简约化的设计是全球范围的趋势，摒弃所有符号化的装饰细节，以最简单的板、块、面形式来表达空间景观领域的简约休闲风，是在这种理念指导下融入人性化的休闲生活方式，强调景观的可参与性、景观与日常生活的关系。具体表现形式为极简的造型，或精细或自然的材料质感加上机械加工般的工艺水平，植物种植上也追求简洁的层次，着重于植物与空间构成的关系，强调装饰品的格调材质与色调表现。材质的原始质感和色彩是简约休闲风格所追求的境界。

采用对比的方式，将色彩和质感反差较大的材料组合在一起，将精细的切割，打磨加工工艺和自然的堆砌方式进行排列，相得益彰。

景观化原则:

建筑前应保持一定量的基础绿化面积，以提高人行景观面的品质，弱化建筑和铺装的生硬感。采用渠化停车和绿化停车的方式，提升公共空间品质。公共空间的庭院化，留出可休憩停留的场所。充分利用竖向上的变化，起到分隔空间和丰富空间趣味的效果。植物上可以多利用盆栽方式，选择常绿品种和攀缘植物丰富建筑立面效果。利用各种景观小品的搭配，营造出休闲生活的氛围。

→ 成都保利酒店后花园

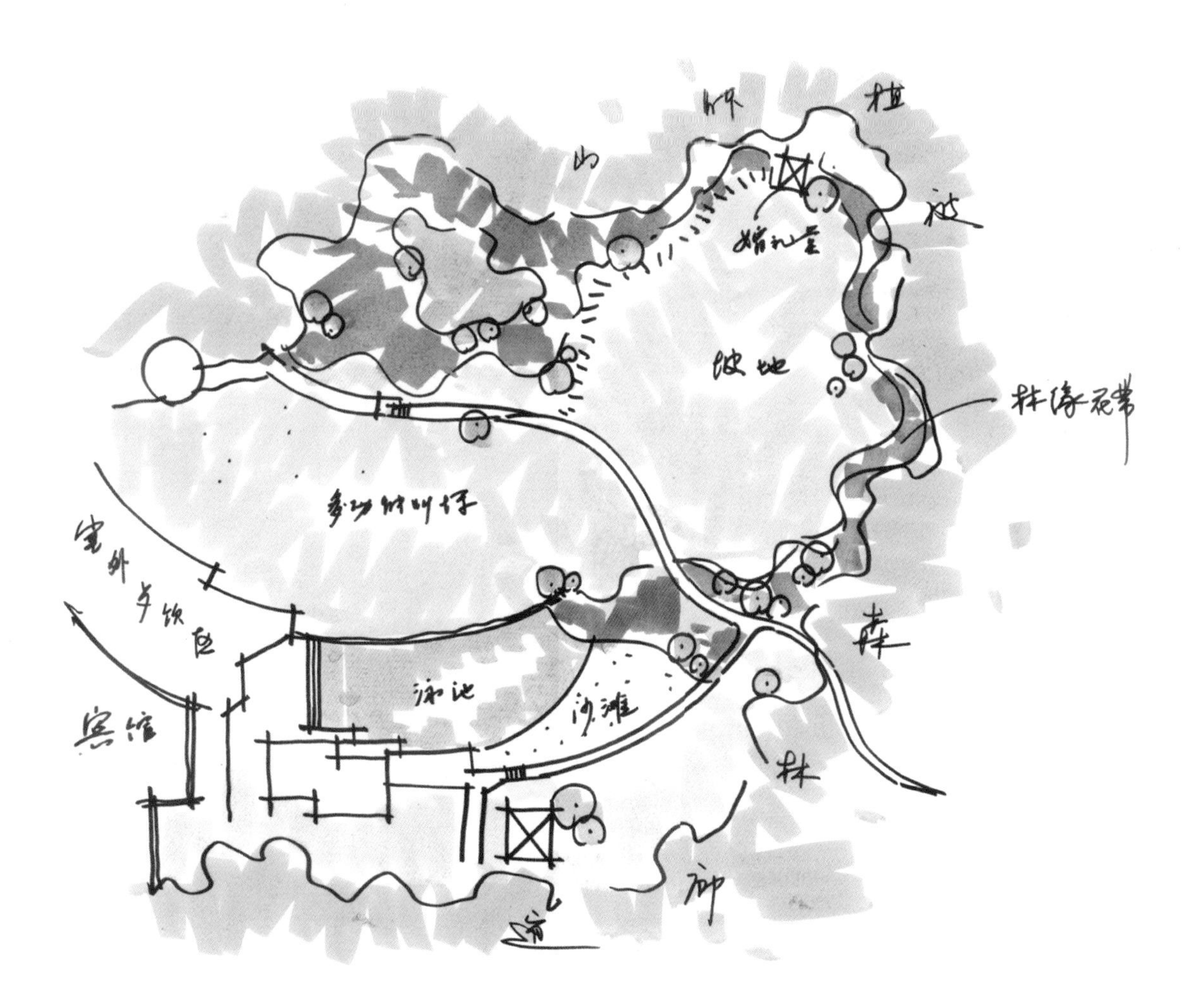

山
婚礼堂
坡地
林缘花带
泳池
沙滩
宾馆

实景图1、2、3、4

海南博鳌千舟湾旅游区

项目位置：海南博鳌
项目面积：41.8917公顷
（一期 11.85 公顷，二期 30.04 公顷）
设计时间：2008年
委托单位：海南博鳌投资股份有限公司

设计理念

海南博鳌千舟湾旅游区项目，地处万泉河的三江入海口处，与玉带滩和博鳌亚洲论坛永久会址隔河相望，自然景观资源优势独特。总用地面积为41.8917万平方米，建筑面积为8.47万。其余水体设计约占35%，设计有景观水面、通航水系、景观浅水、游乐水体、温泉水系等多种水景类型。总体定位为养生度假项目。分为两期进行，一期项目用地11.85万平方米，设计有热带雨林入口，丛林探秘主题儿童乐园，阳光绿岛，有氧运动区，织锦花园和眺望视点极佳的金三角。二期用地30.04万平方米，充分利用地域资源，突出本土独家风格特征，利用水系形成一个别具特色的小岛，雨林岛、沙洲岛、槟榔岛、珍贝岛、火山岛、海洋岛、原生岛、香草岛等多个特色分区，给整个养生度假区带来与众不同的丰富体验，景观空间别具一格。

千舟湾地块的特点非常明显，即南临三江入海口，通过船只可以与大海相通。地块的唯一交通是北面的市政道路。怎样把园区内陆部分的景观与南部的大海联系起来，方案做了两件事。第一是建立一条水轴，从北到南连城一体，在北入口部分建立一个中心水面，以“码头”为主体，使人进入园区即感受到滨湖的景观氛围。第二是规划了一条长廊，从北入口一直到西南方向的小岛，形成一个慢行景观休闲空间，贯穿项目的一、二、三期，并与远处的山水构成视觉联系。

▸ 博鳌千舟湾方案1

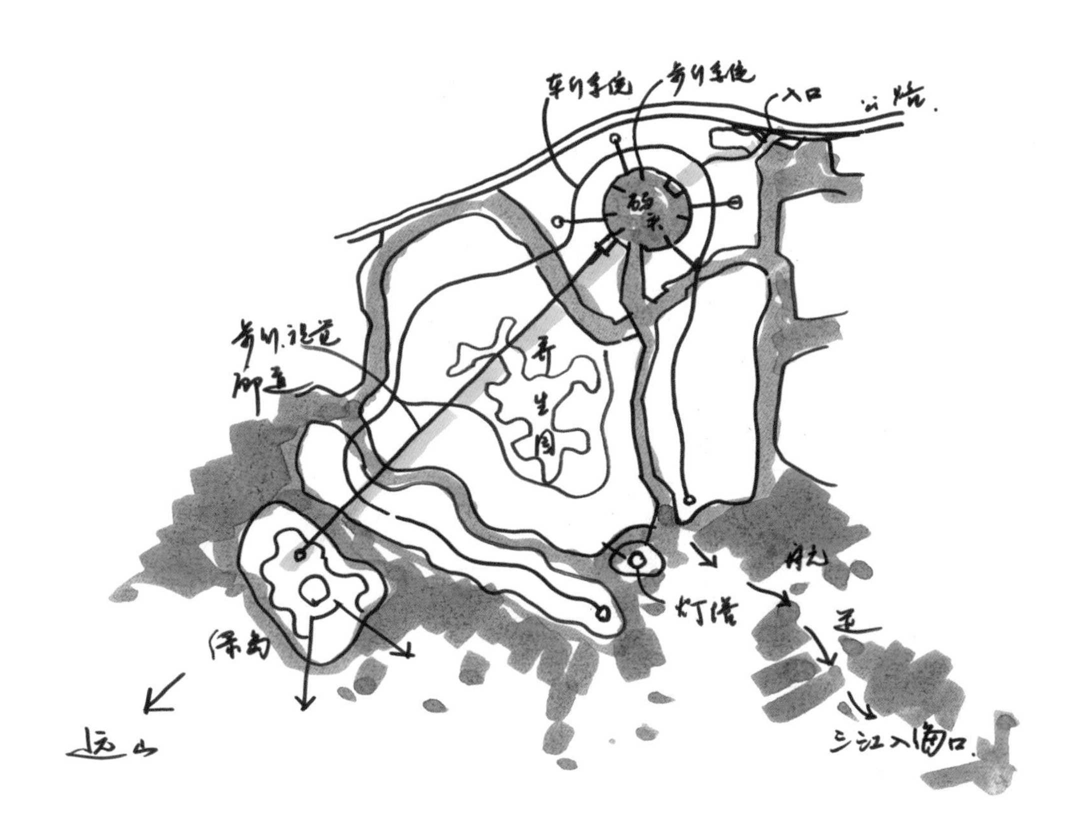
车行系统
步行系统
入口
公路
灯塔
航
道
远山
三江入海口

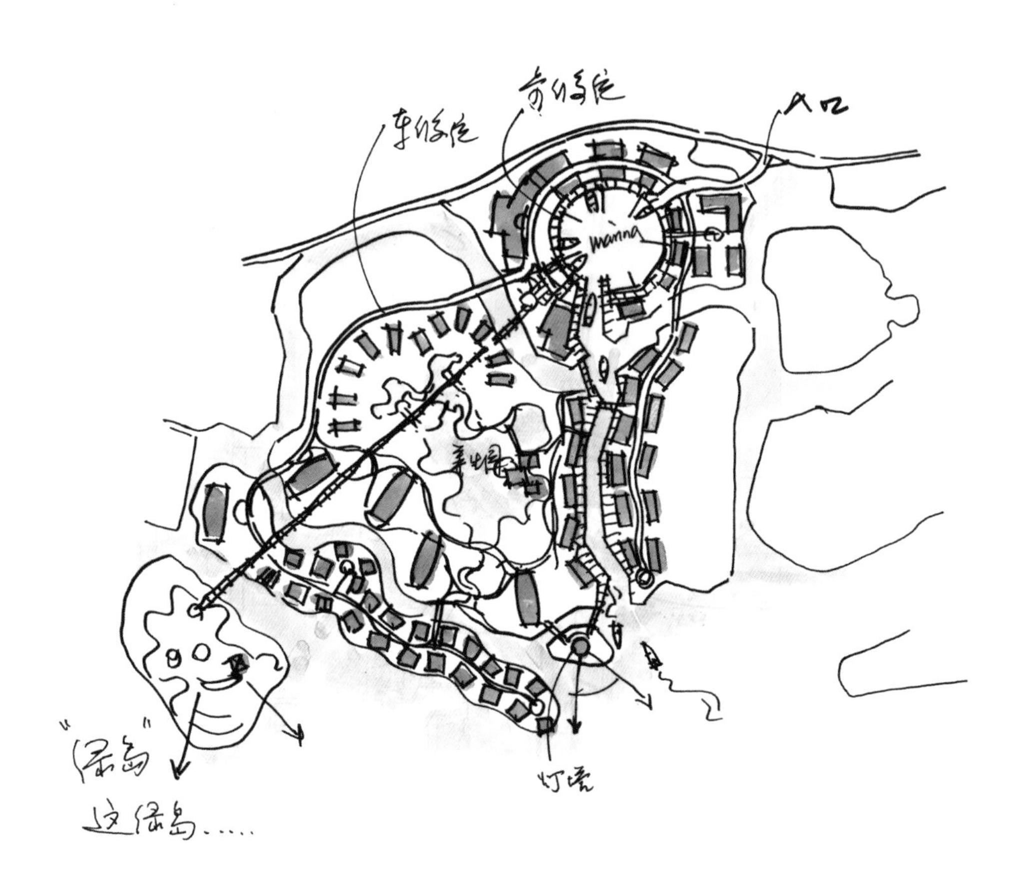
入口
marina
"绿岛"
灯塔
这绿岛……

← 博鳌千舟湾方案2

→ 道路入口

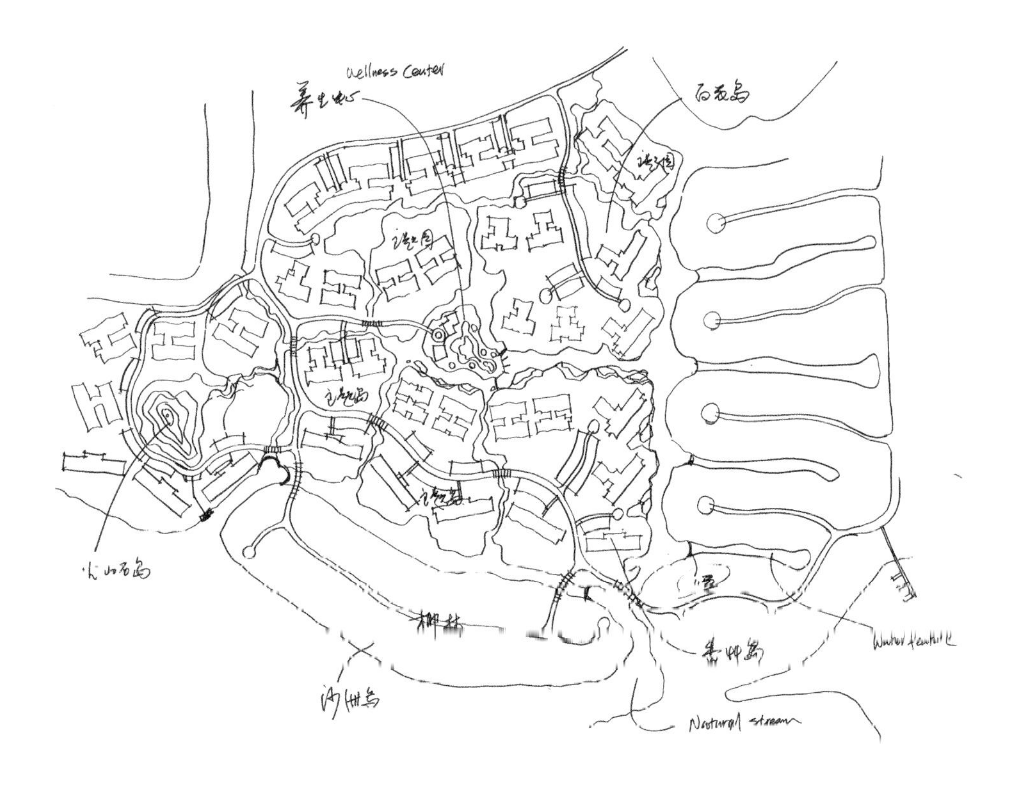

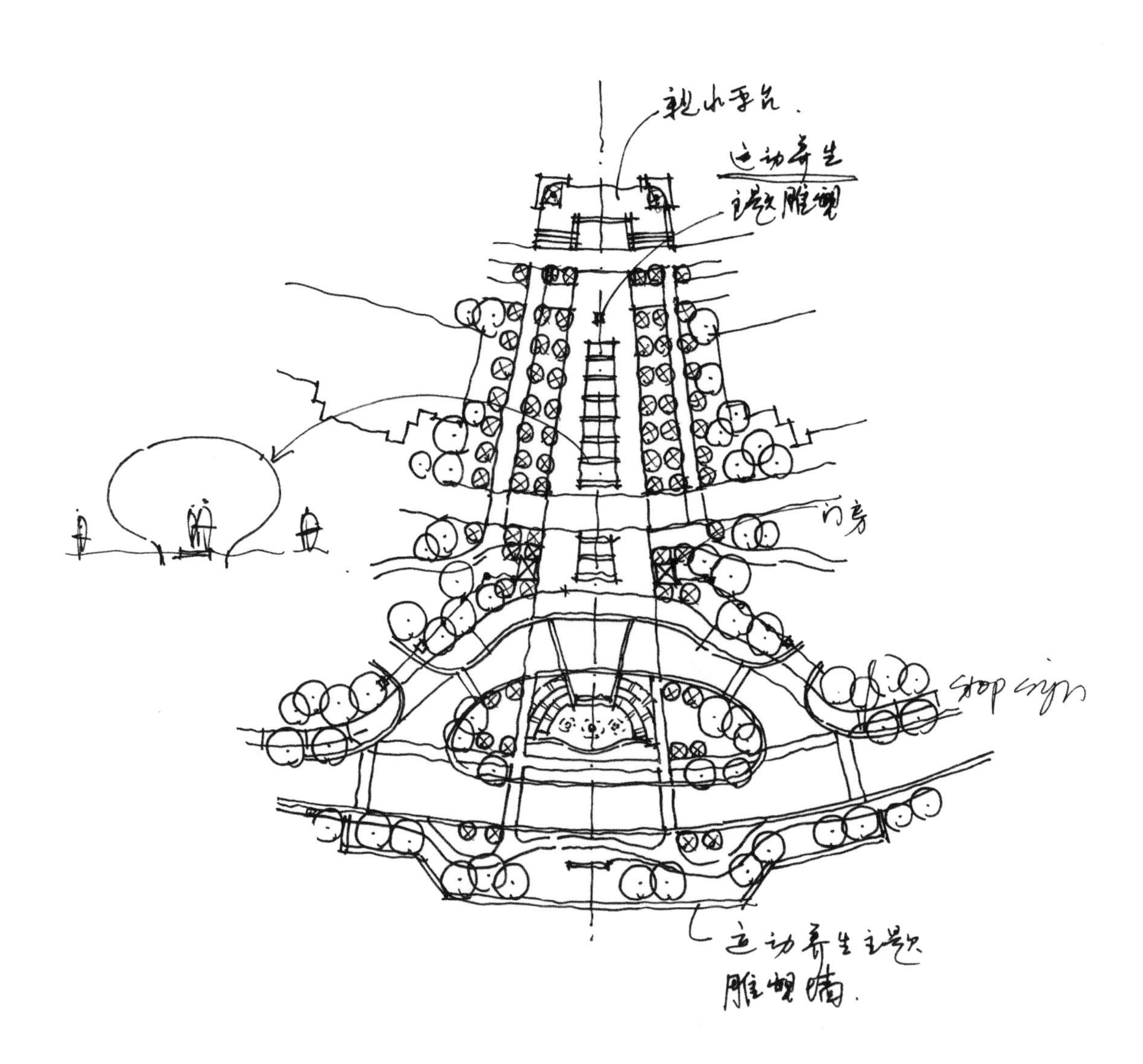

亲水平台
运动养生
主题雕塑
门亭
stop sign
运动养生主题
雕塑墙

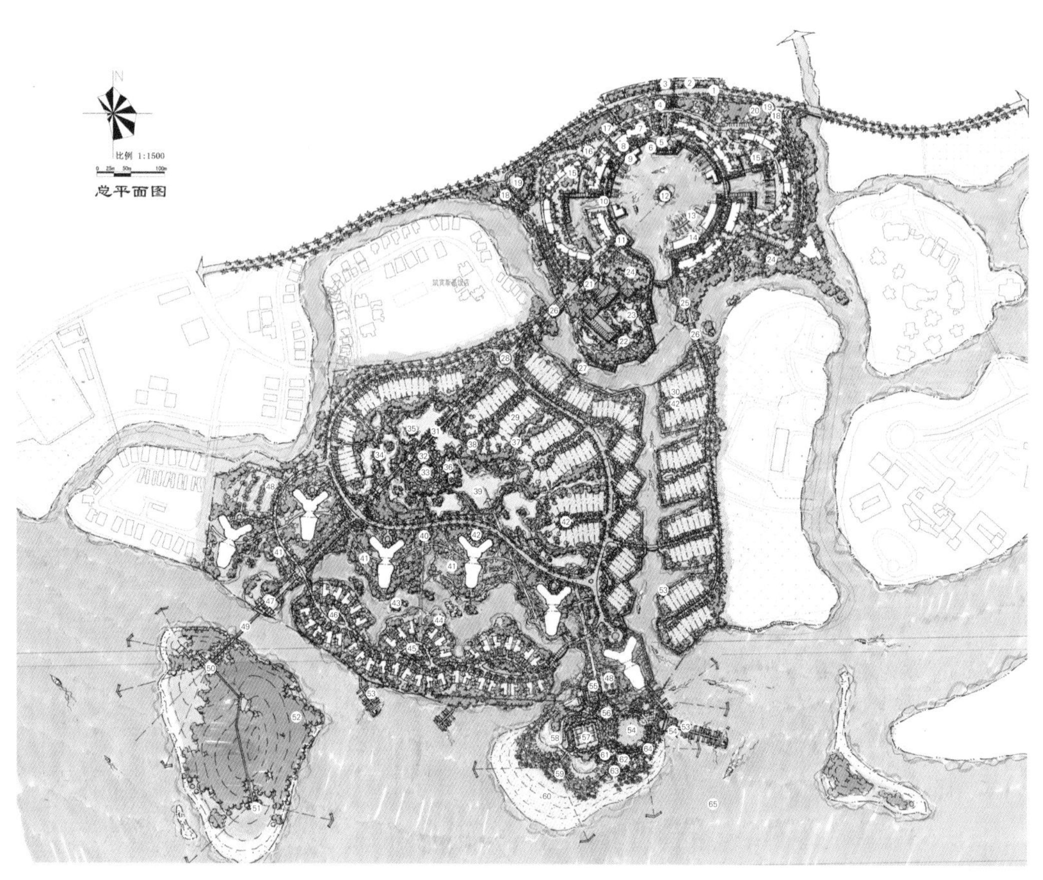

1.朝博路	11.游艇港眺望平台	21.酒店入口	31.特色景观连廊
2.绿化隔离带	12.香椰岛	22.儿童戏水池	32.温泉水吧
3.景墙	13.游艇俱乐部码头	23.酒店淡水泳池	33.榕树林养生温泉泡池
4.游艇港入口林荫大道	14.游艇俱乐部	24.湿地红树林（现状）	34.特色温泉养生泡池
5.游艇港入口集散广场	15.林荫休憩空间	25.红树林林荫车行道	35.热带雨林主题岛
6.亲水栈道	16.车行环岛	26.车行景观桥	36.温泉戏水池
7.游艇港营业	17.停车位	27.木栈桥	37.漂流水道
8.游艇港休闲步行街	18.车行管理入口	28.水景环岛	38.养生园通道
9.水上商业	19.入口logo墙	29.养生园别墅	39.热带雨林景观水系
10.商业拱桥	20.密林	30.游艇别墅	40.养生园四季连廊

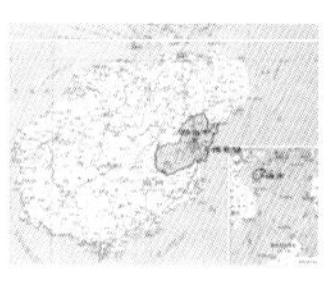

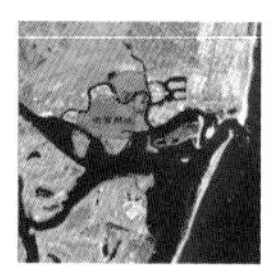

项目位置

- 本案地处中国南海东部海岸，距离海口海口市约100公里，距离琼海市约20公里
- 本案地处万泉河的三江入海口处，与沙坡岛和博鳌亚洲论坛永久会址隔河相望

← 总平面图

↑ 鸟瞰

吉林东山体育文化公园

项目位置：吉林市东山片区
项目面积：29.9公顷
设计时间：2013年
委托单位：北京东方利禾景观设计有限公司

设计理念

项目位于吉林省东山片区，占地29.9公顷，场地南依炮台山，北临松花江，依山傍水，地理自然环境优越。江湾大桥与滨江东路交汇于场地南侧，同时其西北两侧被丰满铁路环抱。

东山体育文化公园“艺术创意、活力体验、生活休闲、生态绿廊”的交织与融合，必将把本项目打造成交织绽放的“光与影的舞台”。设计通过整体的镜面水池将场地与建筑相呼应，形成灵活多变的空间形象。通过光束般简洁现代的线条，光带以及整齐排列的光柱，渲染如舞台般绚烂的效果。树、桥、墙、小品等景观元素塑造光影交织的效果。作为电影百花奖的颁奖舞台，这里的场景将会成为一个特殊记忆留在这个城市。场地现状原生植被选择性保留，相应选取生长速度快、耐贫瘠的先锋树种，满足园区建设周期短的要求。广场常绿树种和落叶树种做到3：7的种植比例，营造三季有花、四季有绿的景观效果。

→ 东山片区景观（概念小图）

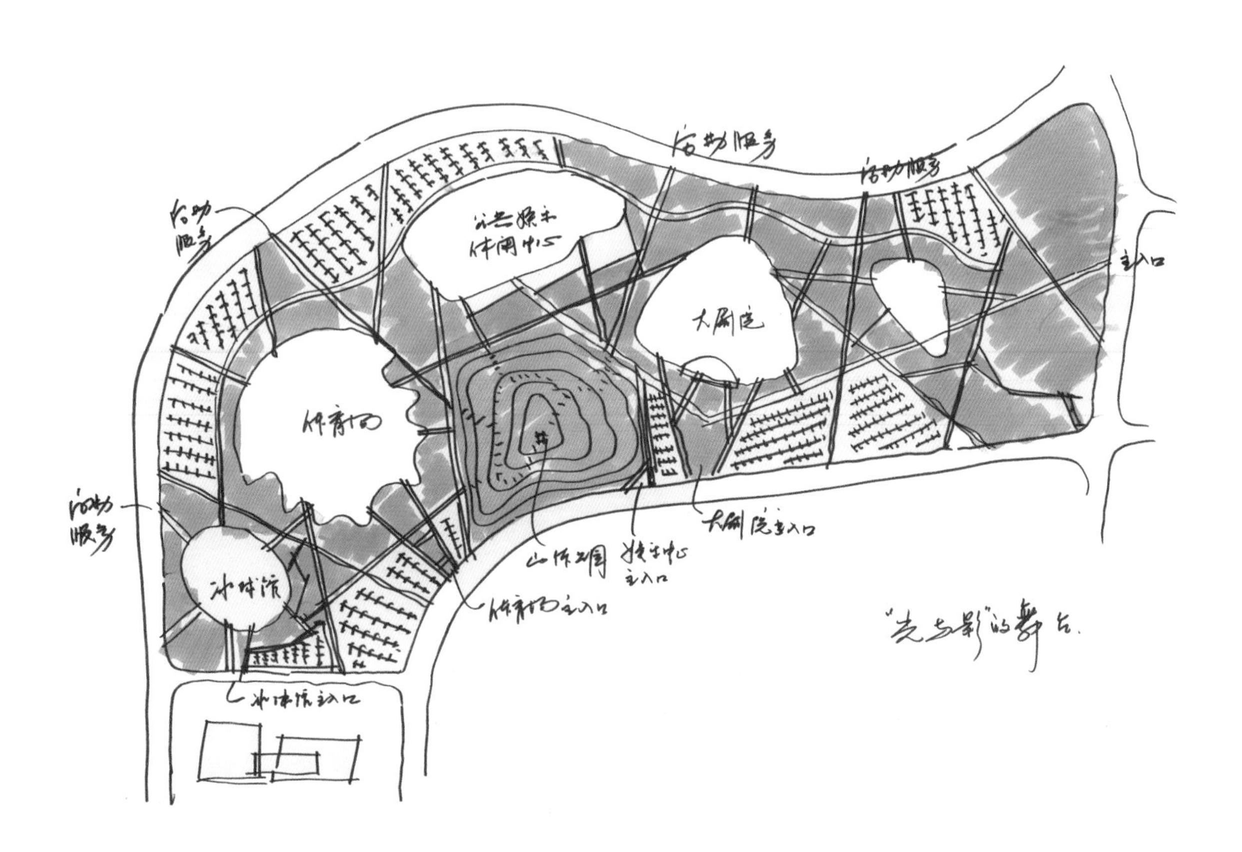

活动服务
活动服务
活动服务
活动服务
公共服务休闲中心
大剧院
主入口
体育场
冰球馆
冰球馆主入口
体育场主入口
山体公园
娱乐中心主入口
大剧院主入口
"光与影"的舞台

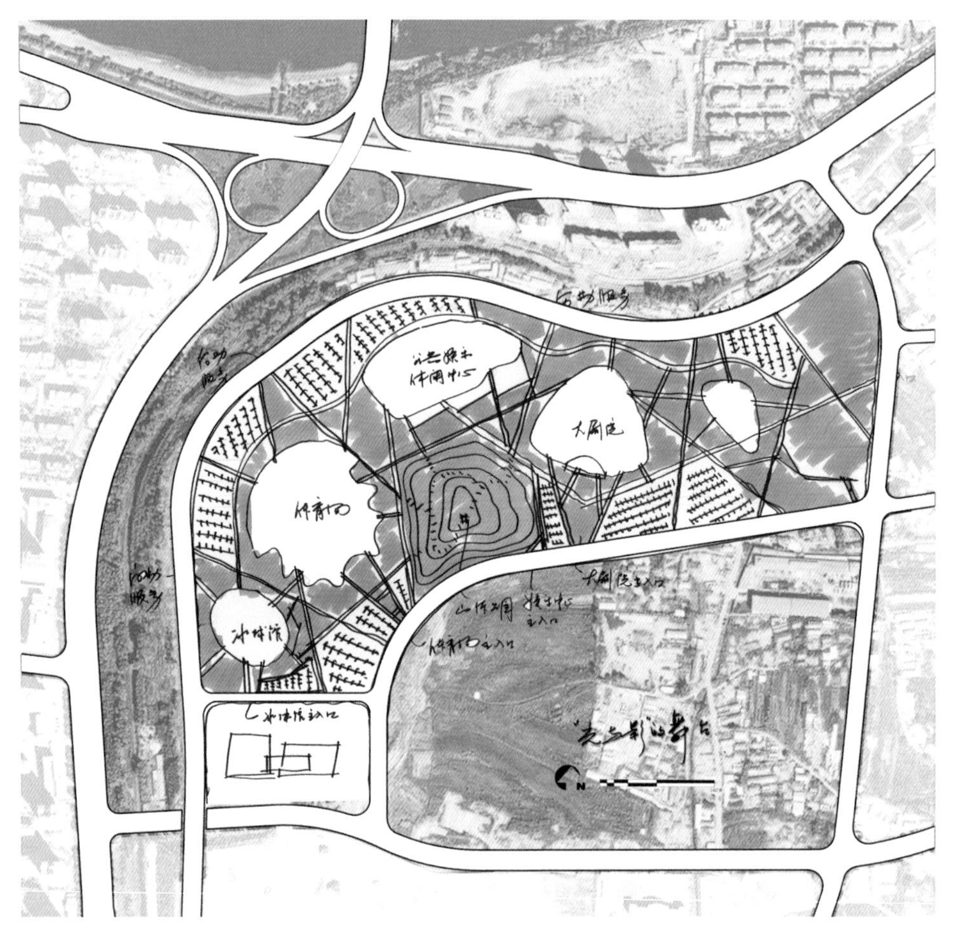

景观方案合图

总平面图

鸟瞰夜景

济南领秀城商业综合体

项目位置：山东省济南市
项目面积：10.7公顷
设计时间：2012年8月
委托单位：鲁能集团有限公司

设计理念

项目位于山东济南市新城，地块北侧、东侧、南侧被居住区所环绕，西侧有自然山体景观这一优势资源。根据对项目的综合分析，提出“春苗、春雨、春耕”这一象征生命力的概念，代表新区域的商业新气象，如同春天雨后田地中的新芽，充满勃勃的生命力。整个广场采用了耕田的肌理和雨滴的造型，塑造一个春色盎然的景象。

空间布局上，按人流量的多少以及场所特性对场地进行空间划分。

1. 主要商业广场空间，是人流量最大，商业气氛最浓厚的区域。设计将室内的流线延展到室外，形成如同溪流一样的引导动线，使室内和室外紧密联系起来。利用如同雨滴的椭圆形水池使整个空间充满生机和活力。
2. 次要商业广场空间，靠近快速路，人流量较少，商业气氛较浓厚。设计在保证满足商业功能的前提下，利用场地的高差设计层次丰富的台地花园，在竖向上形成优美的视觉效果，为过往行人留下深刻印象。
3. 花园空间，以草坪和行列式种植的树木为主。尽量减少树木对商业建筑的遮挡，使广场在炎炎夏日亦有充足的人气。同时，干净的草坪保证在举行大型活动时可以容纳一定数量的人群。
4. 办公酒店空间，不同于其他区域，其特定的功能决定其景观的个性，景墙、水景，结合层次丰富的绿植打造酒店区域尊贵的场所感受，办公区域较多的停车位则满足了其方便实用的要求。

→ 道路系统

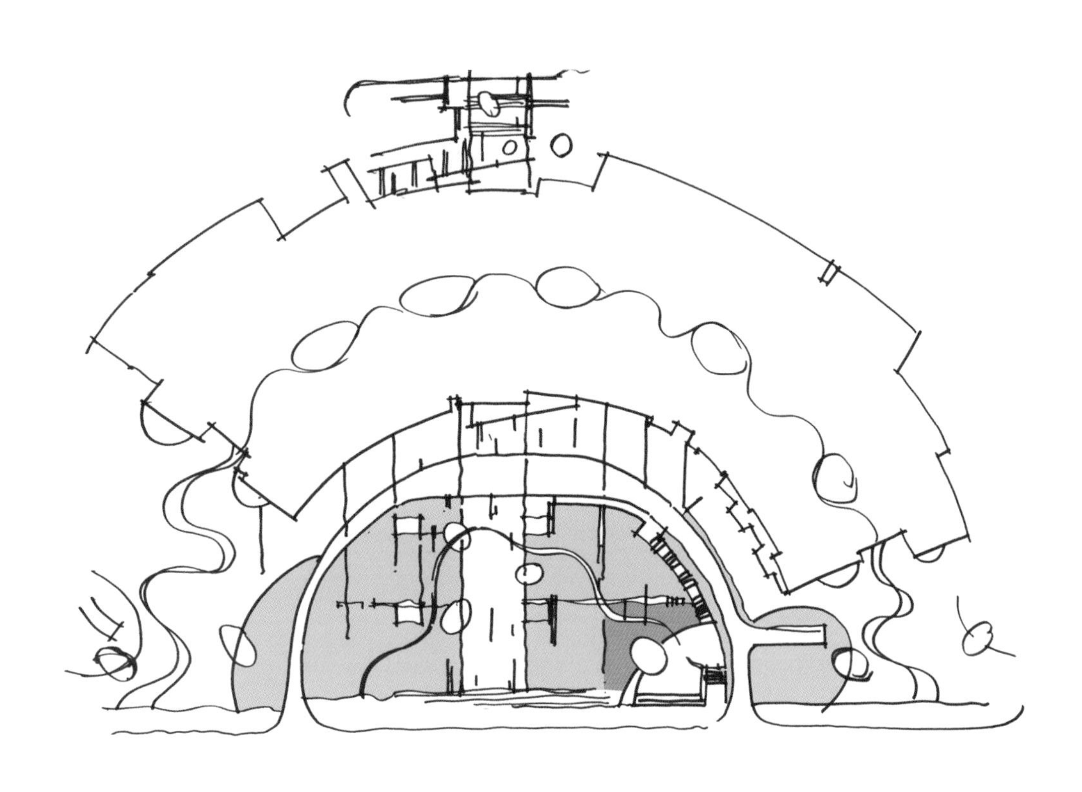

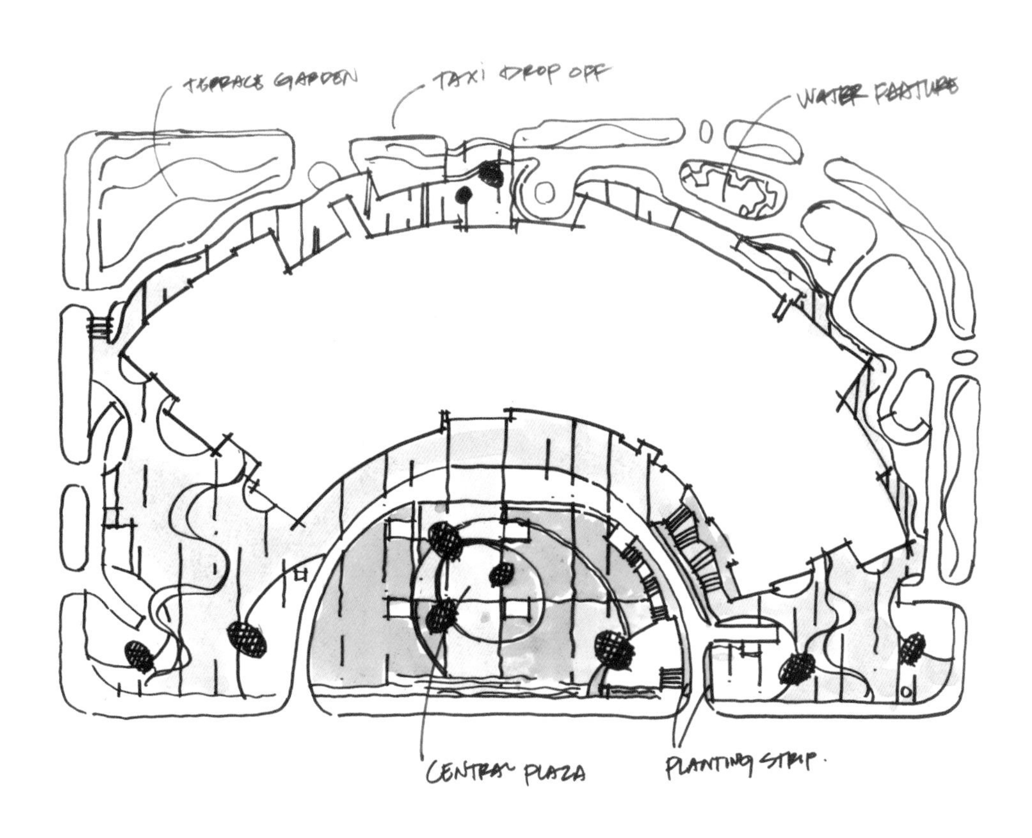
TERRACE GARDEN
TAXI DROP OFF
WATER FEATURE
CENTRAL PLAZA
PLANTING STRIP.

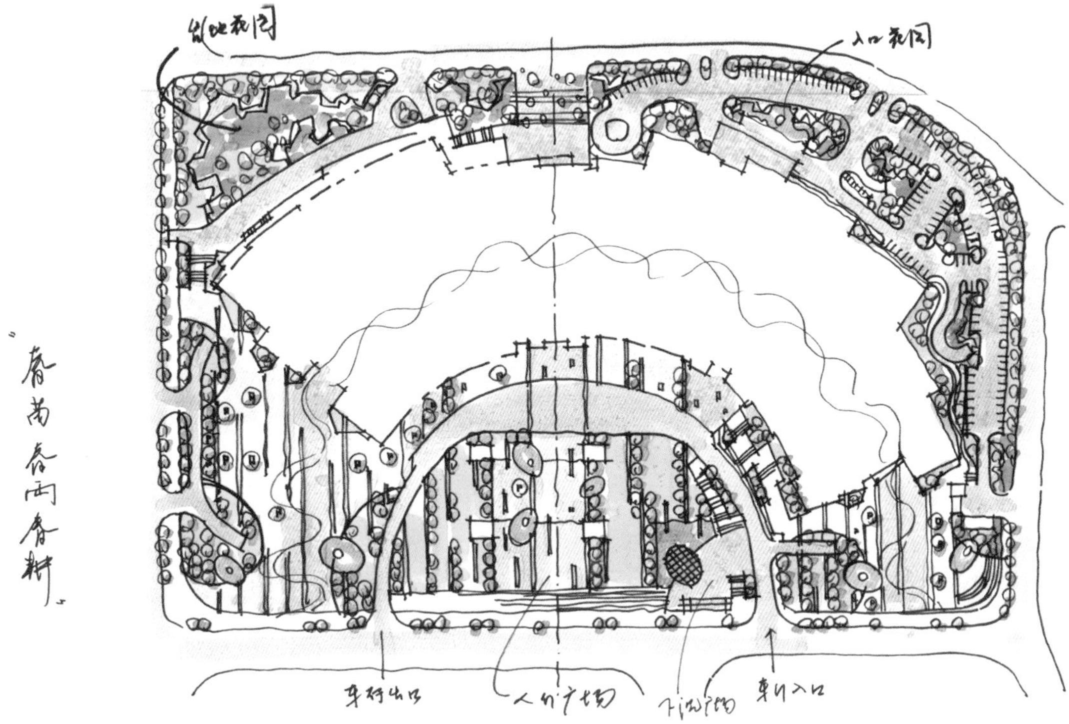

↑ 方案总图

← 节点图

苏州科技文化中心

项目位置：江苏苏州
项目面积：10公顷
设计时间：2006年
委托单位：苏州工业园

设计理念

作为苏州最大的综合性文化场馆，项目完善了苏州市内的多项文化设备，包括国际水准的大剧院、IMAX影院、科技展馆、艺术展馆、商业中心及相关配套设施等，将以其高质量的文化生活吸引苏州市民及各地游人。
该项目的景观既要烘托呼应建筑的韵律和精神，又要营造出使人感到雅致、舒适的步行观景空间和便捷、合理的功能空间。景观主体包括一段屏风，两条连廊和三处趣味——石趣园、赏花台、听竹园。相对于建筑带给人们的视觉冲击，景观设计师更加突出了人性化的室外空间，为人们提供了休憩、散步、游赏的优雅氛围。景观和建筑的充分融合，最终成就了苏州科技文化艺术中心触动人心的魅力。
项目位于浩渺壮阔的金鸡湖边，怎样让大体量的建筑产生灵动的生机，水景的应用成为了主要的手段。镜面水池环绕在建筑的边缘把建筑表皮的皱褶肌理映印在水中，形成灵动的光影效果。园中心的屋顶也以跌落的水景为主体，造就了动态的水流构成了院内的核心景观。

→ 苏州科技文中心景观结构

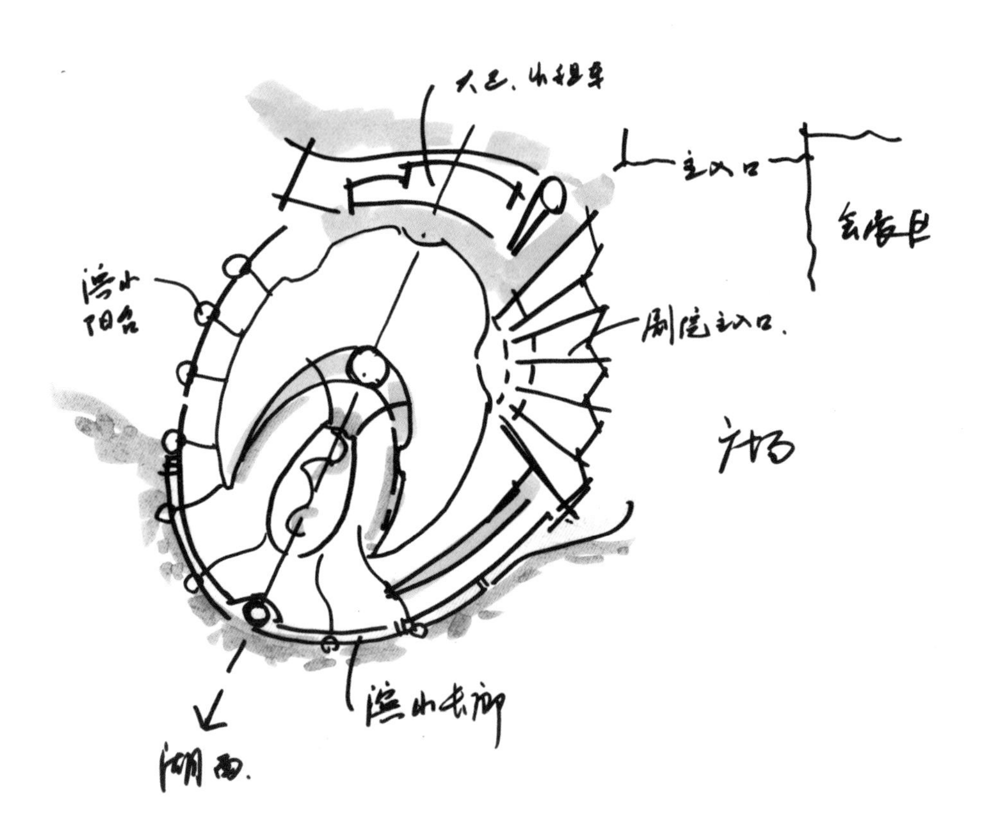
主入口
临水
阳台
剧院主入口
广场
临水长廊
湖面

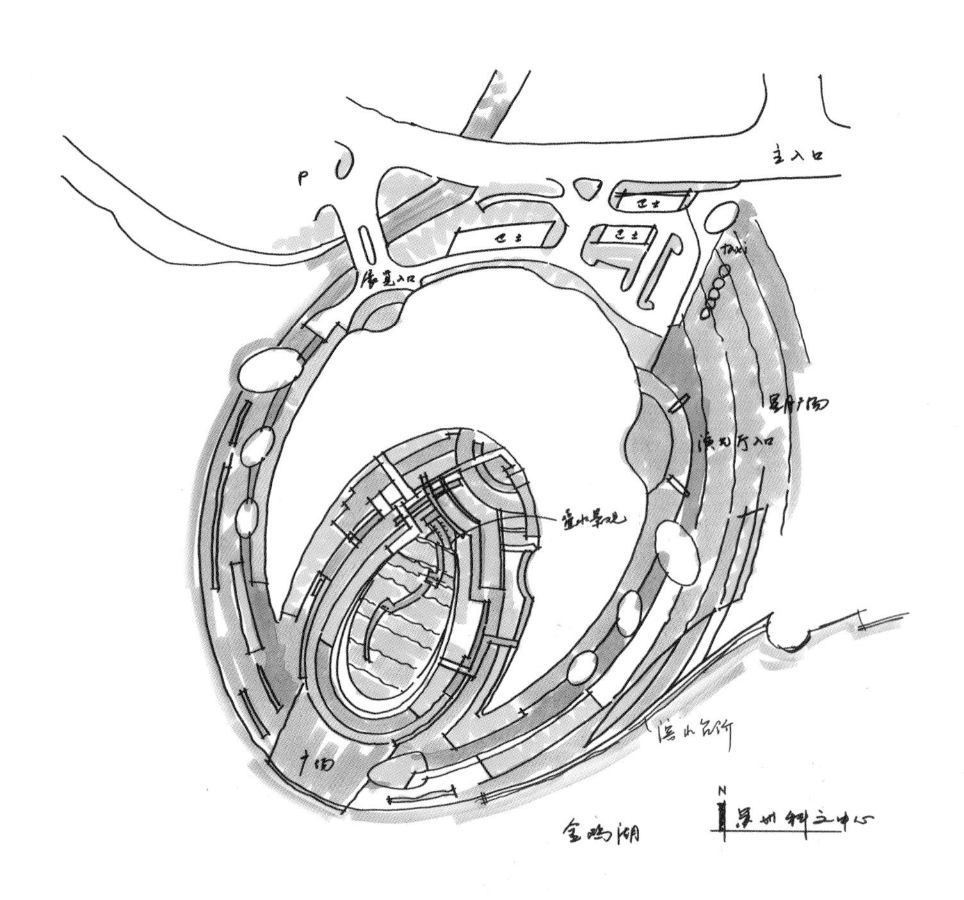
主入口
P
巴士
巴士
巴士
展览入口
taxi
演艺厅入口
亲水景观
滨水台阶
广场
金鸡湖
N
苏州科文中心

← 苏州科文中心方案

↓总平

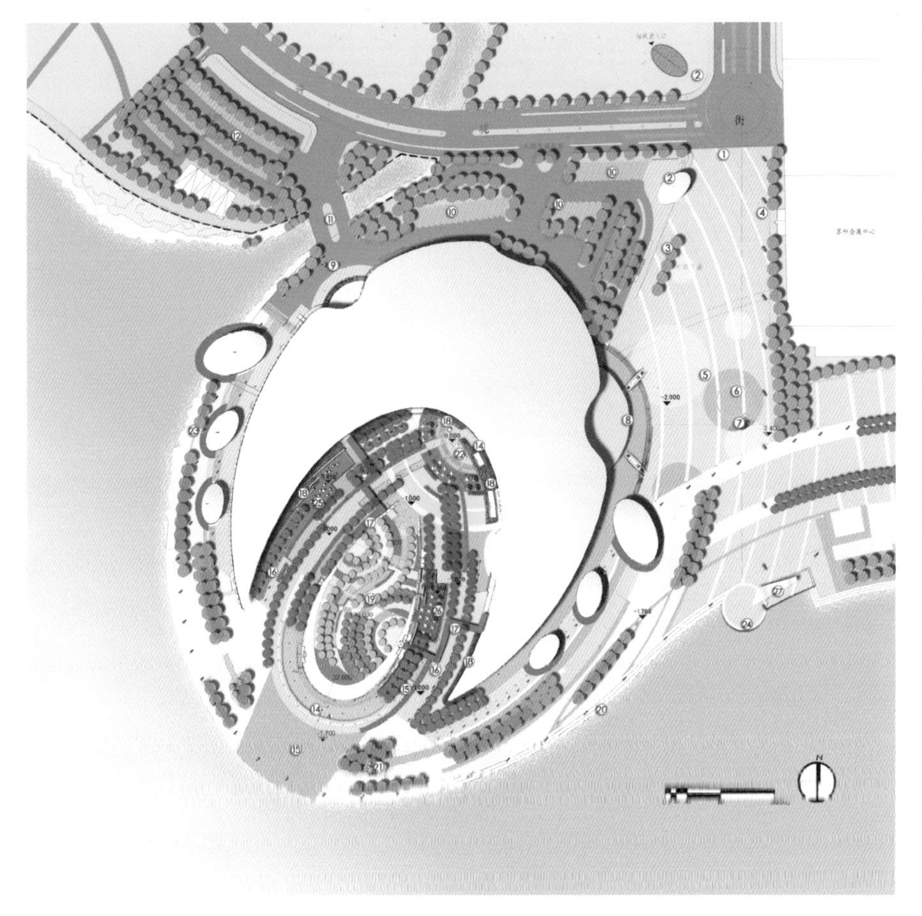

1.人行主出入口
2.地铁出入口
3.出租车候车点
4.入口主题灯饰
5.星月广场
6.旱喷
7.入口主题雕塑
8.观演主入口
9.展览主入口
10.大巴停车位
11.车行出入口
12.集中小型车车位
13.滨湖广场
14.广场喷泉水景
15.入口树阵
16.灌木种植
17.光影连廊
18.竹子种植
19.屋顶花园
20.驳岸景观台阶
21.景观岛
22.听竹园
23.自然驳岸
24.愉人码头
25.石趣园
26.赏花台
27.湖畔廊架

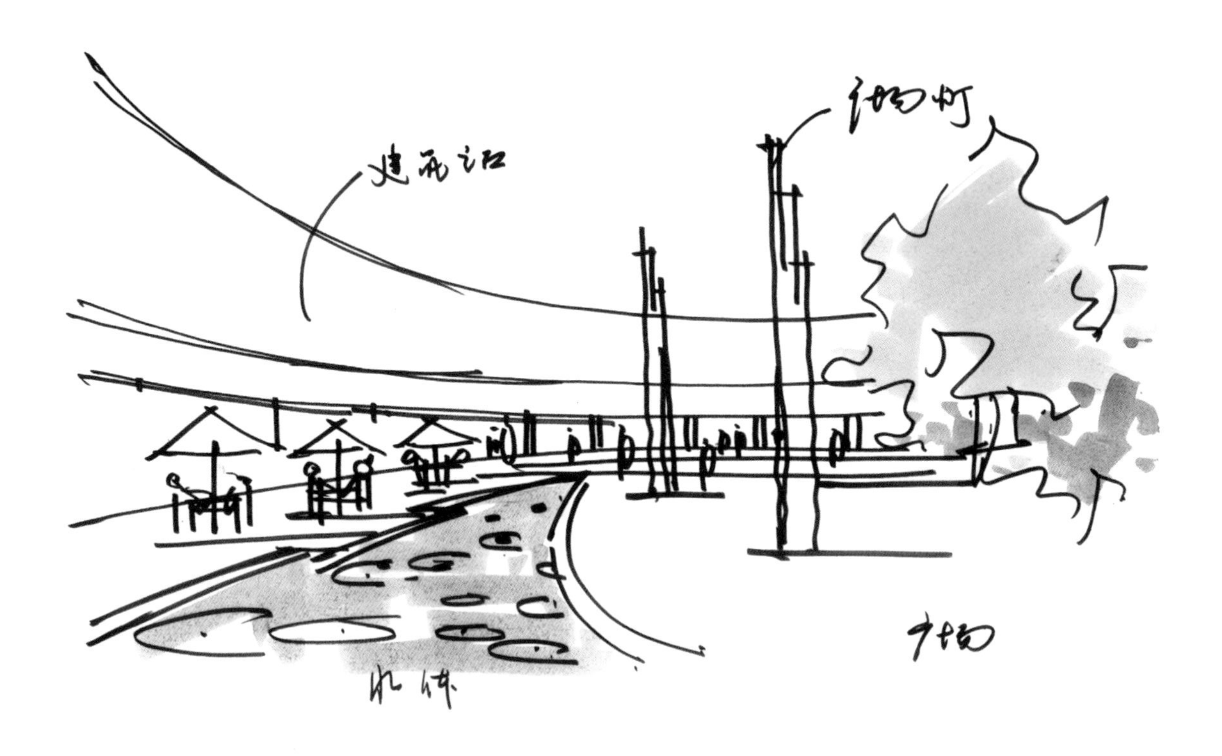
建筑边
水体
广场

← 苏州科技文中心内延景观

→ 实景图

↓ 效果图

武汉市东湖国家自主创新区服务中心

项目位置：湖北省武汉市
项目面积：20公顷
设计时间：2012年
委托单位：武汉光谷建设投资有限公司

设计理念

立体的水田

地块曾经是一片农田，是否可以延续场地的记忆？作为国家自主创新示范区，是否可以通过探索城市建设与农田安全的新方式来对此地块进行设计？通过深入研究，建筑层次丰富的竖向空间，给我们的创新提供了契机。将水田的机理，农作物的生产方式引入到建设场地之上，形成立体的水田景观。从而达到绿色生态与科技创新的设计目标。

亮点一：交通模式的创新：采用水田田埂的道路模式，将建筑主要出入口直接相连，使办公更加便捷，增加各区域的可达性；

亮点二：交流模式的引导：增加公共空间的多样性，设置午餐，交谈，间歇的场所，鼓励内部人员参与多样的公共活动，增加体力劳动，减轻 “办公室病”和亚健康状态。

亮点三：社区支持农业CSA：引入美国LEED—ND绿色住区评价系统中的社区支持农业项目。设计屋顶菜园，用可食用的蔬菜等生产性植物营造景观，在提供园区工作人员新鲜食材的同时减少传统运输中造成的能源消耗及食品二次污染，同时也可以普及农业知识，增加趣味。

亮点四：完整的水循环系统：将建筑周边的雨水花园和湖面连接成为水体净化示范区域，实现生态化水循环。

亮点五：生物栖息地：通过岸线设计，将生态湖与西侧雨水花园联通，曲折的水岸边界，多层次的水泡为创造适合多物种生存的自然环境提供了条件。

→ 手绘总平图

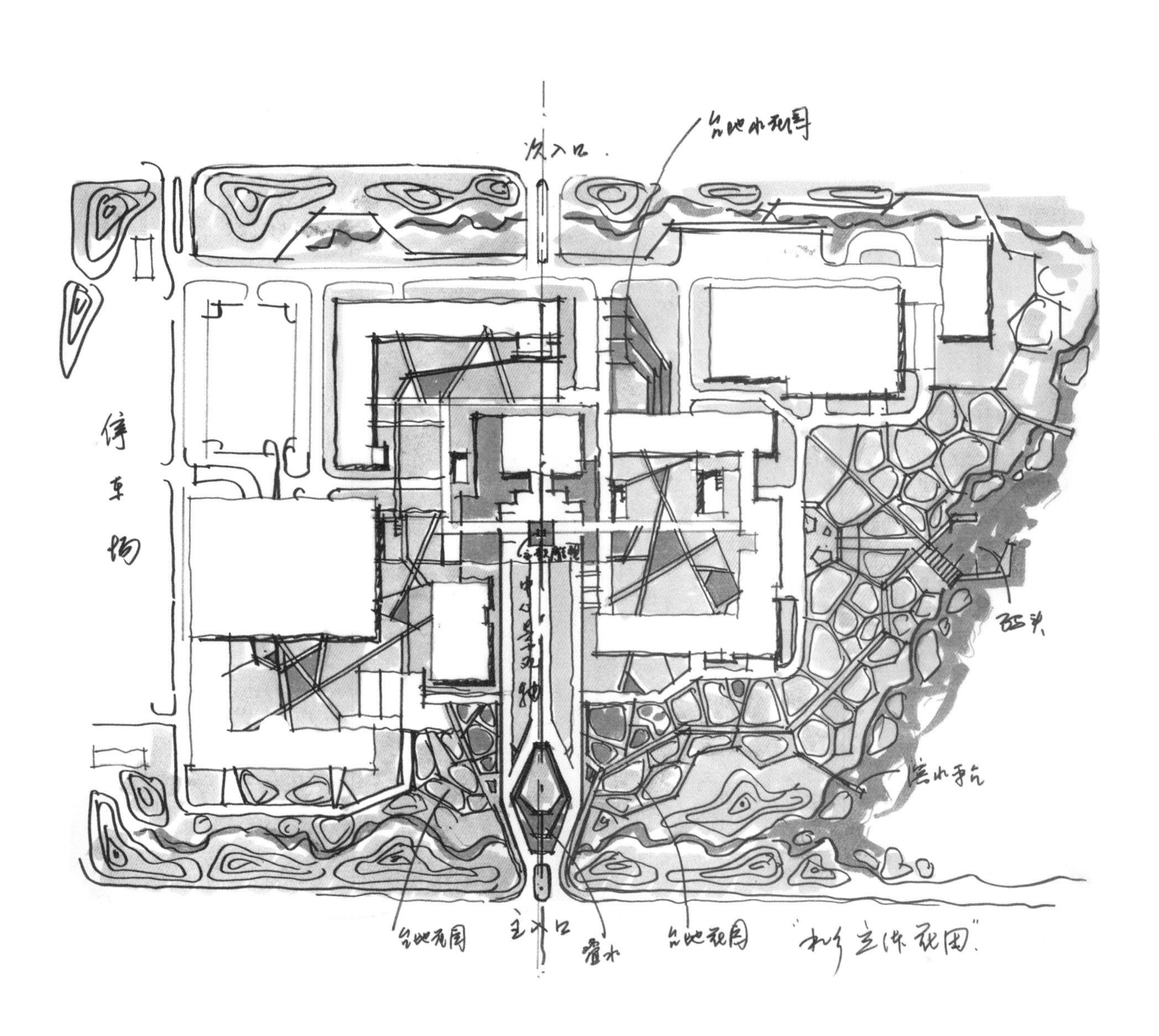

次入口
台地小花园
停车场
中心步行轴
码头
台地花园
主入口
叠水
台地花园

→ 总平面图

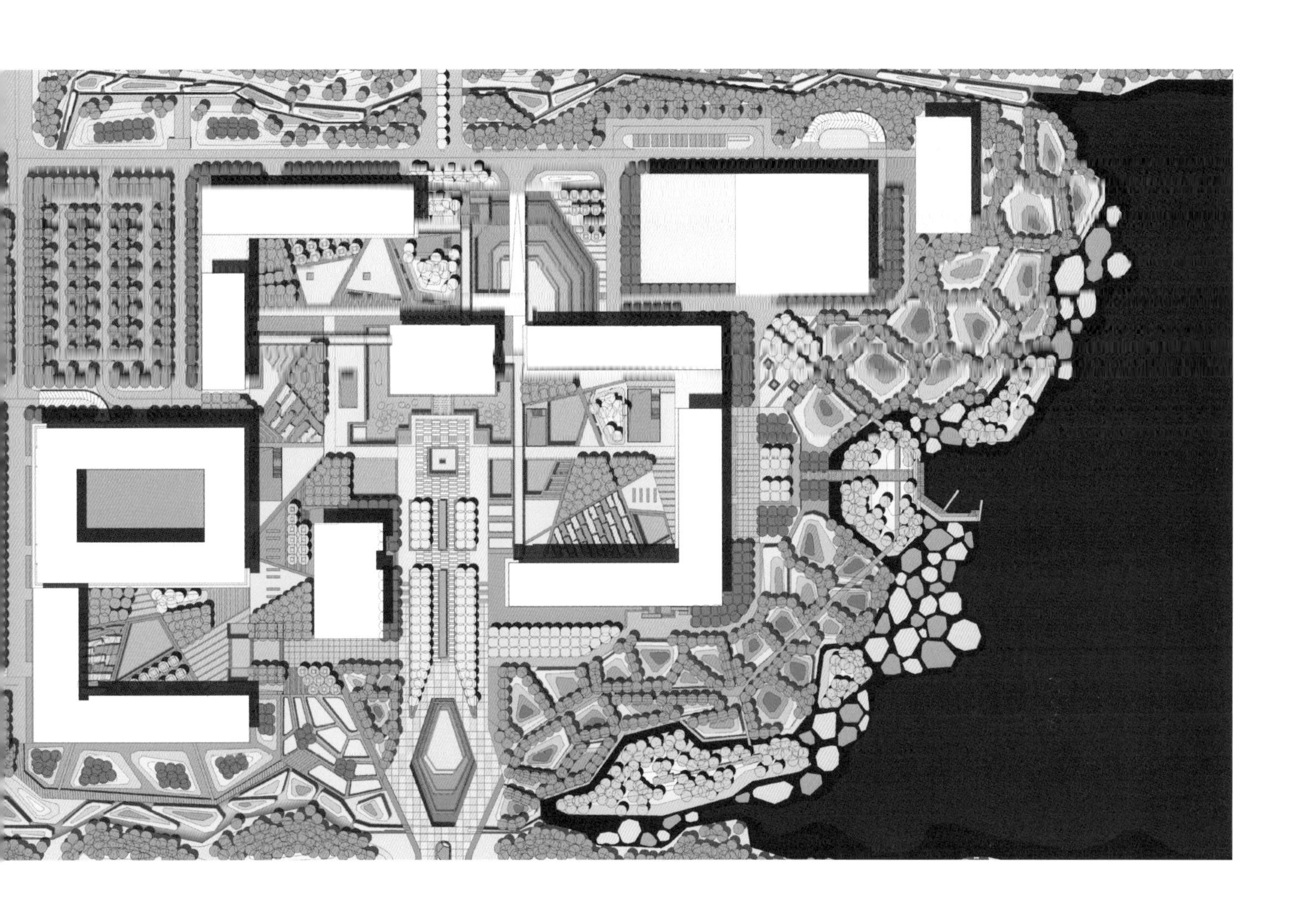

↑ 鸟瞰-夜景

→ 入口效果图

→ 鸟瞰1、2

沈阳国宾馆

项目位置：辽宁省沈阳市棋盘山风景区
项目面积：9公顷
设计时间：2012年
委托单位：沈阳十二运基建办

设计理念

沈阳是辽宁省省会，东北地区最大的中心城市，2013年第十二届全运会举办地，本项目为全运会服务接待配套设施。

项目所在地位于棋盘山风景区内半山之间，群山环抱，山脚下蒲河河谷水系环绕。自然环境优美。但在现场踏勘时发现因建筑体的建设对山体、植被及周边整体环境产生了很大的破坏。如何恢复原有山林的感觉成为设计中很重要的一个部分。如何充分保护原有地貌及林地植被，如何将建筑空间与自然空间的共融，如何营造出具有东北地域特色的区域景观，还要满足作为国宾接待所需的各种独特的使用需求。这一切构成了整个项目的前期条件。

在设计过程中我们将大山、大森林、大水面这些外部的自然景观引入建筑空间视线，使别墅景观不再庭院化。通过详细的现场调研寻找建筑及周边最佳的观景点，将外部的自然景色与建筑空间形成联系，突出人在其中的空间心理感受。化自然景色为我所用。通过实际场地踏勘，寻找并梳理出原始地貌中一条自然的山溪，并将这条山溪作为很重要的景观元素。通过山、林、石、溪的自然组合增加场地的灵动性。通过恢复性设计尽量将被破坏的原有地貌、植被进行修复性整理。并在后期的设计建设中大量应用挑空式设计，避免粗放式的破坏性建设，使周边环境逐步融入自然。在材料上使用原木、现场自然石等具备场地气质的自然材料，尽量体现原有山林质感。

整个设计围绕着“融入”这一大理念，营造出一个能够倾听山川呼声、感受森林气息的接待环境。

→ 沈阳国宾馆总平面图

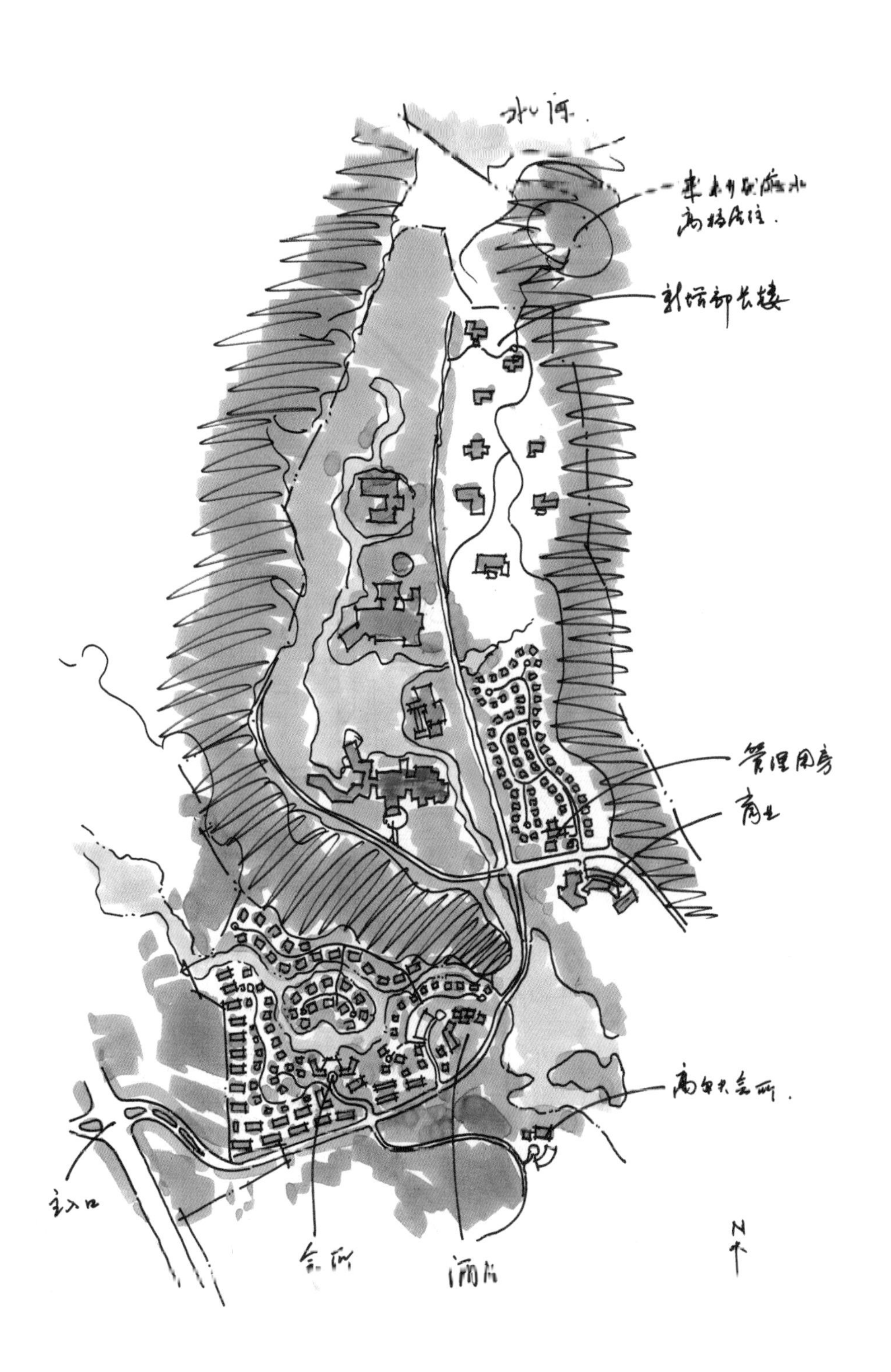

冰河.
高档居住.
管理用房
商业
高尔夫会所.
主入口
会所
酒店
N

辉山村

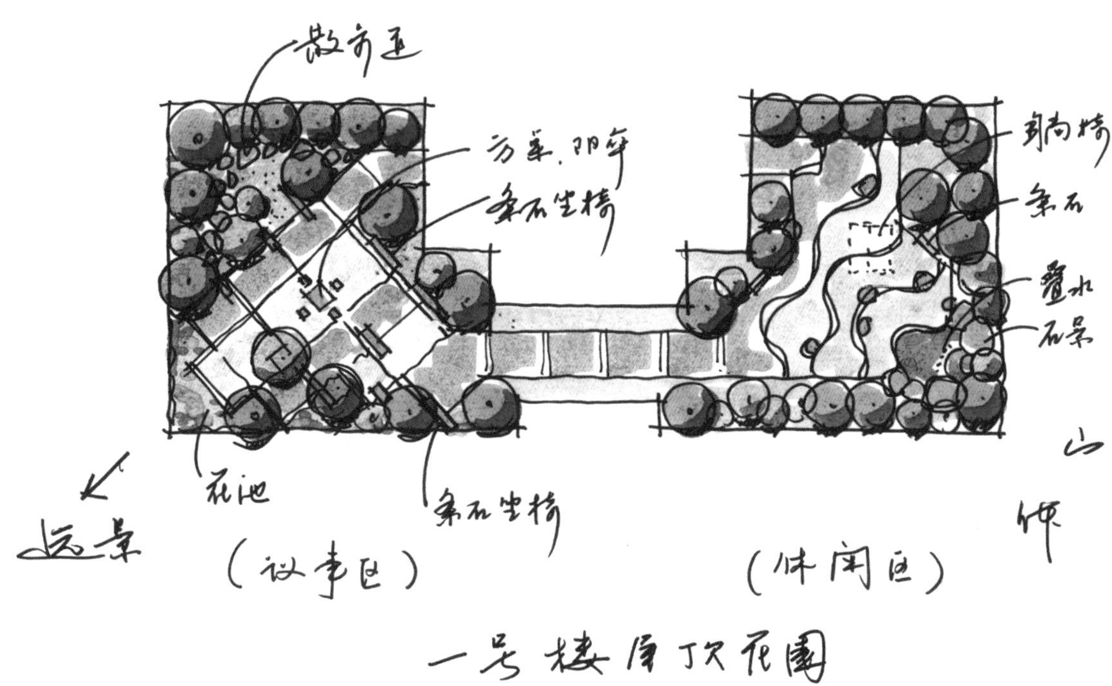

沈阳国宾馆——一号楼屋顶花园

总平面彩色平面图

天沐温泉度假村

项目位置：辽宁省营口市
项目面积：200亩
设计时间：2008年
委托单位：营口海滨天沐温泉开发有限公司

↑ 概念图——西伯利亚
→ 景观结构

设计理念

天沐温泉度假村位于辽宁省营口市，占地面积200亩。项目是集健康管理、温泉养生、住宿、餐饮、保健、商务会议、运动、游乐等多功能为一体的度假项目。景观结合营口地域人文传统和先进的养身度假理念“wellness retreat”确立设计主题，并融合熊岳得天独厚的自然景观资源，从而打造出温文尔雅，恬静舒适，质朴且奢华的天沐温泉。

项目的主题为“林泉驿站”，意即让人歇息的场地。通过这一主题包装营造出一种放松、静谧的森林环境，让潺潺水流成为场地的主人，饮马林泉、悠然忘返。

P
活动空间
P
冥想空间
泳池
VIP

→ 中心草地

↓ 景观总平面图

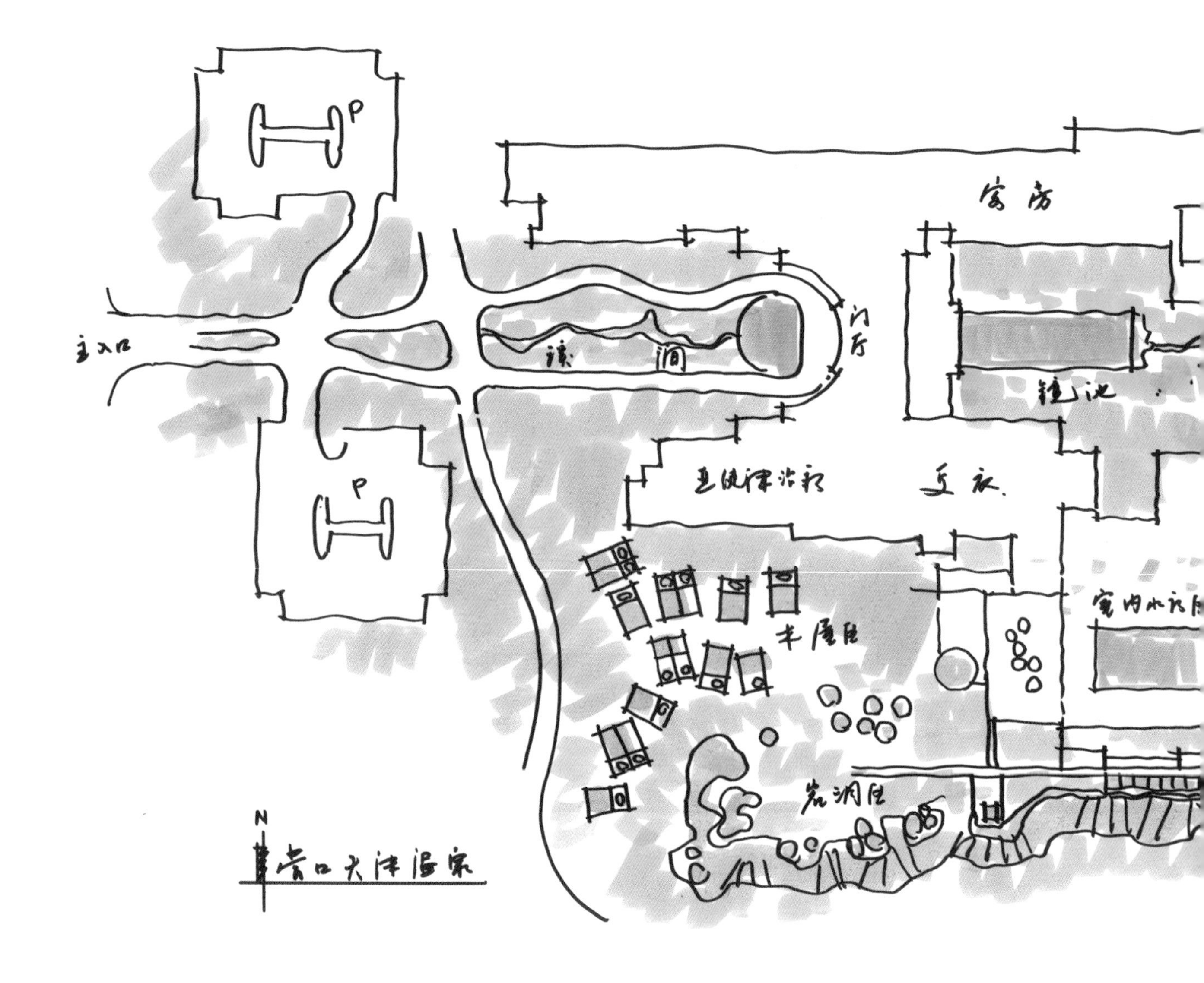

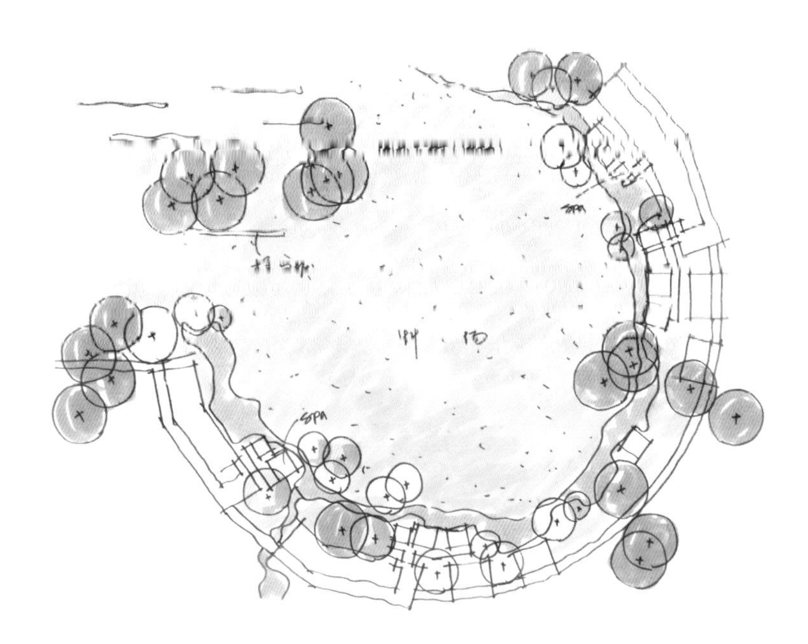
SPA
SPA

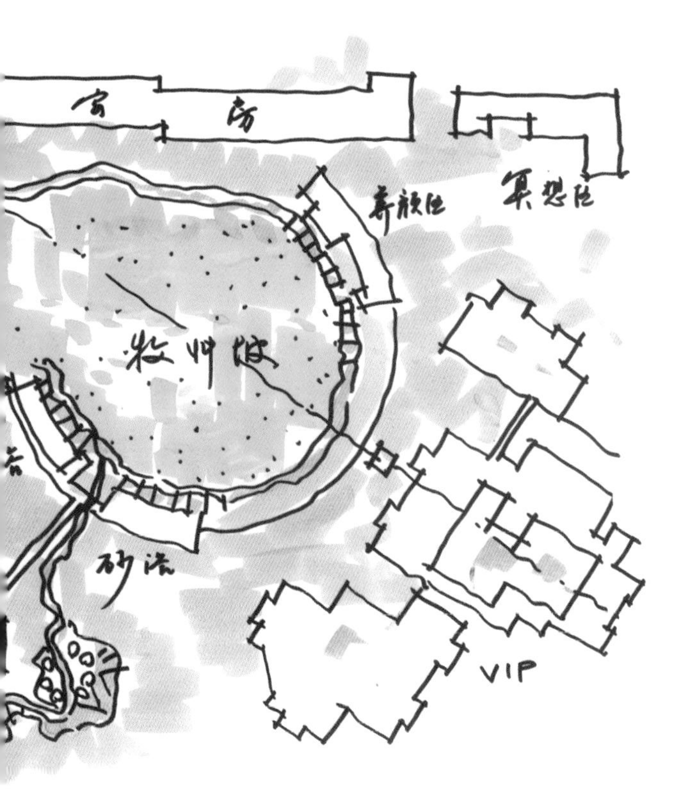
冥想区
VIP

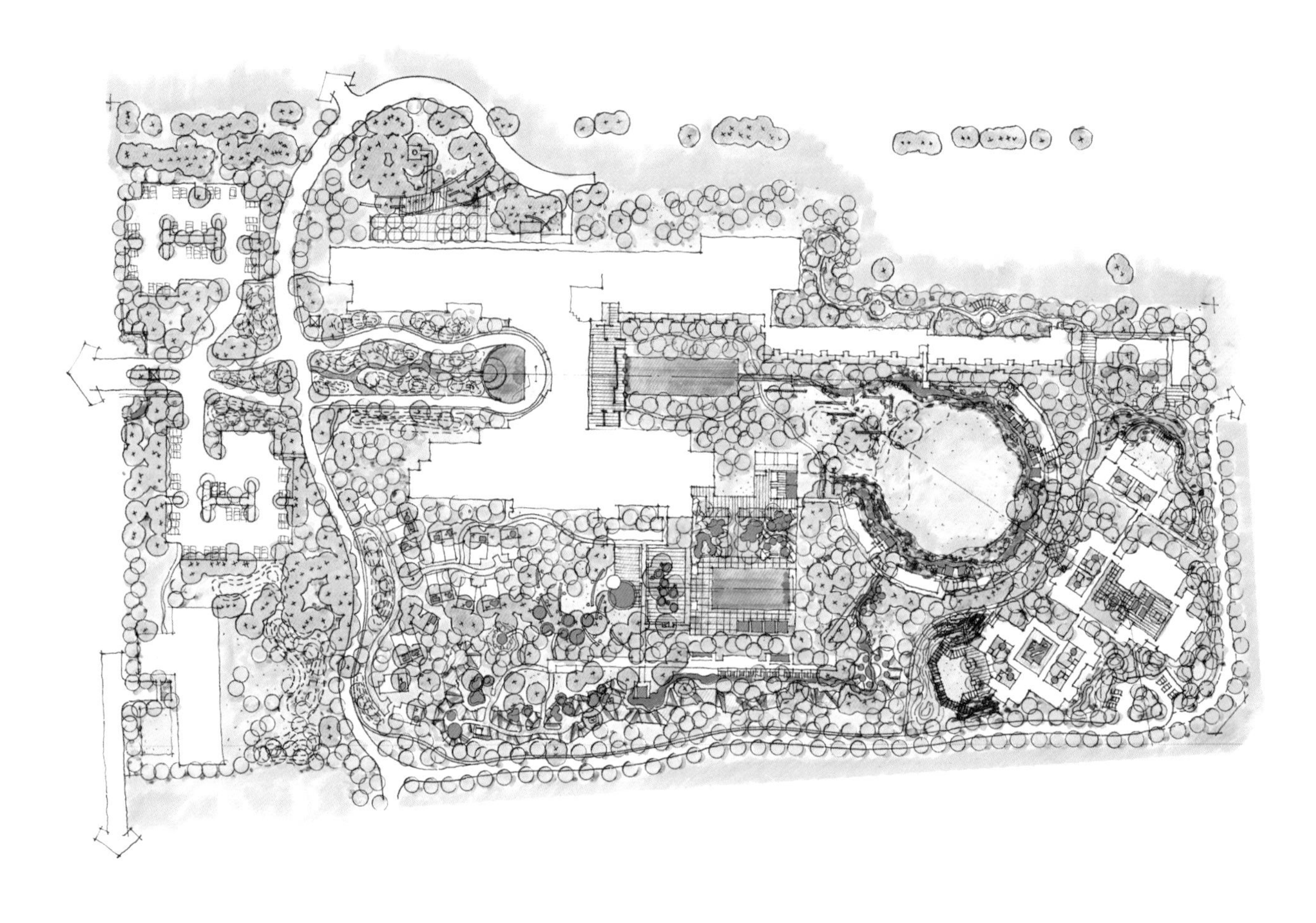

↑ 总平合图

→ 鸟瞰

株洲东方城

项目位置：湖南省株洲市中心区
项目面积：22公顷
设计时间：2010年
委托单位：东方城置地股份有限公司

设计理念

项目是株洲神农中央公园板块功能的重要补充和延伸，兼具文化、休闲养生、商业娱乐、人居功能为一体，融合城市山水格局，漫步城市，自然山水和城市功能有机融合，主题和风貌鲜明的城市商业综合体。

方案的主要特点是以一条citywalk城市景观步行廊，将商业开发区与神农城大型景观体系串联为一体。围绕citywalk廊道，设置艺术街区，复合进艺术化式、创意式写字楼和公寓，结合错落有致、高低起伏的城市天际线，将山体、公园周边景观形成城市大的空间体系。

在大神农广场区域里，将单项景观融入多个生态节点之上，将大学城与神农公园完美连接，形成文化气息浓郁、艺术气质突出的独特城市区域，一座城市空间的艺术画廊。

→ 手绘总平面图

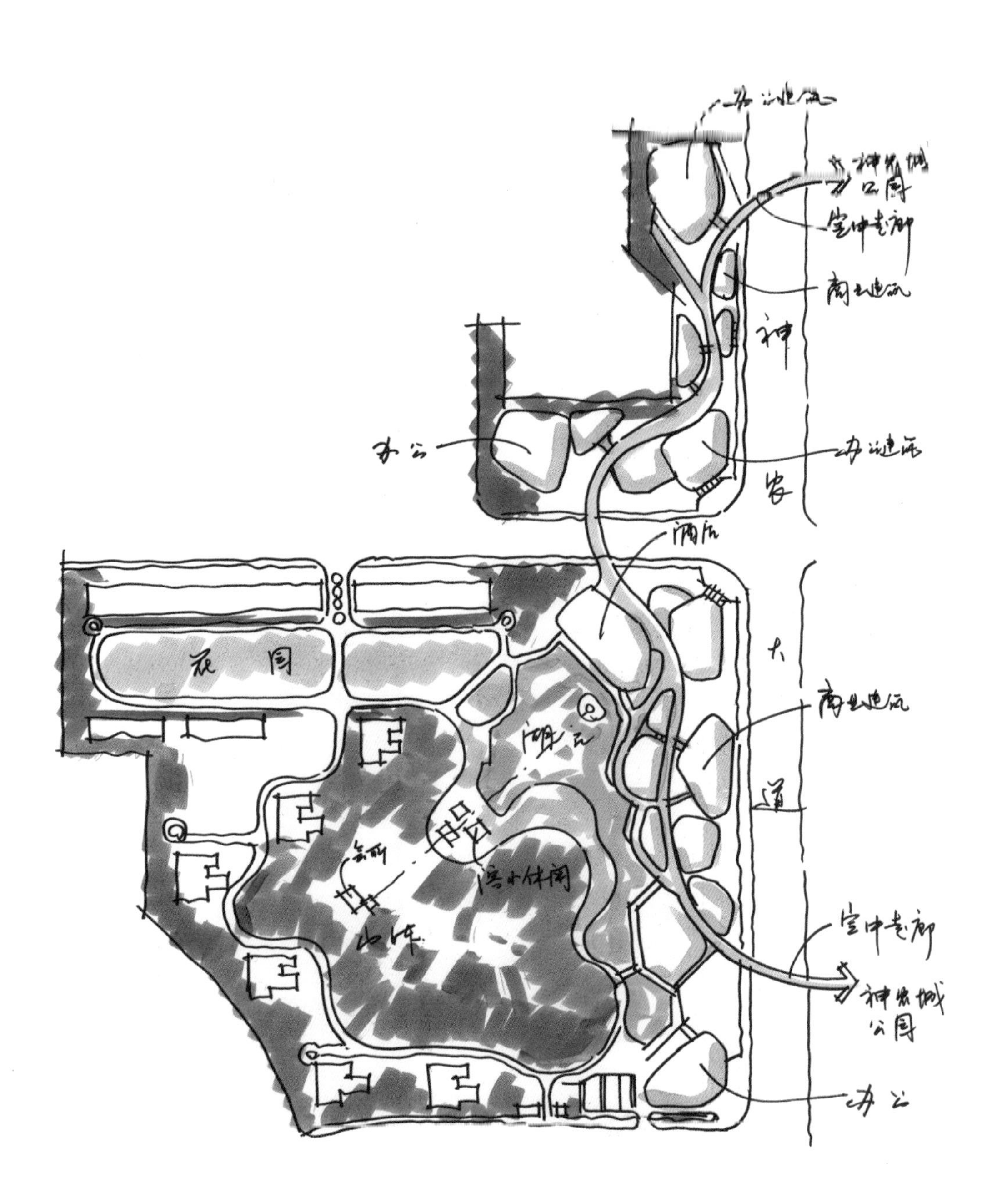

办公建筑
神农城公园
空中走廊
商业建筑
办公
办公建筑
神农大道
酒店
花园
商业建筑
会所
户外休闲
山体
空中走廊
神农城公园
办公

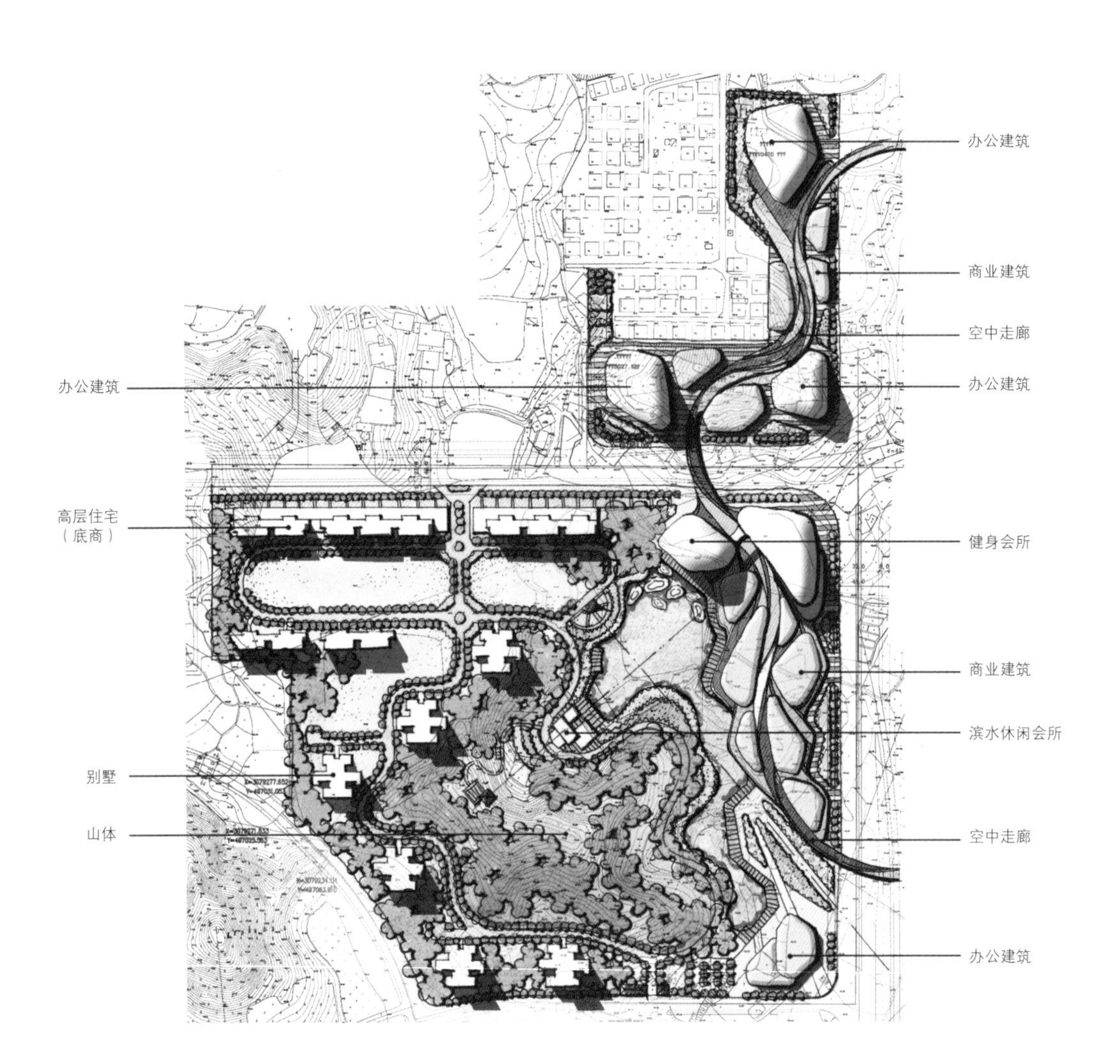
办公建筑
商业建筑
空中走廊
办公建筑
办公建筑
高层住宅
（底商）
健身会所
商业建筑
滨水休闲会所
别墅
山体
空中走廊
办公建筑

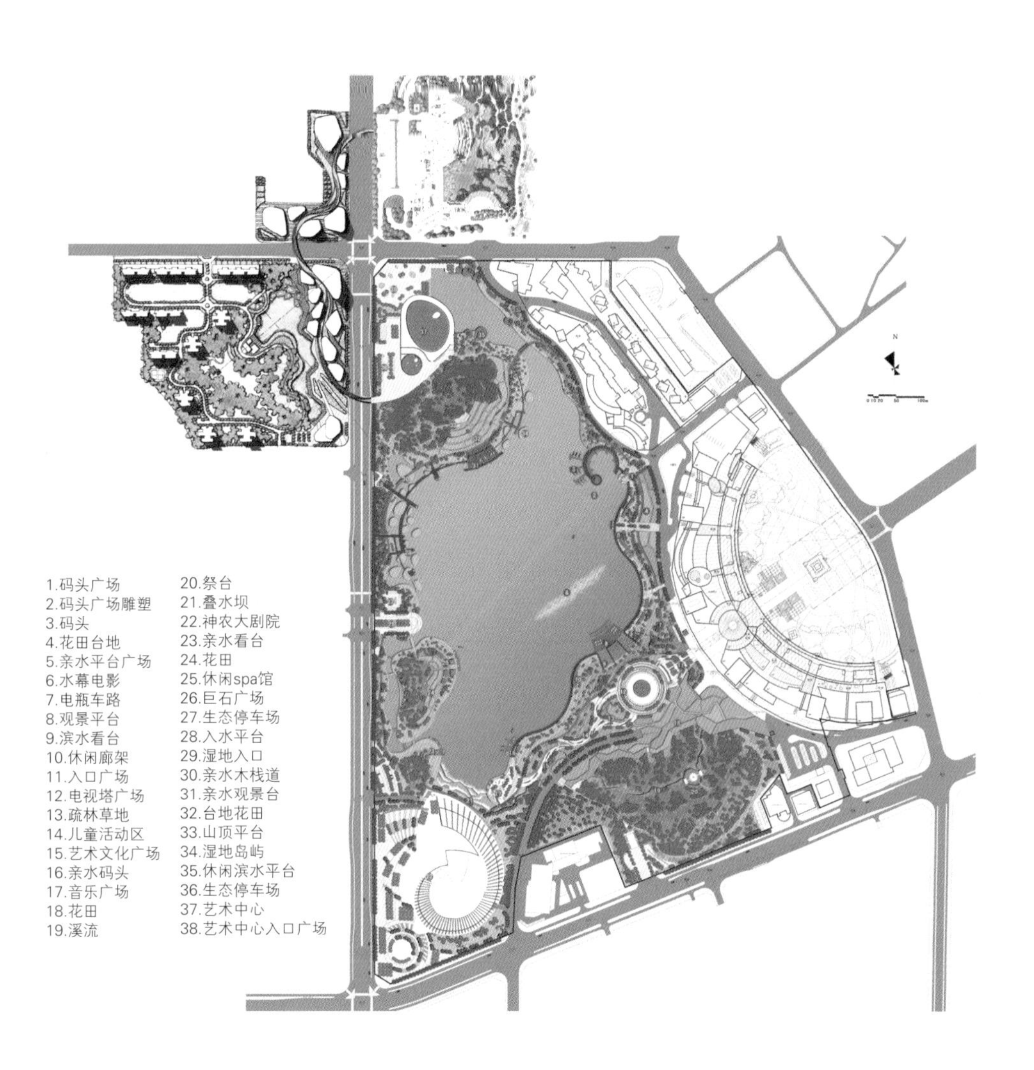

↑ 区域总平面图

← 总平面彩平

设计的语言
——功能、场景与心情

李建伟

北京东方园林股份有限公司景观设计集团首席设计师
EDSA Orient 总裁兼首席设计师
东方艾地设计院总裁

“人有悲欢离合，月有阴晴圆缺”。每次想起这句诗我们都会无比丰富的想象，那种月夜的风景与人的心情是一种什么样的契合！风景与功能的相关性没有人会怀疑。无论是工业、矿山、机关及学校都各有其景观的特殊性存在，农业景观就是为农民生产的，而运动、休闲、娱乐、集会等各种不同的功能活动区，也都有其相适应的景观氛围。

当我们心情烦躁的时候，就想去看看广阔大海，在沙滩上散散步。工作累了就想去乡下放松一下紧张的情绪，而乡野风景相对于闹市更可给人增加闲情逸致。由此可见，景观是可以表达出心情的。在过去，我们一直认为景观设计就是要设计出“美”的风景，而什么是美，为什么要美？人们对美的判断标准又各有不同。如果美只是一种假定，我们也许是在追寻一种捉摸不定的表象。美与不美并没有严格的区分。因人、因时、因地而异的“美”尽在我们一厢情愿的想象中。我们所设计出的风景，怎样才能表达出人的心情？风景对心情有着什么样的意义？过去我们常以为风景设计只限于表达正面、积极的意义，但是人的喜悦与哀愁、悲愤与失落、无助与彷徨又如何聊以慰藉呢？风景不是说教，是与人的沟通。当我们心情不好的时候，希望风景不会抛弃他们，能让失落的心得到安抚。 为什么要抛开美与不美来做设计呢？第一，“美”不是设计的必然结果。设计可以是美的，也可以是不美的。有时候也可以是丑的。甚至有时候你以为是美的，别人可以认为很丑。第二，真正作用于心灵的景观最终会是美的，尽管不一定符合美的造型原则。越战纪念碑的主题是“刻在大地的伤痕”，在作品初出庐的时候，很多人都认为它很丑。她并不符合传统的美学原则。可是当人们通过实地的心灵体验，才认识到了她的震撼力。她给人带来的并不是“美”，而是心灵的关怀。

这不能不让我想起那些康复花园的场景设计，它们究竟是怎样作用于人的心情，从而最终让人得以释怀?风景设计在多大程度上，可以通过设计语言使其与人的心情进行交流？这是一个非常有趣的问题。只有深入理解了人对环

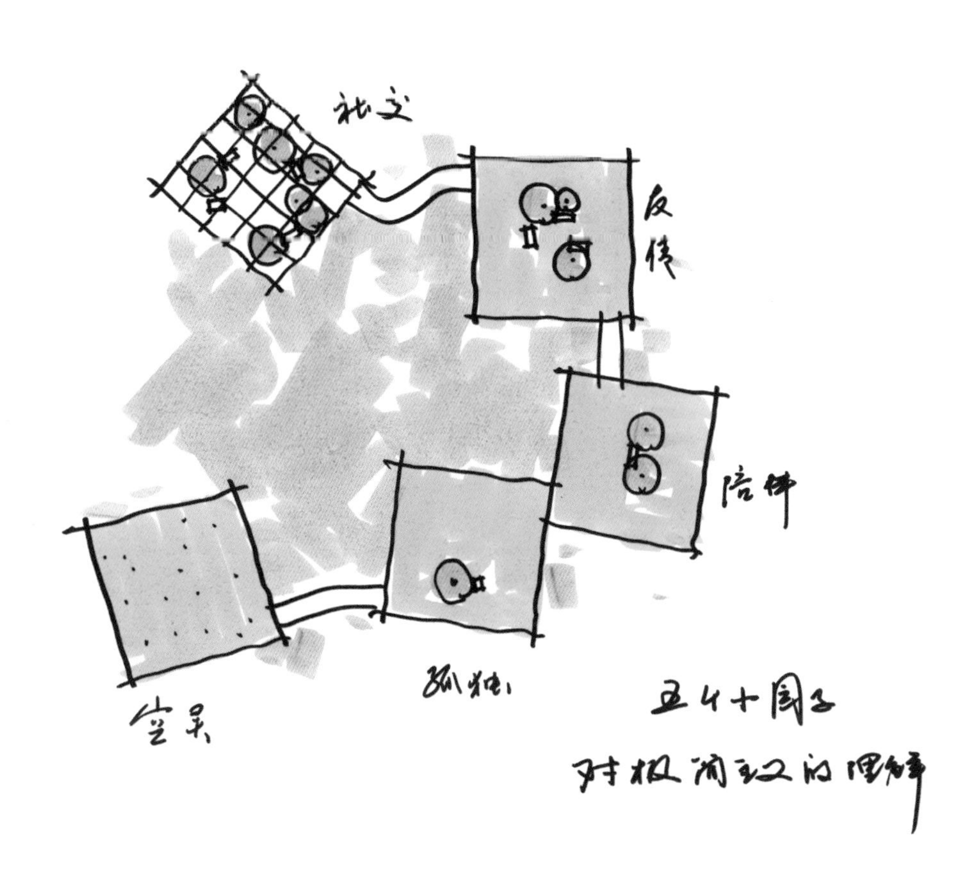
社交
反馈
陪伴
孤独
空呆
五个园子
对孤独的理解

境的不同需求以及风景怎样作用于人的感官行为，将情感与风景紧密相结合，我们的设计才不会那么苍白。我们用心创作风景，用风景来表达和关爱人的心情。 我们既要关注给人带来好心情的景观，也要关注当人们心情不好的时候需要什么样的风景才会使人心理释然。所以风景的意义不在于美不美，而是怎么样和人的喜怒哀乐对话。给心情一个家。不光是康复花园的设计要懂得人的心情与场景的关系，其实所有的设计都应该围绕着人的心情和体验来进行。如果为了所谓的“美”来设计，作品就不会有生命力，会找不着感动人的东西。

设计的目的更多的是在创造一个场景，一种能够让人心情得以释放的空间。让心情找到一个归宿，无论它是喜悦还是悲愤的、希冀还是失落的。这个归宿能够给心情提供一个发泄或是康复的空间，这就是景观之于心情的意义。就像人要有自己的家，心也是不可以四处流浪。因此，设计的根本目的不是为了追求美，而是为了创造一种生活环境，让人的活动和心灵找到一种能与之交流的空间。

我们应该怎样设计一种最简单，最直接的方式来表达一种场景与心情的契合？下图是五个20m×20m同样大小的花园设计。通过对空间元素的不同设计，来表达出人的活动并与之相应的心情，每个小小的空间里装下的就是风景与心灵的对话，这就是园林景观设计的极简主义。

第一个园子为一个空旷的场景，给人一种空灵感。这种空灵是风景，也是一种情感的表达。我们为什么要去看大海、草原及沙漠？这些就是空灵的大地传达给人的震撼。第二个园子里种植一棵树并放置一把椅子，这是为人享受孤独而设计的场景。在孤独的气氛里，你就是唯一的，而这种唯一的场景能让你与自己的心灵对话。孤独也是一种可以去享受的情感。在城市喧嚣中生活的人，经过一天的繁忙，内心希望得到一份宁静，寻找一份孤独，静静地去享受自己。如果在同样的空间内种植了两棵树，放置的是一把双人椅，这样的情感空间所表现出来的也许是陪伴、同行或者是相依为命。一对恋人在树下促膝谈心，传达出来的就是一种爱恋，小小的场景里有一个双人的世界。当空间内的树木，由两棵增加到三棵时，将围合成一个具有了保护性、私密性的交流空间，营造出来的是一份稳定性与安全感，表现的是活泼及友谊。由更多的树木组成不同的群体，出现若干个空间，创造出来是不同的社交场景，其包容性更强了，能适应不同的功能需要，它既不可以是热情的，也不可以是安静的，充满各种多样的可能性。极简主义设计就是空间内的每一个元素都有其存在的价值，每一个元素都有其相对应的情感语言，不多也不少。通过这种设计语言创造出的不同情感空间，其每一个点，每一条线，每一种色彩甚至每一种形体和材料所表达的都是与其对应的情感意义，这就是风景创作，也是我们对设计的理解。有的人把风景设计比喻成做菜，每加进去一种调味料，那就是另一番风味，如果随意地进行添加，就变得五味杂陈，而无法分清谁是谁非。这种风景对于空灵、孤独、陪伴、友情及社交等情感的表达正是我们所要达到的目的，能够给我们的生活带来深刻的记忆及切身的体验。美如果是定义在这样的范畴，才是有意义的。那就是准确地为心情找到了一个与自然和社会交流的空间。

后记

相信大多数的读者都会认同，过去我们用尺子、圆规作图和现在用电脑作图在本质上并无多大区别，可是“free hand”画草图却真的可以帮助你“free mind”直到一个天马行空、自由想象的境界。

设计过程中的每一种图纸都承担着不同的任务，经过细心加工形成的平面图和效果图是为了展示设计成果文件，是对项目建成的实际效果的一种表达。施工图是给工程人员看的，作为对他的工作要求。草图则是给自己或其他专业人员看的，是设计构思过程中最有价值的思想记录，这对于学习和研究设计创作无疑是有帮助的。

对于画草图的理解和表现方式会有很多的不同，这是每个人与自己长期协作的结果。

画好草图也没什么捷径可走，那就是得经常画、反复地画，直到自己满意，别人看着舒服。如果你是一个有很深的美术功底的人，可能最主要的是从美术的技能里走出来，别让技法限制了你的思维。如果你的美术基础不好，那也没有关系，草图不是美术，任何人都有画线条的能力，只不过你得找到一种适合于自己的方法。用简单，明了的形式语言来交流。实际上，坚持画才是最重要的。

虽然这本书的形式和内容都是关于草图表现，但我希望它所传达的信息是设计，是创作，并能在某种程度上帮助设计师找到叩开景观创作之门的钥匙。

这本书的出版得到了我的好朋友，东方园林副总裁赵冬，艾景奖组委会秘书长龚兵华的大力支持。在资料整理，文字编排和翻译中满学岩，李童，黄鑫和苏雨晨等都付出了艰辛的劳动。没有他们的支持和帮助就不可能有这本书的问世。

在编写这本书的过程中还得到了EDSA Orient和东方艾地景观设计院很多朋友和同事们的帮助，在此一并致谢！

Epilogue

I trust that most readers would agree that drawing with rulers and compasses as we did in the past may not be very different from today's computer-aided drawing. Free-hand sketching, however, does help free our mind and give us an absolutely free domain of imagination.

Every type of drawing serves the design process in a specific way. The deliberately worked plans and renderings are meant to show the design outcome. The construction drawings are instructions for the engineering staff. Free-hand sketches document the thought process during the design conception, serve as a point of reference for oneself and others, and are a sure benefit to the study of design.

Free-hand drawing can be vastly different. Everyone sees and makes free-hand drawings in his or her own way.

The short cut to good free-hand drawing, if there is one, is practice, and practice makes perfect. Designers with a strong background in drawing may want to set aside the learned rules and techniques in order to set their mind free. Those less versed in drawing should not be disheartened. Anyone can make a sketch, which is a simple and concise way of communication. The point is to find your own way to draw and practice often.

This is a book about free-hand drawing. However, the message is about design and creation, which serve as keys to landscape architecture.

This book would not be possible without the contribution from Zhao Dong, Vice-president of Orient Landscape, and Gong Binghua, Secretary General of Idea-King Awards Organizing Committee. My acknowledgement also goes to Man Xueyan, Li Tong, Huang Xin and Su Yuchen for their efforts in compilation and translation.

I also want to thank my friends and colleagues from EDSA Orient and Oriental Ideal Landscape Design Company for their assistance during the preparation of this work.

↑ 中心草地

↓ 景观总平面图

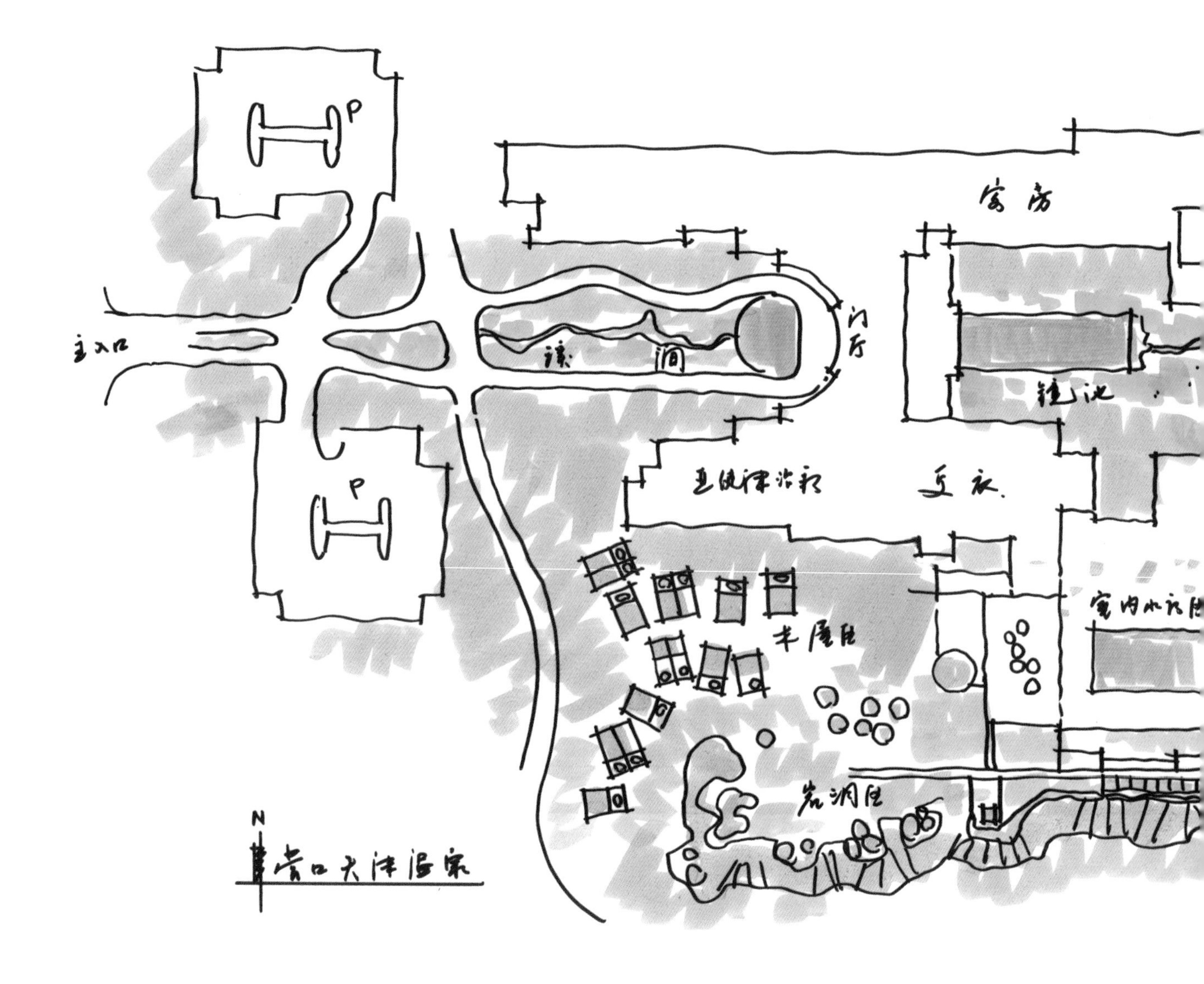

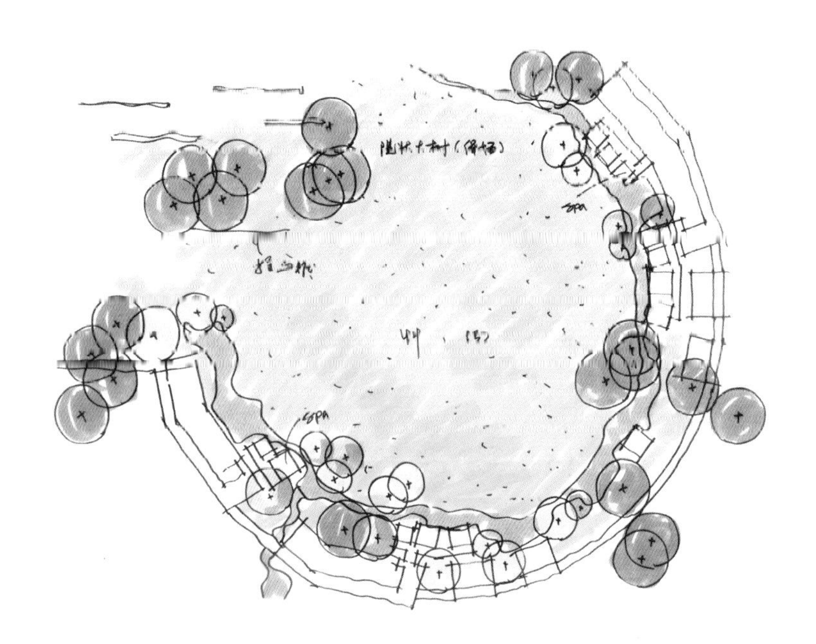

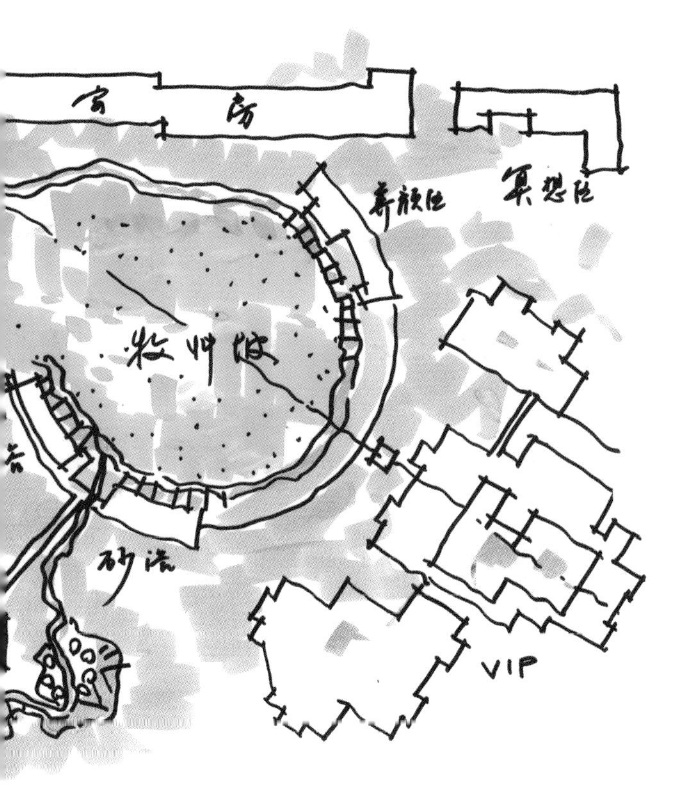

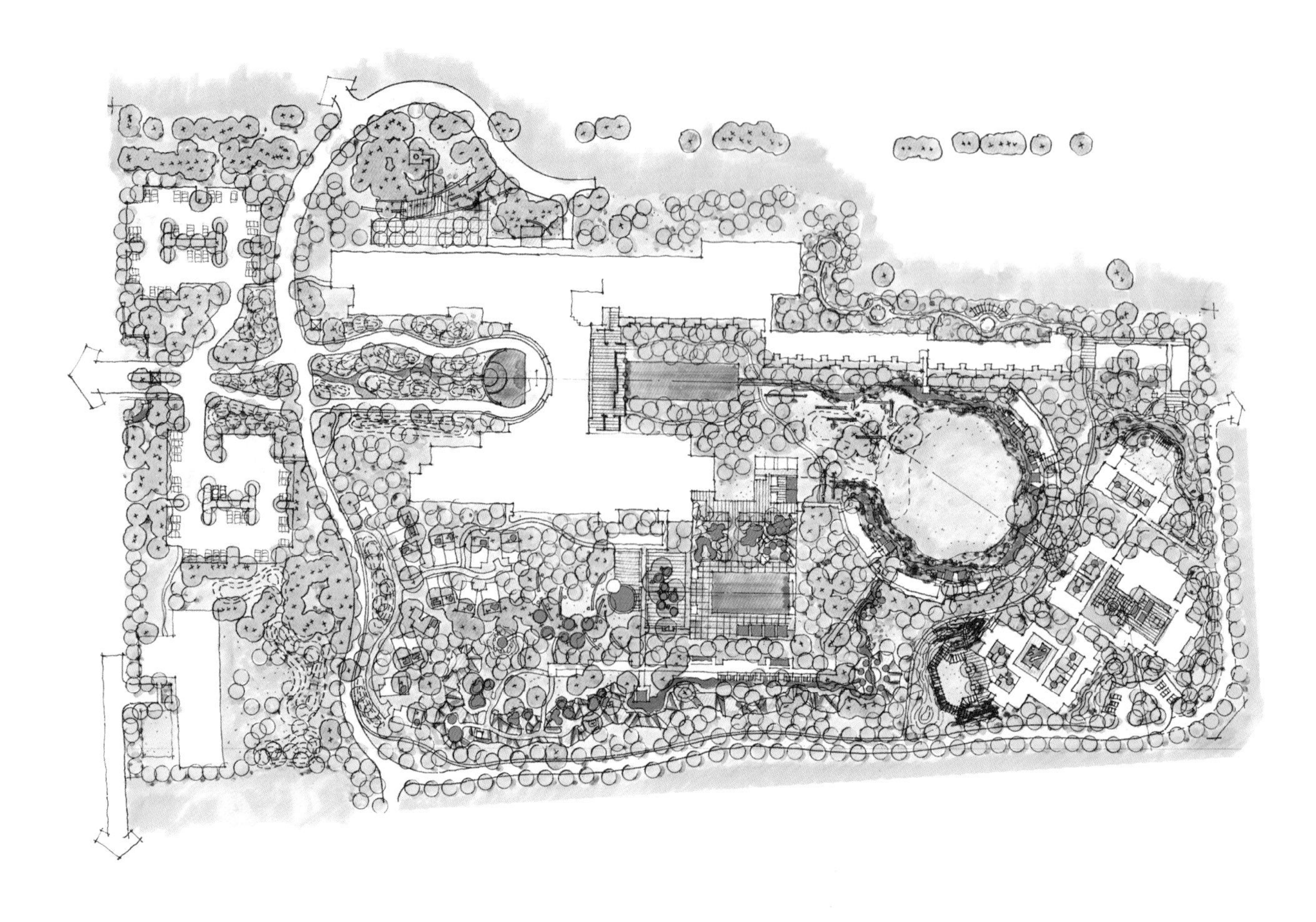

↑ 总平合图

→ 鸟瞰

办公建筑
神农城公园
空中走廊
商业建筑
神
农
办公
办公建筑
酒店
大
花园
湖区
商业建筑
道
会所
山体
空中走廊
神农城公园
办公

五个十园子
对极简主义的理解

图书在版编目（CIP）数据

景观创作——草图与构思 / 李建伟著. —北京：中国建筑工业出版社, 2014.11
ISBN 978-7-112-17422-5

Ⅰ. ①景… Ⅱ. ①李… Ⅲ. ①景观设计 Ⅳ. ①TU986.2

中国版本图书馆CIP数据核字(2014)第253903号

责任编辑：张振光　杜一鸣
书籍设计：肖晋兴
责任校对：李美娜　王雪竹

景观创作
——草图与构思
李建伟　著

*

中国建筑工业出版社出版、发行（北京西郊百万庄）
各地新华书店、建筑书店经销
晋兴抒和文化传播有限公司制版
北京顺诚彩色印刷有限公司印刷

*

开本：880×1230毫米　1/16　印张：22　字数：321千字
2014年11月第一版　2015年2月第二次印刷
定价：198.00元
ISBN 978-7-112-17422-5
（26273）